Einladung zum Karrierenetzwerk squeaker.net

Dein Vorteil als Käufer dieses Buches:

Als Käufer dieses Buches laden wir dich ein, Mitglied im Online-Karrierenetzwerk squeaker.net zu werden. Auf der Website findest du zusätzliches Insider-Wissen zum Buch. Dazu gehören Interviewfragen aus dem Bewerbungsverfahren in der Consulting-Branche, Erfahrungsberichte über Unternehmen und Gehälter sowie Termine und Fristen für aktuelle Karriere-Events.

Dein Zugangscode: **IDSG2017**

Eingeben unter: squeaker.net/einladung

Das Insider-Dossier:
Consulting Survival Guide
Karriere in der Unternehmensberatung

2017 (1. Auflage)

Das Insider-Dossier:
Consulting Survival Guide
Karriere in der Unternehmensberatung

2017 (1. Auflage)
Copyright © 2017 squeaker.net GmbH

www.squeaker.net
www.facebook.com/squeaker
kontakt@squeaker.net

Verlag	squeaker.net GmbH
Herausgeber	Stefan Menden, Jonas Seyfferth
Autoren	Thomas Navin Lal, Ulrich Schlattmann, Stephanie Wegener
Projektleitung	Isabel Karcher, Jan Paczynski
Buchsatz	MoonWorks media, Miesbach
Umschlaggestaltung	Ingo Solbach, i-deesign.de, Köln
Druck und Bindung	DCM Druck Center Meckenheim GmbH
Bestellung	Über den Fachbuchhandel oder versandkostenfrei unter squeaker.net
ISBN	978-3-940345-94-3

Nachhaltigkeit bei squeaker.net
Im squeaker.net-Team achten wir darauf, unseren Beitrag zu einer nachhaltigen Welt zu leisten. Als Verlag von Karrierebüchern haben wir eine besondere Verantwortung gegenüber dem Druckhandwerk. Um einen verantwortlichen Umgang mit unseren globalen Waldressourcen zu sichern, zertifizieren wir unsere Karrierebücher nach dem FSC®-System. Darüber hinaus kompensieren wir den CO_2-Wert unserer Druckaufträge, indem wir für die verursachten CO_2-Emissionen Zertifikate aus Klimaschutzprojekten erwerben.

Disclaimer

Trotz sorgfältiger Recherchen können Verlag, Herausgeber und Autoren für die Richtigkeit der Angaben keine Gewähr übernehmen. Um das Buch kontinuierlich weiterentwickeln zu können, sind wir auf deine Mithilfe angewiesen. Bitte schick uns dein Feedback oder Verbesserungsvorschläge über unser Feedback-Formular unter squeaker.net/buchfeedback.

Inhalt

Die Autoren   **7**

Einleitung   **9**

1. Was ist eigentlich ein Unternehmensberater?   **11**
1.1 Was von Unternehmensberatern erwartet wird   11
1.2 Wie Unternehmensberater arbeiten   17
1.3 Unternehmensberatungs- und Unternehmensberatertypen   20
1.4 Was einen »guten« Unternehmensberater ausmacht   23
1.5 Exkurs: Welche Unternehmensberatung passt?   28

2. Vor dem Start in der Unternehmensberatung   **33**
2.1 Was vorher zu tun ist   33
2.2 Was vorher anzuschaffen ist   35

3. Einstieg in die Firma   **45**

4. Erste Projektwoche   **51**
4.1 Logistik und Vorbereitung   51
4.2 Mit dem Vorgesetzten umgehen   57
4.3 Mit dem Team umgehen   66
4.4 Aufbau einer vertrauensvollen Beziehung mit dem Kunden   70

5. Eigenes Teilprojekt managen   **81**
5.1 Typische Phasen eines Projekts   81
5.2 Planung und Strukturierung deines Teilprojekts   87
5.3 Effizientes Arbeiten   93
5.4 Grundsätzliches zum Arbeiten mit Daten   98
5.5 Daten erheben   99
5.6 Das Arbeiten mit Excel   101
5.7 Modelle in Excel erstellen   107
5.8 Getting to the so what   116

6. Im Gesamtprojektkontext überzeugen 119
6.1 Unterlagen erstellen 119
6.2 Meetings durchführen 127
6.3 In Meetings und Präsentationen überzeugen 131
6.4 Konflikte als Chance 140

7. Verantwortung gegenüber dir selbst und anderen 149
7.1 Was verändert die Beratung für dich? 149
7.2 Was ist dir selbst wichtig? 152
7.3 Stress: Was ist noch gesund und was sind Warnzeichen? 156
7.4 Verantwortliches Verhalten gegenüber anderen 163

8. Karrieremanagement 165
8.1 Persönliche Weiterentwicklung in der Beratung 165
8.2 Erfolgreiche Selbstvermarktung 168
8.3 Das richtige Projekt finden 171
8.4 Feedback und Bewertungsprozess 176
8.5 Training und Coaching 179
8.6 Der Ausstieg aus der Beratung 184
8.7 Die Suche nach dem neuen Job 187

9. Frauen in der Beratung 193
9.1 Klischee, Mythos und Realität 194
9.2 Karriere und Familienplanung für Frauen 198

10. Der Blick nach vorne 201

11. Unternehmensprofile 203
CTcon Management Consultants 204
Mercedes-Benz Inhouse Consulting 210
Siemens Management Consulting 217
thyssenkrupp Management Consulting 223

Danksagung 232

Über squeaker.net 233

Die Autoren

Dr. Thomas-Navin Lal ist Partner beim Training- und Coaching-Unternehmen Mind the Gap. Er arbeitet als Executive Coach, Trainer und Change Berater. Seine Spezialgebiete im Trainingsbereich sind Consulting und Leadership. Darüber hinaus ist er als Coach in mehreren Coaching Pools großer Unternehmen und coacht seine Kunden vornehmlich zu Führungsthemen. Navin war von 2006 bis 2013 Berater in verschiedenen Unternehmen, u.a. in einem der Big Four und zuletzt als Projektleiter in einer großen Strategieberatung tätig. 2013 gründete er zudem ein Startup, das sich auf regionale Biosäfte spezialisiert hat, und führte das Unternehmen als Geschäftsführer bis Mitte 2016. Von Haus aus ist Navin Mathematiker und entwickelte während seiner Promotion in den USA und am Max-Planck-Institut Tübingen »Brain-Computer Interfaces«, mit denen gelähmte Menschen mittels Konzentration Computer steuern können.

Dr. Ulrich Schlattmann ist Partner beim Training- und Coaching-Unternehmen Mind the Gap. Er arbeitet als Business Coach, Trainer und Change Berater. Am liebsten coacht er Berater und Führungskräfte zur effektiven Arbeit in Teams oder zu Führungsthemen, trainiert Berater in Consultingskills oder hilft Gruppen und Organisationen dabei, noch effektiver miteinander zu arbeiten. Vorher arbeitete er insgesamt 9 Jahre in einer strategischen Unternehmensberatung. Dort sammelte er nicht nur Erfahrungen im Rahmen der klassischen Beratungslaufbahn, sondern war dort später auch für das Coaching von (Senior-)Projektleitern und Partnern sowie für die Entwicklung des Trainingscurriculums für Associates und Consultants zuständig. Vor seiner Karriere in der strategischen Unternehmensberatung sammelte er Erfahrungen als Freelancer im Inhouse Consulting. Seine Promotion verfasste Ulrich dazu, wie man bei Entscheidungsprozessen systematische Entscheidungsverzerrungen (unconscious biases) verhindern kann.

Dr. Stephanie Wegener ist seit 2011 in einer Strategieberatung tätig. Ihre Beratungserfahrung umfasst insbesondere Projekte in der Energieindustrie. In der Praxisgruppe Energie ist sie auch verantwortlich für das beratungsinterne Frauennetzwerk des deutschsprachigen Raums. Ihre funktionale Expertise besteht vor allem im Bereich Strategieentwicklung, Transformation sowie Organisation. Neben der Projektarbeit arbeitet sie als Coach daran, Einsteigern einen guten Start in die Unternehmensberatung zu ermöglichen. Zuvor hat sie ein duales Bachelorstudium bei einem Dax-Unternehmen und anschließend ihren Master (Sc.) in Internationalem Management an der Wirtschaftuniversität Wien und ESADE Barcelona (CEMS) gemacht. Während des Studiums sammelte sie zudem in mehreren Praktika erste Erfahrungen in Inhouse- und Strategieberatungen. Während ihrer Zeit als aktive Beraterin nahm sie sich zudem eine zweijährige Auszeit, um an der wirtschaftswissenschaftlichen Fakultät der Universität Passau zu promovieren. Im Rahmen dessen untersuchte sie die Auswirkung der Persönlichkeit von Vorständen auf Unternehmen.

Einleitung

Die Karriere als Unternehmensberater ist lehrreich und anspruchsvoll: Du kannst dich auf spannende, internationale Projekteinsätze und prestigeträchtige Kunden mit komplexen Problemstellungen freuen. Sei stolz darauf, dass du die Bewerbungsphase erfolgreich überstanden hast. Doch sei dir auch bewusst: Das war nur die erste Hürde auf deinem Weg zur Karriere in der Unternehmensberatung.

Die wahre Bewährungsprobe liegt noch vor dir. Ob du später einmal Partner wirst oder deine Karriere noch vor Ablauf der Probezeit scheitert, hängt im Wesentlichen von drei Faktoren ab: von deinem Talent, deinem Verhalten und von dem Umfeld, das dich umgibt. Da jede Beraterkarriere individuell verläuft, erhebt dieses Buch keinen Anspruch auf eine allgemein gültige Zauberformel, nach der sich die perfekte Karriere gestalten lässt. Aber es basiert auf einem umfassenden Erfahrungsschatz aktiver und ehemaliger Berater verschiedenster Fachrichtungen und gibt daher die Antwort darauf, wie du dein Talent, dein Verhalten und das Umfeld in dem du dich befindest, bestmöglich nutzen und steuern kannst.

Unsere Erfahrung zeigt außerdem: Eine steile Karriere, in der es nur darum geht möglichst schnell Partner zu werden und bis zum Ruhestand zu bleiben, macht die meisten nicht glücklich. Zufriedenheit stellt sich vielmehr dann ein, wenn man Kontrolle über die eigene Laufbahn behält. Wer jederzeit selbst entscheiden kann, ob er die nächste Consulting-Stufe erklimmt oder seine Expertise lieber außerhalb der Beratung einsetzt, bleibt unberührt vom »Up-or-out«-Druck - der gerade in den großen Strategieberatungen zu einer ungesunden Work-Life-Balance führen kann.

In diesem Buch lernst du daher auch, wie du dich optimal auf deinen ersten Arbeitstag vorbereitest und wie du anschließend auf jeder Karrierestufe die nötigen Skills entwickelst, um überzeugend und professionell aufzutreten und deine Karriere selbst zu lenken. Das Buch soll in den nächsten Jahren dein Ratgeber sein, das du immer wieder aus dem Schrank ziehen kannst, wenn du einmal nicht mehr weiter weißt. Es bietet nützliche Tipps und Tricks rund um die Durchführung effizienter Workshops, den souveränen Umgang mit Klienten und Teams sowie für die erfolgreiche Organisation von Projekten. Gleichzeitig zeigt es dir, wo du in deiner Karriereentwicklung stehst und bietet dir Entscheidungshilfe, in welche Richtung du dich

QR-Code

Die wichtigsten Internetlinks haben wir in Form eines QR-Codes dargestellt. Folgender QR-Code führt dich beispielsweise direkt zur squeaker.net/einladung.

langfristig entwickeln möchtest – sei es zum Senior-Partner oder zum erfolgreichen Gründer oder Konzernlenker.

Wir wünschen dir viel Vergnügen bei der Lektüre!

Um eine breite, beratungsunabhängige Expertise in dieses Buch eingehen zu lassen, wurden zunächst 20 qualitative Interviews mit Unternehmensberatern von 14 unterschiedlichen Beratungen geführt. Darin wurden Warstorys erfasst, es wurde über Spezifika in den jeweiligen Beratungen gesprochen und individuelle Tricks und Tipps wurden erfasst.

Außerdem wurde von Juli bis September 2016 eine umfangreiche quantitative Befragung durchgeführt. Daran nahmen insgesamt 131 Unternehmensberater von 71 Unternehmensberatungen teil. Der Survey bestand aus insgesamt über 35 Fragen. Im Buch wirst du immer wieder Auswertungen aus diesem Survey finden, die ein realistisches und lebendiges Bild davon vermitteln, wie die Beratungswelt ist. Es wurden dabei Fragen zu unterschiedlichen Themen gestellt:

- Arbeitsbedingungen: Anzahl der Arbeitsstunden pro Woche, Arbeitsinhalte
- Auswahl der richtigen Beratung: Motive für Beratung, Kriterien für Auswahl des Arbeitgebers
- Hierarchie und Führungsverhalten: Führungsspannen, wie stark wurden Inhalte vorgegeben
- Umgang mit Konflikten
- Work-Life-Management: Tätigkeiten zum Ausgleich
- Weiterbildung
- Ausstieg: Gründe, was dir Beratung für den neuen Beruf bringt

Aufteilung in unterschiedliche Beratungstypen

Zur Auswertung des Surveys wurden die Beratungen in unterschiedliche Cluster eingeteilt (mehr Informationen zu den Clustern in Kapitel 1.3 *Unternehmensberatungs- und Unternehmensberatertypen*):

Strategieberatung (25 Teilnehmer)
Zum Beispiel: McKinsey & Company Inc., The Boston Consulting Group GmbH, Bain & Company Inc., Roland Berger GmbH, Oliver Wyman GmbH, Consileon Business Consultancy GmbH, PwC Strategy& GmbH

Boutique (30 Teilnehmer)
Zum Beispiel: Simon-Kucher & Partners Strategy & Marketing Consultants GmbH, Sopra Steria GmbH, goetzpartners Corporate Finance GmbH, Batten & Company GmbH

Kleine Beratungen (22 Teilnehmer)
Zum Beispiel: Delta Management Consultants GmbH, Iskander Business Partner GmbH, TALOS Management Consultants GmbH, POLARIXPARTNER GmbH

Inhouse Consulting (10 Teilnehmer)
Zum Beispiel: Allianz Consulting, Bayer Inhouse Consulting, innogy Consulting GmbH (RWE), Volkswagen Consulting, Arvato Bertelsmann

Geschlecht, Alter, Beratungserfahrung
- Anteil weiblicher Teilnehmer: 24 %
- Durchschnittsalter: 31,4 Jahre
- Durchschnittliche Beratungserfahrung: 47 Monate
- Anteil der Studienteilnehmer, die noch heute in der Beratung tätig sind: 51 %

1. Was ist eigentlich ein Unternehmensberater?

Über Unternehmensberater gibt es viele Mythen und Vorurteile. Die Tatsache, dass Unternehmensberater keine geschützte Berufsbezeichnung wie z.B. Staatsanwalt ist und sich somit letztlich jeder als Berater bezeichnen kann, macht das Ganze nicht gerade einfacher.

> *»Das musste dir mal vorstellen, da schicken's die Berater von München nach Frankfurt und die von Frankfurt nach München ... bloß, dass die keine Freund' finden.«* (sehenswerter Clip »Harry G über Unternehmensberater«)

> *»Berater sind junge Schnösel von Privatunis, denen es Spaß macht, Leute rauszuwerfen.«*

> *»Unternehmensberater werden nur die Besten der Besten, daher sind die auch die eigentliche Säule unserer Wirtschaft.«*

> *»Das Management erschießt die Leute, aber die Unternehmensberatung schreibt die Namen auf die Kugeln.«*

Die Auflistung der Klischees könnte an dieser Stelle beliebig lang fortgeführt werden. Wie so oft bei Klischees, versteckt sich auch bei diesen Aussagen ein Funken Wahrheit – allerdings sehr holzschnittartig und stark übertrieben. Deshalb wollen wir uns in diesem ersten Kapitel der Frage nähern, was eigentlich ein Unternehmensberater ist. Was wird von einem Berater erwartet und wie arbeitet dieser?

1.1 Was von Unternehmensberatern erwartet wird

Zunächst einmal sei festzuhalten, dass Unternehmensberater von Kunden (von manchen Beratungen auch Klienten oder Mandanten genannt) engagiert werden. Kunden, das kann vom DAX-30-Unternehmen bis zum Mittelständler, vom Bundesministerium bis zur NGO (Nichtregierungsorganisation), vom Fußballverein bis zum internationalen Verband, ein ziemlich bunter Blumenstrauß sein. Hinsichtlich eines Kunden gibt es für den tatsächlichen Auftraggeber auch noch einmal verschiedene Optionen. So kann der Projektsponsor, also im Normalfall derjenige, der ein Projekt in Auftrag gibt und über seine Kostenstelle bezahlt, ein Mitglied des Vorstandes oder der

Geschäftsführung, ein Bereichsleiter oder ein Abteilungsleiter sein. Laut einer Lünendonk-Studie sind Geschäftsführung und Vorstand zu 90 Prozent an der Beauftragung von Beratern beteiligt. Aber auch Konzernentwicklung oder Einkauf sind mögliche Optionen. Im Sonderfall können auch der Aufsichtsrat oder Investoren als Auftraggeber auftreten, wobei diese Stakeholder-Gruppen dann zumeist den Vorstand in die Pflicht nehmen, einen Berater zu beauftragen. Ebenso mannigfaltig wie der Kunde an sich können die Gründe sein, warum Kunden überhaupt Berater engagieren. Hierbei kann es sich z.B. um akute Probleme, um den Wunsch nach einer unabhängigen Meinung von außen oder um Legitimation (intern durch die eigenen Mitarbeiter und/oder extern durch Aktieninhaber und Co) von bereits getroffenen Entscheidungen handeln.

Engagiert ein Kunde einen Berater zur Unterstützung bei der Lösung akuter Probleme, kann u.a. zwischen den folgenden Problemtypen unterschieden werden – die mit verschiedenartigen Projekten bearbeitet werden können (siehe hierzu Tabelle 1 *Projektarten, ihr Zweck und mögliche Aufgaben für Einsteiger in der Strategieberatung*):

- *Weiß-nicht-Problem*: Bei dieser Art von Problem fehlt dem Kunden Wissen oder Expertise, um die »richtige« Antwort zu finden – die richtige Antwort auf strategische Fragen jeglicher Art. Die meisten Strategieprojekte werden heutzutage durch Digitalisierung und andere Disruptionen initiiert. Grundsätzliches Ziel dieser Projekte ist zumeist der Aufbau neuer Geschäftsfelder durch Erschließung neuer Geschäftsmodelle. Hierbei entwickeln Berater Lösungen für spezifische Fragestellungen, z.B. bei Unsicherheit bezüglich internationaler Expansion und Ausweitung/Konzentration des Produktportfolios oder bei der Digitalisierung des eigenen Geschäfts.
- *Kann-nicht-Problem*: Das »Kann nicht« eines Kunden ist möglicherweise auf fehlende Ressourcen zurückzuführen, weil z.B. genügend Mitarbeiter fehlen, die neben dem operativen Alltagsgeschäft zeitlich noch Projektarbeit leisten können, oder Methodenkompetenz und Tools gebraucht werden. Im Falle eines Umsetzungsprojekts unterstützt der Berater bei der Umsetzung oder führt dieses durch. Hierbei stellt das Prozessmanagement eine Kernaufgabe dar. Unter Beraterkollegen ist diese Art von Problemen intellektuell als weniger spannend angesehen – allerdings kann man viel über die Abläufe des Unternehmens lernen und Kernkompetenzen aufbauen, die Beratern in zukünftigen Projekten eine gewisse Prozesssicherheit verschaffen.
- *Will-nicht-Problem*: Das »Will-nicht«-Problem stellt eine Sonderform des »Kann nicht« dar. Es kommt zum Tragen, wenn die Organisation beispielsweise die Top-down-Implementierung von etwas ablehnt. Projekte dieser Art, bei denen mit Widerstand von Einzelnen oder Gruppen (z.B. spezifische Abteilung, Betriebsrat)

zu rechnen ist, sind typischerweise sehr politisch und stellen eine schwierige Situation vor allem für Anfänger dar. Berater sollten sich auf kritische Kunden einstellen und Rückweisung durch den Kunden nicht persönlich nehmen: Der Kunde ist nicht gegen dich, sondern gegen das Projekt, für das du stehst.

Eine *unabhängige Meinung* durch Dritte wünschen sich Kunden insbesondere vor folgenschweren Entscheidungen, beispielsweise bevor sie eine Fusion eingehen oder einen Kauf tätigen, der ein hohes Investment erfordert. Teilweise ist auch eine Beurteilung der strategischen Ausrichtung gewünscht. Anders als bei dem »Weiß-nicht«-Problem hat der Kunde hierbei schon seine eigene Meinung entwickelt und möchte diese durch den Berater vorzugsweise validiert oder auch falsifiziert sehen. Besonders diese Art von Projekten kann vom Aufsichtsrat oder von Investoren beauftragt sein, falls sie z.B. einer bevorstehenden Entscheidung des Vorstandes nicht hundertprozentig trauen.

Teilweise stellt der Kunde Berater auch ein, um *Entscheidungen zu rechtfertigen*. Es kommt z.B. vor, dass der Vorstand für unabkömmliche Kostensenkungsprogramme, die zum Teil mit Personalentlassungen verbunden sind wie bei der Schließung eines Produktionswerkes, Berater anstellt. Das heißt ein Vorstand muss die Schuld für die notwendigen Sparmaßnahmen insbesondere in der internen Kommunikation mit Mitarbeitern und Betriebsrat nicht auf sich nehmen, sondern schiebt diese den »bösen« Beratern zu, die »nur auf Effizienz« aus sind.

Abhängig von dem Grund der Beauftragung durch den Kunden und des verfolgten Zwecks eines Projekts gibt es eine große Bandbreite an Aufgabenstellungen für Berater. Hierzu lassen sich verschiedene Arten eines Projekts abgrenzen. Für den Begriff »Projekt« haben übrigens manche Beratungen ihre eigenen Termini. So spricht beispielsweise McKinsey von Studien und Boston Consulting Group von Cases.

Im Folgenden stellen wir dir eine Auswahl typischer Projektarten von Strategieberatungen inklusive ihres Zwecks und exemplarischer Aufgaben für Einsteiger vor. Dies soll dir einen ersten Überblick für einen möglichen Einsatz als Jungberater geben. Mit Blick auf andere Beratungsarten kann es z.B. noch ganz andere Projektarten geben wie IT/ERP-Implementierungsprojekte oder Spezialthemen im Operations/Manufacturing-Bereich wie Aufbau und Inbetriebnahme eines Werkes.

Tabelle 1: Projektarten, ihr Zweck und mögliche Aufgaben für Einsteiger in der Strategieberatung

Art	Zweck	Mögliche Aufgaben Einsteiger (Beispiele)
Strategieprojekt	Entwicklung der zukünftigen Ausrichtung des Kunden hinsichtlich Märkten, Segmenten, Fähigkeiten, Wettbewerbsposition etc.	Durchführung von Marktanalysen (u.a. Auswertung von Reports), Durchführung von Belief Audits (Interviews zur Aufnahme der Stimmung und Einstellungen)
Wachstumsprojekt	Identifikation von Wachstumsfeldern	Identifikation von Trends, Auswertung von Wachstumsfeldern inkl. Potenzialen, Validierung von Abschätzungen mit Industrieexperten
Kostensenkung/Sanierung/ Turnaround	Identifikation von Kostenhebeln, Hebung von Potenzialen, z.B. durch Abstoßung einzelner Unternehmensteile oder Effizienzsteigerung	Erstellung von Benchmarks zu Kosten der Wettbewerber
Prozessoptimierung	Anpassung von Unternehmensprozessen (z.B. HR-Prozesse, IT-Prozesse); oftmals zur Steigerung der Effizienz	Durchführung von Interviews zur Aufnahme von Prozessen, anschließende Dokumentation
Reorganisation	Anpassung von Funktionen, Personen, Bereichen etc.; oftmals zur Ausbesserung von Schwachstellen und zur Hebung von Effizienzpotenzialen	Durchführung von Interviews zur Identifikation von Schwachstellen in der Organisation
PMI (Post-Merger-Integration)	Integration von Unternehmen nach erfolgter Fusion, d.h. Konzeption, Implementierung, Controlling	Erstellung eines Kommunikationskonzeptes inkl. Informationsunterlagen für Mitarbeiter
PMO (Project Management Office)	Zentrale Projektsteuerung, u.a. zur Zusammenführung von Informationen, Controlling des Zeit- und Budgetplans auf höherer Ebene	Nachhaltung von Projektfortschritten, Erstellung von Statusberichten
Due Diligence	Analyse und Bewertung von Unternehmen, meistens im Zuge des Kaufs eines Unternehmens oder von Unternehmensanteilen	Erstellung einer Stärken- und Schwächenanalyse auf Basis von Unterlagen im Datenraum

In meinem ersten Projekt war ich bei einem Mittelständler, dessen Strategie wir für das Jahr 2020 in Zusammenarbeit mit dem Kunden entwickeln sollten. Eine strategische Fragestellung hierbei war, ob das Stadtwerk in die Windenergie einsteigen soll. Meine Aufgabe war es, dieses Marktpotenzial abzuschätzen. Zunächst schaute ich in Branchenreports. Das Problem war, dass die meisten Reports nur Zahlen zu der vergangenen Entwicklung von Windenergie hatten. Andere endeten mit ihrer Prognose im Jahr 2011 – also neun Jahre vor unserem Zieljahr 2020. Für die Abschätzung der verbleibenden Jahre versuchte ich mir also mit Aussagen der Politik, beispielsweise zu Ausbauzielen, behilflich zu sein. Zudem führte ich Interviews mit Windexperten innerhalb unserer Firma und fuhr auch zu verschiedenen Branchenverbänden, um meine Zahlen zu hinterfragen. Anschließend gab es einige Gespräche innerhalb des Stadtwerkes, um festzustellen, wie viel von dem möglichen Windenergiewachstum sich das Unternehmen zutraut zu holen. In Abstimmung bestimmten wir ein konservatives, ein optimistisches und ein mittleres Szenario hinsichtlich des möglichen Marktanteils. All das wurde im »Windmodell« berücksichtigt. Auf Basis der Analyse erkannte der Kunde das Potenzial für sein Unternehmen, woraufhin er ein klares Ja zum Einstieg in den Bau von Windanlagen gab.

(Senior-Projektleiter, Strategieberatung)

Kundenprojekte sehen im Normalfall vor, dass die beauftragten Berater gemeinsam mit dem Kunden Lösungen entwickeln – dies erfordert die Präsenz des Beraters beim Kunden vor Ort. Ausnahmen hierzu stellen beispielsweise Due Diligences dar, die oft auch aus der Distanz durchgeführt werden. Due Diligences werden oft in einem knappen Zeitraum erstellt und mit ihrer Hilfe geht keine Zeit durch Reisen verloren. Im Falle einer Due Diligence soll zudem die Belegschaft eines Unternehmens von den Beratungsaktivitäten meist nichts mitbekommen. Bei dem Großteil der Projekte erwarten die Kunden jedoch, dass Berater zumindest an vier von fünf Tagen in der Woche beim Kunden vor Ort sind. Laut Survey sind insbesondere bei Strategieberatungen volle vier Tage beim Kunden die Norm, während es in kleinen Beratungen auch schon mal weniger als drei Tage sein können. Vereinzelt sind Kunden auch rigoroser und erwarten sogar, dass die bezahlten Berater an fünf Tagen der Woche vor Ort sind.

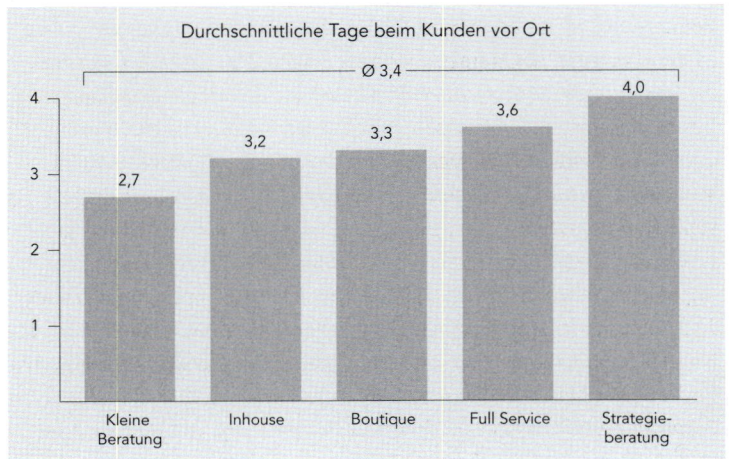

Abbildung 1: Durchschnittliche Tage beim Kunden vor Ort nach Beratungsart

Meistens ist jedoch Verständnis seitens des Kunden vorhanden, z.B. dass Freitage für Berater auch für den internen Austausch von Best Practices etc. dienen – Wissen, das letztlich dem Kunden zugutekommt. Und auch der Kunde kann den Freitag dann nutzen, um frei von Terminen andere Themen mit den Beratern abzuarbeiten. Dennoch wird auch am Freitag Flexibilität erwartet, wenn z.B. ein wichtiger Termin ansteht. Wie du dich auf diese Reisetätigkeit vorbereiten kannst und was in deinen Koffer gehört, erfährst du in den Kapiteln 2 und 4.1.

Unternehmen rufen Berater zumeist, weil ihnen personelle Ressourcen, Expertise, der objektive Blick von außen oder alles zusammen fehlt. Unabhängig vom konkreten Projekt oder Grund der Beauftragung erwarten Kunden von Beratern jedoch immer ein hohes Maß an Projektmanagement- und Problemlösungskompetenz, Einfühlungsvermögen und Fähigkeit zur Zusammenarbeit mit dem Kunden. In Kapitel 1.2 *Wie Unternehmensberater arbeiten* erfährst du mehr dazu, welche Kompetenzen im Projektgeschäft von Kunden gefordert werden. Was dies im Hinblick auf die Fähigkeiten eines einzelnen Beraters bedeutet, erfährst du in Kapitel 1.4 *Was einen »guten« Unternehmensberater ausmacht.*

Selbstverständlich erwarten Kunden neben diesen »harten« und »weichen« Faktoren auch schlichtweg Diskretion, also dass Berater ihre beim Kunden gewonnenen Einsichten und zur Verfügung gestellten Daten absolut vertraulich behandeln und insbesondere nicht an Wettbewerber weiterreichen. Zu diesem Zweck lassen manche Unternehmen bei besonders kritischen und streng vertraulichen Fällen ein Confidentiality Agreement unterschreiben – jedoch sollte das Stillschweigen über Unternehmenseinblicke für jeden Berater auch ohne zusätzliches Agreement selbstredend sein. So gibt es bei Beratern sogenannte *Chinese Walls*. Das heißt Projektteams, die für verschiedene Wettbewerber arbeiten, dürfen in keinem Fall Informationen untereinander weitergeben und sich zu ihrem aktuellen Case austauschen. Des Weiteren erwarten Kunden, dass Berater Mehrwert im Unternehmen stiften (und nicht bloß ein Projekt »aufschwätzen«, um Umsatz zu machen) und Verantwortung für das Projektergebnis übernehmen. Deshalb drängen mittlerweile auch viele Unternehmen darauf, dass die Beratervergütung zumindest zum Teil leistungsabhängig ist. Zudem haben mittlerweile alle größeren Unternehmen einen sehr professionellen Beratereinkauf, der zum Ende des Projekts eine Bewertung vom Fachbereich zur Leistung des Beraters einholt. Diese wird dann bei zukünftigen Ausschreibungen und Vergaben berücksichtigt. Mehr Details zur Verantwortung von Beratungen gegenüber Kunden erfährst du in Kapitel 7 *Verantwortung gegenüber dir selbst und anderen.*

1.2 Wie Unternehmensberater arbeiten

Gerade junge Einsteiger fragen sich zu Beginn, welchen Mehrwert Berater eigentlich stiften können. Wie können sie beispielsweise einem Vorstand helfen, der schon seit Jahren eine Führungsposition innehat und deshalb sein Unternehmen und die Industrie besser kennt als jeder Berater? Doch genau da liegt auch das Problem: Teilweise sind Kunden so tief in dem Unternehmen verwurzelt, dass sie notwendige Änderungen nicht sehen oder nicht sehen wollen oder aber auch nicht durchsetzen können. In diesen Fällen können das Vorhalten eines Spiegels und ein frischer Blick von außen schon kleine Wunder bewirken.

Im Folgenden wollen wir dir einen kurzen Überblick darüber verschaffen, wie Berater grundsätzlich arbeiten. Hierbei ist natürlich klar, dass Kunde nicht gleich Kunde ist und die Aufgabenstellung im Rahmen eines Projekts stark unterschiedlich sein kann. Je nachdem um welche Art von Projekt es sich handelt, kommen die nachstehenden Arbeitsweisen also mehr oder weniger zum Tragen.

Berater reduzieren Komplexität

Mit der Zeit werden manche Unternehmen immer komplexer – sie wachsen durch Zukäufe, Internationalisierung und neue Geschäftsfelder. Ursachen wachsender Komplexität sind u.a. Globalisierung, Beschleunigung durch technologischen Wandel, Zunahme der Stakeholder bei gleichzeitig wachsenden Ansprüchen oder auch eine zunehmende Differenzierung des Kunden beispielsweise hinsichtlich Märkten und Produkten. Dies kann in Summe dazu führen, dass Unternehmen mit der Zeit den Überblick verlieren. An dieser Stelle ist

Komplexität bezieht sich auf das System, Kompliziertheit auf die einzelnen Teile des Systems bzw. deren logische Verknüpfung.

es das A und O, auf Komplexität nicht mit Kompliziertheit zu reagieren, beispielsweise durch Schaffung sehr komplexer Strukturen. Berater helfen durch ihren Blick von außen und durch Analysen von Strukturen und Abläufen, Handlungssicherheit wiederherzustellen, sodass der Kunde seine Energie und Kompetenz wieder auf die wesentlichen Dinge in seiner Firma konzentrieren kann.

Berater bringen Know-how ein

Das Know-how eines Beraters kann inhaltlich, funktional oder methodisch sein. Möchte ein Kunde auf Fachexpertise bauen, wird im Normalfall eine Expertenberatung beauftragt, die fundiertes Fachwissen einbringen kann. Oft wird angeprangert, dass man in der Beratung ganz schnell zum Experten wird. So wird so mancher Berater nach acht Wochen Projekt in der Bauindustrie dem Kunden als »Branchenexperte« verkauft. Ein Umstand, mit dem insbesondere viele Einsteiger hadern. Zum Teil muss das Wissen aber auch gar nicht unbedingt bei dem einzelnen Berater liegen, sondern ein Kunde möchte von dem großen Netzwerk einer Beratung profitieren. Außerdem dringen Berater durch ihr großes Arbeitspensum häufig schnell in Themen ein und sind dann innerhalb von kurzer Zeit tatsächlich Experten für ein bestimmtes Thema geworden.

Berater strukturieren Probleme

Oftmals werden Berater gerufen, um ein bestimmtes Problem zu lösen. Bei dieser Art von Problemen geht es in einem ersten Schritt darum, das Problem für den Kunden zu strukturieren. In Kapitel 5.2 *Planung und Strukturierung deines Teilprojekts* zeigen wir dir, wie du Probleme strukturieren kannst, d.h. wie das Problem in seine Einzelbestandteile zu zerlegen ist, um zur Wurzel des Problems vorzudringen. Neue Technologien machen diese Arbeit von Beratern zum Teil aber auch überflüssig und durch schlaue Analyse von Big Data braucht man dann auch keinen Berater mehr, der ein Problem zerlegt.

Berater arbeiten hypothesenbasiert

Am Anfang eines Projekts arbeiten Berater zunächst noch auf einer hohen Flughöhe, bevor diese dann gezielt verringert wird, um den komplexen Sachverhalt zu durchdringen. Um zu wissen, wo und wie die Flughöhe verringert werden soll – und somit wo der Fokus der Tätigkeit eines Beraters liegt – entwickeln Berater gemeinsam mit dem Kunden Hypothesen. Um das vorherige Beispiel wieder aufzugreifen: Zu Beginn eines Projekts ist z.B. folgende Hypothese möglich: »Dem Unternehmen fehlt Nachwuchs, da es zu wenig Marketing betreibt.« Mit dieser Hypothese startet das Team dann seine Analyse, um diese mehr oder weniger schnell zu validieren oder zu falsifizieren. In diesem Beispiel würde sich dann herausstellen, dass Marketing nicht der Haupthebel ist, und eine neue Hypothese würde formuliert werden. Diese hypothesenbasierte Vorgehensweise ist im Berateralltag eine altbewährte Methode, um ohne Umschweife und systematisch den Projektfokus zu schärfen und somit die Zielerreichung des Projekts zu sichern. Mehr zu dem Thema erfährst du in Kapitel 5 *Eigenes Teilprojekt managen.*

Berater schaffen Orientierung

Berater haben im Vergleich zum Kunden einen entscheidenden, wenn auch offensichtlichen, Vorteil: Sie sind nicht Teil der Organisation und nur eine begrenzte Zeit vor Ort. Dadurch können Berater mit einer Außenperspektive Dinge kritisch hinterfragen und auch »out of the box« denken – während Kunden oft eingefahrene Prozesse und eine Art Tunnelblick entwickelt haben und entweder nicht in der Lage sind oder bewusst bzw. unbewusst das breite Handlungsspektrum nicht sehen wollen oder können. Berater denken konzeptionell und erarbeiten gemeinsam mit Kunden verschiedene Optionen. Anschließend analysieren und bewerten Berater typischerweise u.a. Potenzial und Risiko von Optionen mithilfe verschiedener Techniken. Gegebenenfalls führen sie z.B. Szenarioanalysen durch. Auf Basis dieser Schritte können Berater dann Handlungsempfehlungen geben und Entscheidungen für den Kunden vorbereiten.

Berater setzen um

Damit entwickelte Konzepte und Handlungsempfehlungen nicht als Papier in der Schublade landen, werden getroffene Entscheidungen von Beratern – falls vom Kunden gewünscht – auch umgesetzt. Hierfür wird zunächst in enger Abstimmung mit dem Kunden ein Implementierungsplan erstellt, der u.a. darüber informiert, wer verantwortlich ist, und detailliert Aktivitäten hinsichtlich was, wann, wo und wie auflistet. Es ist wichtig anzumerken, dass die Implementierung von Strukturen, Prozessen, neuen Produkten etc. immer Veränderung für zumindest einen Teil des Unternehmens bedeutet. Im Allgemeinen erzeugen Veränderungen einen gewissen Grad an Unbehagen und Stress. Deshalb wird die Umsetzung häufig mit einem Change-Management-Projekt begleitet, das auf einen reibungslosen Implementierungsprozess abzielt. Ein Trend ist zudem, dass Beratungen ihren Kunden auch gleich die Prototyping- und Start-up-Teams stellen – durch Tochterunternehmen oder Kooperation, z.B. Digital Ventures (BCG), PwC Experience Centers etc.

WARSTORY

Auf einem Projekt sollten wir herausfinden, ob ein Unternehmen bereit für ein flächendeckendes Rollout eines fortgeschrittenen IT-Systems war, von dem eine Basisversion bereits implementiert war. Falls nicht, sollten wir Handlungsempfehlungen aussprechen.

Hierfür mussten wir herausfinden, ob die einzelnen Unternehmens-
bereiche die Funktionen der Basisversionen bisher überhaupt voll
ausschöpften. Im HR-Bereich stellte sich heraus, dass das System
bis dato eigentlich kaum genutzt wurde. Die Leiterin des Bereichs
gab uns gleich zu Beginn zu verstehen, dass dies daran lag, dass
ihre Mitarbeiter schlicht zu »dumm« und unmotiviert seien, das
System zu bedienen. In verschiedenen Workshop-Sessions sind wir
dann von der offensichtlichen Lösung, dass die Mitarbeiter bereits
das Basissystem zu kompliziert fanden und sich ungenügend
geschult fühlten, zum Kern des Problems vorgedrungen. Die Mit-
arbeiter im Recruiting konnten das System gar nicht benutzen, da
sie von anderer Stelle wesentliche Daten viel zu spät erhielten - der
Prozessablauf hatte also einen ganz bestimmten Schwachpunkt.
An der Stelle hat es sich auf jeden Fall ausgezahlt, das Problem auf
verschiedene Puzzleteile herunterzubrechen und Hypothesen zu
formulieren, damit wir darauf basierend Handlungsempfehlungen
ableiten konnten, die auch tatsächlich Abhilfe für das eigentliche
Problem des unzureichend genutzten IT-Systems schaffen konnten.
Ein erneutes Training der Mitarbeiter hätte an dieser Stelle nichts
gebracht - vielmehr mussten die internen Abläufe verbessert
werden. (Senior-Projektleiter, Boutique)

In den anderen squeaker.net-Büchern bekommst du Tipps für die Bewerbung bei Unternehmensberatungen (»Bewerbung bei Unternehmensberatungen – Consulting Cases meistern«). Diese jährlich aktualisierte »Bewerber-Bibel« ist das marktführende Buch zur Consulting-Bewerbung bei namhaften Firmen im deutschsprachigen Raum. Hier wird nicht nur das Wissen über die wichtigsten betriebswirtschaftlichen Begriffe und Konzepte aufgefrischt, sondern es werden auch hilfreiche Frameworks an die Hand gegeben, die sich gut in die Praxis umsetzen lassen. »Auswahlverfahren bei Top-Unternehmen« und »Brainteaser im Bewerbungsgespräch« helfen dir zusätzlich bei der Bewerbung bei Unternehmensberatungen. Und im vierten Buch »Consulting Case-Training« kannst du nicht nur super Fälle für das Einstellungsgespräch üben, sondern bekommst auch einen guten Überblick über Fälle aus der Beratungsrealität.

1.3 Unternehmensberatungs- und Unternehmensberatertypen

Wie du aus deiner Bewerbungsphase vermutlich bereits weißt, ist Unternehmensberatung nicht gleich Unternehmensberatung. Inhaltlich unterscheiden sich Beratungen stark hinsichtlich ihrer angebotenen Branchen und Funktionen sowie der abgedeckten Wertschöpfungskette eines Beratungsprojekts.

- *Branchen und Funktionen*: Spezialisierung auf eine Branche (z.B. Energiebranche) oder eine Funktion (z.B. Einkauf) vs. komplettes Portfolio an Branchen und Funktionen
- *Abgedeckte Wertschöpfungskette*: Fokus auf Strategie vs. Implementierung

Ein Trend der 2000er war die Entwicklung von bis dato primär auf Strategie fokussierten Beratungen hin zu mehr Implementierung. Früher erstellten die traditionellen Strategieberatungen wie McKinsey und BCG hauptsächlich Konzepte und Strategien. Implementierungsprojekte verband man vorher typischerweise mit den sogenannten *Big Four*, also dem Beratungszweig der Wirtschaftsprüfungen von Deloitte, EY, KPMG und PwC sowie den Technologieberatungen wie Accenture oder IBM. Die Anspruchshaltung der Kunden jedoch stieg (zu Recht!) – denn was nützt ihnen ein schönes Konzept auf Papier, wenn dieses nicht implementiert wurde? An die Erwartung des Kunden, dass Konzepte auch implementiert werden sollten, haben sich die meisten Beratungen angenähert.

Diese beiden Unterscheidungen beeinflussen natürlich die Größe der jeweiligen Beratung auf Basis der Anzahl der Berater. Auch der Umsatz je Berater variiert. Teilweise hängt dieser mit dem Preispunkt je Berater zusammen, der z.B. bei Top-Management-Beratungen wie McKinsey und Co höher liegt. Zieht man diese beiden Variablen, also »Anzahl Berater« und »Umsatz je Berater«, heran, erhält man folgende vereinfachte Einteilung:

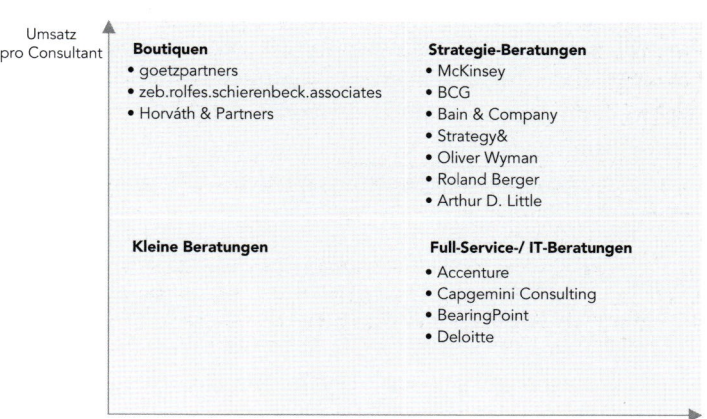

* Prinzipdarstellung (beispielhafte Firmenauswahl)

Abbildung 2: »Das Insider-Dossier: Bewerbung bei Unternehmensberatungen – Consulting Cases meistern (Stefan Menden, Jonas Seyfferth)«

Strategische Managementberatung

McKinsey, BCG und Co verkörpern das, was man typischerweise als strategische Managementberatung versteht, vor allem früher oft auch

»Königsklasse« genannt. Der Fokus dieser Beratungen liegt auf dem Bereich, der durch das Top-Management eines Unternehmens verantwortet wird, nämlich der Entwicklung von Strategien. Der Begriff »Strategie« ist nur schwer abzugrenzen, richtet sich jedoch zumeist auf die langfristige Ausrichtung eines Unternehmens zur Erreichung gesetzter Ziele. Ebenso breit wie diese Definition ist auch das Tätigkeitsfeld von strategischen Managementberatungen. Diese Beratungen zeichnen sich dadurch aus, dass sie eine hohe Strahlkraft auf Bewerber haben und typischerweise - so sagen sie selbst - nur »die Besten der Besten« rekrutieren. Im Gegenzug liegt das Gehalt dieser Berater auch am oberen Ende.

Boutiquen

Boutiquen werden meist für spezifische Fragestellungen und (Teil-) Projekte gebucht, für die Expertise hinsichtlich einer Funktion oder einer Branche benötigt wird. Beispiele sind Simon-Kucher für Pricing und Kloepfel für Einkauf. Aufgrund ihrer Spezialisierung sind diese Beratungen stärker von Kunden, Branchen und Themen abhängig, wodurch Krisenzeiten sie ggf. stärker treffen können. Dafür können sie mit einem persönlicheren Arbeitsumfeld bei Neueinsteigern punkten.

Full-Service-Beratungen

Full-Service-Beratungen sind, wie der Name schon sagt, Komplettanbieter. Im Portfolio z.B. von Accenture und Deloitte findet sich alles von der klassischen Beratung über IT-Leistungen bis zur Unterstützung bei der Implementierung - und das zumeist mit globaler Reichweite und großem Mitarbeiterpool. Kunden setzen auf Full-Service-Beratungen, wenn sie - für einen günstigeren Kostenpunkt als bei strategischen Managementberatungen - alles aus einer Hand wollen.

Inhouse-Beratungen

Bei Inhouse-Beratungen handelt es sich um interne Beratungen von großen Konzernen (z.B. BASF, E.ON, Siemens) - diese durchbrechen das oben aufgezeigte Schema. Durch den Einsatz von internen Beratern erhoffen sich Unternehmen zum einen eine Ersparnis hinsichtlich externer Beraterkosten und zum anderen den Erhalt von während Projekten aufgebautem Wissen im eigenen Unternehmen. Je nach Philosophie des jeweiligen Unternehmens werden Inhouse-Beratungen typischerweise auch als Talentpool mit den Führungskräften von morgen angesehen. Manche Beratungen sind innerhalb des Konzerns ein Cost-Center, d.h. die Kosten der internen Berater fallen ohnehin an, sodass sie auch für Projekte genutzt werden können. Andere Beratungen sind innerhalb des Konzerns ein Profit-Center, d.h.

die Beratung muss Projekte im Wettbewerb mit externen Beratungen gewinnen und einen Gewinn generieren. Vereinzelt behaupten sich interne Beratungen (z.B. DHL Consulting) auch auf dem externen Markt und bieten auch anderen Unternehmen ihre Dienste an.

Hinsichtlich Beratern wollen wir an der Stelle zwischen drei verschiedenen Einsteigertypen unterscheiden: Generalisten, Exoten und Quereinsteigern. Diese Typen unterscheiden sich hinsichtlich ihres Hintergrunds, ihrer bereits gewonnenen Berufserfahrungen und ihrer Optionen im Hinblick auf ihren Einstieg.

Tabelle 2: Einstiegstypen in der Beratung

Einsteigertyp	Hintergrund	Erfahrung	Einstiegsoptionen
Generalist	Bachelor, Master oder Doktor im Rahmen eines klassischen BWL- oder ähnlichen Studiums (International Management etc.)	Keine direkte Berufserfahrung, aber zumeist verschiedene Praktika in Beratung und/oder Industrie	Als (Junior-)Berater, keine Führungsverantwortung
Exot	Bachelor, Master oder Doktor im Rahmen eines Studiums der Naturwissenschaften, Ingenieurwissenschaften, Geisteswissenschaften, Musikwissenschaften etc.	Keine direkte Berufserfahrung, aber zumeist verschiedene Praktika in Beratung und/oder Industrie	Als (Junior-)Berater, keine Führungsverantwortung
Quereinsteiger	Bachelor, Master oder Doktor im beliebigen Studium	Mehrjährige Berufserfahrung in der Industrie oder in einer anderen Beratung, dadurch gewisse Industrieexpertise	Je nach Tiefe der Industrieexpertise, Erfahrungsgrad (meist gemessen in Berufsjahren) und Führungserfahrung als Berater, Projektleiter oder Partner

1.4 Was einen »guten« Unternehmensberater ausmacht

Die Frage, was einen »guten« Berater ausmacht, muss differenziert betrachtet werden, da die Anforderungen an einen Berater beispielsweise damit zusammenhängen, in welcher Position jemand einsteigt (z.B. Junior-Berater vs. Berater mit Industrieerfahrung). Kunden beauftragen zudem Berater für verschiedene Zwecke. Zum Teil kaufen sie bloß Dienstleister ein, die einfach Sachen »abarbeiten« sollen. Diese Kunden sind nicht darauf aus, dass Berater sich mit Schwachstellen identifizieren und Widerstand leisten. Als Berater solltest du also nicht immer dogmatisch am Beraterideal festhalten – dennoch sollte dir klar sein, wann du hiervon abweichst. Das heißt, du solltest ein eigenes Verständnis dafür entwickeln, was »gute« Beratung ist und was einen »guten« Berater ausmacht. Neben dem Kundenfaktor gibt es für Berater auch noch den Faktor Projektleiter. Alles Wissenswerte hierzu findest du in Kapitel 4.2 *Mit dem Vorgesetzten umgehen*.

Die wenigsten Einsteiger starten mit Industrieexpertise, eher beginnen sie gleich nach dem Studium mit der Beratung. Im Folgenden zeigen wir dir, auf welche Aspekte es in der Arbeit mit dem Kunden und in der inhaltlichen Arbeit ankommt.

In der Arbeit mit dem Kunden und dem Team

1. Meinungsstärke

Einfach nur stoisch seine Aufgabenstellung abzuarbeiten kommt sowohl beim Projektleiter als auch beim Kunden nicht so gut an. Hingegen erzielt ein Berater Mehrwert, indem er auch seine eigene Meinung zu einem Thema oder Problem entwickelt. Dann kann er sich auch im Gespräch mit dem Kunden oder wenn er von seinem Projektleiter gefragt wird klar positionieren und auf Augenhöhe diskutieren. Und ein sehr guter Berater hat auch den Mut, eine Entscheidung zu treffen, eine klare Empfehlung auszusprechen und diese mit Argumenten zu unterfüttern. Dabei sollte ein Berater natürlich auch nicht davor zurückschrecken, dem Kunden – in angemessener Art und Weise – die Wahrheit zu sagen, auch wenn sie schmerzlich sein kann. Bei Meinungsverschiedenheiten sollte auch immer abgewogen werden, wer denn letztlich der ultimative Sponsor des Projekts ist. So können die direkten Gegenüber auf Arbeitsebene strikt gegen vorgeschlagene Maßnahmen sein (beliebtes Beispiel: Einsparungsmaßnahmen) und stark gegen diese wettern. Knickt man als Berater ein und muss sich dann beim Projektsponsor Vorstand rechtfertigen, hat man schlechte Karten.

WARSTORY

Bei einem Restrukturierungsprojekt hat der Projektleiter auf Kundenseite permanent die Qualität der Kostenanalyse meines Teams angezweifelt und unsere Einsparungsinitiativen als unzureichend und realitätsfern zurückgewiesen. Ohne Einigung zu erzielen haben wir das Projekt dann beendet. Ein halbes Jahr später habe ich den Vorstand des Unternehmens getroffen und er hat mir für die hervorragende Arbeit gratuliert, die wir damals gemacht haben. Alle Initiativen seien umgesetzt worden und hätten seine, also die Ziele des Vorstands, voll erreicht. (Projektleiter, Big Four)

2. Überzeugungskraft

Mit der zuletzt genannten Meinungsstärke in der inhaltlichen Arbeit geht die Überzeugungskraft in der Arbeit mit dem Kunden einher – was nützt eine (gute) eigene Meinung, wenn man niemanden davon überzeugen kann? Genau, nicht viel. Deshalb ist es so wichtig, dass man den Kunden mitnehmen, für sich und seine Meinung gewinnen und optimalerweise auch begeistern kann. Hier geht es hauptsächlich darum, eine datenbasierte, transparente Faktenlage zu schaffen, auf deren Basis sich eine klare Empfehlung ableiten lässt. Ein Berater sollte seine Überzeugungskraft vor allem darauf verwenden, dass der Kunde die Berateranalyse und die Empfehlung inhaltlich versteht und selbst durchdringt, damit er eine fundierte Entscheidung treffen kann.

3. Empathiefähigkeit

So wie Berater auf Sachebene eine schnelle Auffassungsgabe haben, sollten sie auch auf emotionaler Ebene Geflechte schnell verstehen und soziale Beziehungen durchschauen und z.B. identifizieren können, wer Bedenkenträger im Unternehmen sind, wer anderen Respekt einflößt etc. Das sind wichtige Punkte, um die Gruppen- dynamik zu verstehen und zu wissen, wie man an Individuen heran- treten kann.

4. Integrität

Berater, die langfristig erfolgreich sein möchten, bauen eine gute Ver- bindung zum Kunden auf und werden von diesem geschätzt. Das kann erreicht werden, indem man einen »verbindenden« gemeinsamen Moment hatte, z.B. weil man gemeinsam die Nacht durchgearbeitet hat für die Präsentation für den CEO oder aber den Kunden für ein schwieriges Meeting vorbereitet hat. Auch hier musst du wieder iden- tifizieren, gegenüber wem du integer bist – dem Auftraggeber, der die Rechnung zahlt, oder aber den Shareholdern des Unternehmens oder eben dem Kundenprojektleiter? Und wie es so schön heißt: Am Ende ist Beratung ein People Business, man baut Beziehungen zu einzelnen Menschen auf – nicht zu Unternehmen. Deshalb ist Aufbau und Erhalt des Vertrauens des Kunden das A und O. Im Idealfall wird der Berater ein im Businessjargon genannter *Trusted Advisor*, d.h. ein vertrauens- würdiger Partner, der nicht nur bei direkt das Projekt betreffenden Fragen mit Rat und Tat zur Seite steht, sondern auch bei anderen Themen ein offenes Ohr hat. Dies geht oft weit über den Abschluss der Projektarbeit hinaus. Wie du eine vertrauensvolle Beziehung mit dem Kunden aufbaust, erfährst du in Kapitel 4.4 *Aufbau einer vertrauens- vollen Beziehung mit dem Kunden.*

Auch wenn man gerade erst in die Beratung einsteigt, merkt man schnell, dass Kunde nicht gleich Kunde ist. So könnte man den Kundenprojektleiter in meinem ersten Fall wohl als Narzissten bezeichnen, dem es nur darum ging, von seinem Chef einen Haken hinter seine Strategie zu bekommen, die u.a. darauf abzielte, nach Indonesien zu expandieren. Unsere Marktanalyse kam jedoch zu einem etwas anderen Ergebnis und stufte Indonesien als zu risikoreich ein. Diese Meinung teilten wir dem Kundenprojektleiter mit, der jedoch keinen Zentimeter von seiner Entscheidung abweichen wollte. Somit versuchten wir ihm unsere Ergebnisse zu erklären, damit er zumindest noch einmal kritisch über die Expansion nach Indonesien nachdenkt und danach bewusst unter Kenntnisnahme des von uns prophezeiten Risikos eine Entscheidung treffen kann. Hier habe ich gelernt, dass ein Berater einem Kunden auf keinen Fall bloß nach dem Mund reden, sondern für seine eigene Meinung eintreten sollte. Zeitgleich muss ein Berater aber auch wissen, wann genug ist, und darf nicht vergessen, dass in letzter Instanz der Projektsponsor entscheidet.

(Projektleiter, Strategische Unternehmensberatung)

Auch bei der inhaltlichen Arbeit sind einige Punkte ausschlaggebend für einen guten Berater:

1. Motivation

Motivation kann zwar nicht alles ausbügeln, aber so einiges. Ein motivierter Berater, der mit Neugier und dem Willen, etwas zu lernen, an Aufgaben herangeht, hierbei aber womöglich Fehler macht, ist einem Projektleiter allemal lieber als jemand, den man um jede Aufgabe bitten muss. Grundsätzlich sind Ehrgeiz und Motivation bei jedem Jobneuling gegeben – das ist ja auch ein elementares Einstellungskriterium in den Strategieberatungen. Aber es gibt auch Unterschiede im Motiv: Fragt der Berater jetzt gerade nur, ob er helfen kann, weil er glaubt, es wird von ihm erwartet? Oder bietet ein Berater sich gerne für eine Aufgabe an, weil er etwas Neues lernen will? Und mal ehrlich: Mittelfristig wirst du in dem Job nur Spaß haben, wenn Letzteres der Fall ist.

2. Auffassungsgabe

Oft fühlt sich der Start eines Projekts an wie ein »Sprung ins kalte Wasser«. Von Tag eins an auf einem neuen Projekt geht es zur Sache und neben vielen Deadlines gibt es eine Menge Druck von Kunden,

Stakeholdern des Kunden, Partnern aus der eigenen Firma etc. Gute Berater fassen auch in unbekannten Aufgabenstellungen und hektischen Situationen schnell Fuß, weil sie rasch Sachverhalte begreifen und Vorgänge nachvollziehen können.

3. Analytische und konzeptionelle Stärke

Der tägliche Job eines Beraters umfasst das Verstehen, Analysieren und Bewerten von Problemen, Situationen, Märkten, Produkten etc. Ein Berater sollte einen Sachverhalt auf verschiedene Merkmale hin untersuchen – er versteht es also, ein komplexes Problem in seine Einzelbestandteile zu gliedern, und kann diese zu Themenbündeln strukturieren und Wirkungszusammenhänge nachvollziehen. Zur Analyse gehören neben den quantitativen Fähigkeiten – also Zahlen zu verstehen und zu interpretieren – auch qualitative Fähigkeiten, wie z.B. die richtigen Schlüsse aus einem Interview zu ziehen. Zu dem Thema *Arbeiten mit Daten* gibt es detaillierte Infos in Kapitel 5.4.

4. Problemlösungskompetenz

Berater werden beauftragt, Probleme zu lösen. Deshalb ist es wichtig, dass ein Berater nicht nur in der Lage ist, das Problem zu verstehen und zu analysieren, sondern auch einen Schritt weitergeht und in Lösungen denken kann. Ein Berater, der Wert stiften möchte, fokussiert sich also nicht alleine auf das Problem, sondern ist immer auch ergebnis- und zielorientiert in seiner Arbeit. Hierfür nutzt ein Berater sein strategisches Denkvermögen – was auch bedeutet, Bestehendes infrage zu stellen.

5. Verantwortungsbewusstsein

Auf jedem Level wird in der Beratung Verantwortungsbewusstsein gefordert. Zum einen hat ein Berater natürlich Verantwortungsbewusstsein für seine Gesundheit, Familie und Umwelt (siehe Kapitel 7 *Verantwortung gegenüber dir selbst und anderen*). Aber eben auch für den Kunden: Das fängt beim Praktikanten an, von dem man absolute Verschwiegenheit über seine Projektinhalte auch nach Rückkehr an die Uni erwartet, und geht weiter bei den Junior-Beratern, die Teilprojekte (auch Module genannt) eigenständig durchführen. Für ein eigenes Modul hat der Berater dann ein Ownership (siehe hierzu Kapitel 5 *Eigenes Teilprojekt managen*). Für dieses Teilprojekt sollten Berater eigenständig Verantwortung übernehmen und ihr Thema selbstständig weitertreiben. Verantwortungsbewusstsein geht natürlich weiter bis zum Senior-Partner, der über sein Beziehungsnetzwerk in die Aufsichtsräte sein Bestes geben muss und dafür Sorge trägt, dass seine jüngeren Partnerkollegen bei Gesprächen mit CEOs Rückendeckung »von ganz oben« haben.

6. Balance aus Detail-Orientierung und »Big Picture«

Einerseits sollte ein Berater einen gewissen Überblick über die wichtigen Details und Einzelheiten in seinem Teilprojekt haben. Andererseits ist ein Berater aber auch nicht versessen darauf, jedes Detail zu verstehen – er hat ein Gefühl für den richtigen Grad an notwendiger Detailtiefe (siehe hierzu Kapitel 5.3 *Effizientes Arbeiten*). Mindestens genauso wichtig ist es, den Blick für das große Ganze zu bewahren. Ein Berater sollte also stets im Hinterkopf haben: Was bedeutet meine Analyse für das zentrale Thema und die Problemstellung des Gesamtprojekts und somit für den Kunden? In Beratersprech ausgedrückt: Ein Berater sollte sich auf das »so what« konzentrieren.

Zum Schluss bleibt noch zu sagen: »What brought you here, will not bring you there.« Sprich, die Fähigkeiten, die man als Einsteiger braucht – d.h. schnell lernen, sich anpassen, exekutieren, aufarbeiten, abliefern etc. – muss man auf dem Weg zum Partner wieder ablegen. Auf Partnerstufe geht es dann mehr darum, Bestehendes zu hinterfragen, Dinge anders zu machen, zu challengen, vieles parallel zu machen, überall ein bisschen involviert zu sein, Visionen zu formulieren, andere zu entwickeln.

1.5 Exkurs: Welche Unternehmensberatung passt?

Die Bereitschaft, sich bei mehreren Beratungen zu bewerben, um bei möglichst vielen Beratungsfirmen in die Interviews zu kommen – und sei es nur zum Üben – ist richtig. Immer nach der Devise: erst mal Angebote sammeln und dann im Nachhinein entscheiden, bei welcher Firma ich einsteigen will. Spätestens, wenn man sich zwischen den vorliegenden Angeboten entscheiden muss, kommt aber die Frage auf: Wohin will ich denn nun?

Entgegen der landläufigen Annahme, die Beratungsfirmen seien ohnehin alle gleich, lassen sich sehr wohl Unterschiede feststellen – es kommt eben darauf an, welche Vergleichskriterien man anlegt. Richtig ist, dass sich im Tagesgeschäft die Abläufe mittlerweile stark ähneln. Projekt- bzw. Prozesssteuerung nimmt auch bei den klassischen Strategie- und Managementberatungen immer größeren Raum ein und gleichzeitig macht der Kunde zunehmend engere Vorgaben bezüglich der Ziele und der Art der Durchführung von Projekten. Der Trend, Beratung weniger als Expertenrat, sondern eher als Dienstleistung und Umsetzungshilfe zu nutzen, führt zu relativ einheitlichen Anforderungen des Kunden an die Beratungsunternehmen. Man kann also nicht mehr pauschal sagen, dass ein Bewerber, der sich beispielsweise für Bain entscheidet, hauptsächlich mit strategischen Managementfragen befasst ist, während ein anderer, der zu VW

Consulting geht, ausschließlich Produktionsthemen bearbeitet. In dieser Hinsicht ähneln sich die Beratungsfirmen zusehends.

Im Survey wurden die Teilnehmer gefragt, welche Kriterien ihnen bei der Auswahl ihres Arbeitgebers am wichtigsten waren. Die Grafik zeigt die Kriterien je Beratungstyp. Hervorzuheben ist, dass für Berater, die sich für eine Full-Service- oder eine Strategieberatung entschieden haben, die Reputation ihres zukünftigen Arbeitgebers bei der Auswahl die größte Rolle gespielt hat. Das passt dazu, dass Full-Service- und Strategieberatungen auch die mit den bekannten Unternehmensnamen sind. Bei Beratern, die sich für Inhouse-Beratung entschieden haben, ist der Office-Standort das wichtigste Auswahlkriterium.

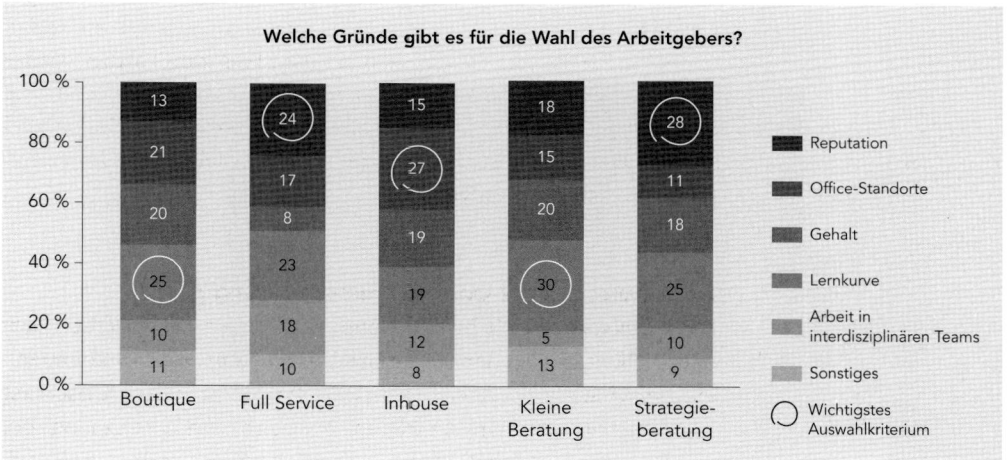

Abbildung 3: Ausschlaggebende Entscheidungskriterien bei der Auswahl des Arbeitgebers nach Beratungstyp

Wer für seine Entscheidung, welches Angebot er schlussendlich annehmen soll, nicht nur die Firmenwagen-Policy als Kriterium heranziehen will, sollte sich ein paar der folgenden Fragen stellen:

1. Möchte ich eher zu einer kleinen Boutique-Beratung mit familiärer Atmosphäre? Oder möchte ich lieber in eine große Beratung mit bekanntem Namen?
2. Sehe ich mich eher als Generalist oder fühle ich mich in der Expertenrolle wohl?
3. Wie wichtig ist mir eine ausgewogene Work-Life-Balance und welcher Ruf ist mit den Unternehmen meiner Wahl verbunden?
4. Will ich mitgestalten (eher kleinere Beratungen)? Oder ist mir ein gut funktionierendes Umfeld wichtiger (eher größere Beratungen)?
5. Ist es mir wichtig, international zu arbeiten?

6. Wie wichtig sind Renommee und Alumni-Netzwerk des Arbeitgebers für meinen weiteren Lebensweg?

7. Welche Firmenkultur schätze ich? Konkret: Mit welchen Kollegen würde ich am Ende eines langen Tages noch ein Bier an der Bar trinken wollen?

8. Welche weiteren individuellen Kriterien sind mir wichtig, z.B. hat die Beratung ein Büro in einer bestimmten Stadt? Setzt sich die Firma bei Pro-bono-Projekten ein? Bietet die Firma Programme z.B. für Sabbaticals oder eine Auszeit für MBA oder Promotion? Überlege dir hier individuelle Kriterien, die dir persönlich wichtig sind, und ergänze die Liste dementsprechend.

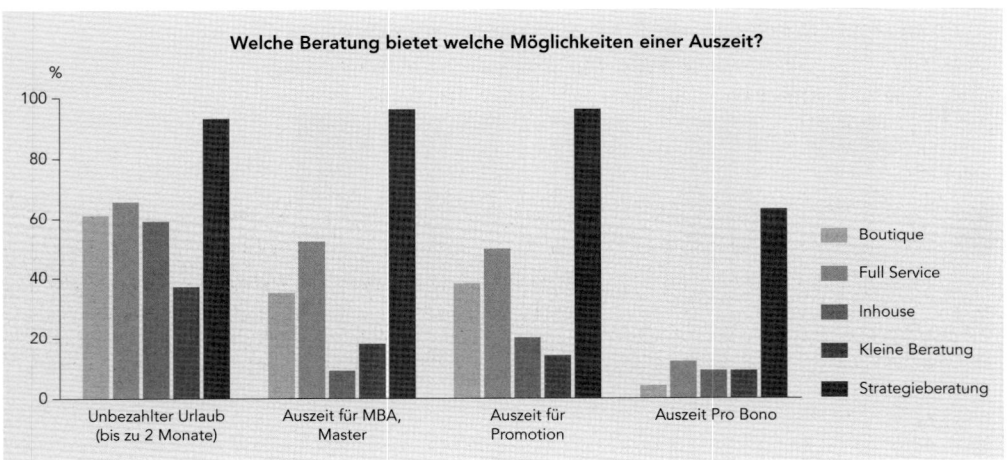

Abbildung 4: Angebot von Auszeit und Co je Beratungstyp (in %)

Die Teilnehmer des Surveys wurden dazu befragt, welche Möglichkeiten einer Auszeit es in ihrer Beratung gibt. Die Grafik zeigt, dass die meisten Optionen in einer Strategieberatung bestehen, während es in einer kleinen Beratung nur zum Teil Angebote wie MBA- oder Promotionsprogramme gibt. Allerdings sagten die entsprechenden Befragten aus kleinen Beratungen, dass es oft auch einfach individuelle Verhandlungssache ist. In größeren Beratungen hingegen sind es institutionalisierte Programme, die ihren Mitarbeitern angeboten werden. Zusätzlich zu den oben genannten Optionen wurden zudem verschiedene Teilzeitmodelle (z.B. 80–90 %-Stellen) oder Sabbaticals (Auszeit für ein Jahr) genannt.

Natürlich ist diese Liste nicht vollständig. Sie soll lediglich als Anregung dienen, über die eigenen Bewertungskriterien nachzudenken. Letztendlich leitest du eigene Entscheidungskriterien aus deinen Zielen ab.

Jedes Ziel, das du auf diese Art für dich bestimmst, kannst du als Bewertungskriterium nutzen, um die Angebote zu vergleichen und gegeneinander abzuwägen. Auf dieser Seite findest du dafür einen Vorschlag. Die unten stehende Liste kannst du auch mit Freunden und Familie besprechen und fortlaufend ergänzen. Sie hilft dir dann später dabei zu bestimmen, ob das, was dir wichtig ist, von dir immer noch so umgesetzt wird (siehe dazu auch Kapitel 7 *Verantwortung gegenüber dir und anderen*). Ergänze dafür die Kriterien (oder drehe die Kriterien um, z.B. Generalismus statt Expertentum) und verteile 100 % auf diese, in Abhängigkeit deiner persönlichen Wichtigkeit - du machst also eine einfache Nutzwertanalyse. Dann bewerte die Firmen, die dir zur Auswahl stehen, hinsichtlich der Erfüllung des Kriteriums. Um die Firmen zu bewerten, kannst du die Erfahrungen von Kommilitonen zurate ziehen oder auf Basis von Erfahrungsberichten auf squeaker.net dir deine eigene Meinung bilden. Die Firma mit der höheren Gesamtsumme passt auf Basis der Analyse dann besser zu dir und deinen Vorstellungen.

Kriterium	Wichtigkeit (individuell, %)	Bewertung Firma 1 (5 = deutlich erfüllt, 1 = nicht erfüllt)	Bewertung Firma 2 (5 = deutlich erfüllt, 1 = nicht erfüllt)	Resultat Firma 1 (Wichtigkeit x Bewertung)	Resultat Firma 2 (Wichtigkeit x Bewertung)
1. Familiäre Atmosphäre					
2. Expertentum					
3. Work-Life-Balance					
4. Funktionierendes Umfeld					
5. Internationalität					
6. Reputation					
7. Firmenkultur					
8. …					
Total				= Summe	= Summe

WARSTORY

Ich hatte mich bei den drei »großen« Beratungen beworben - auf dem Blatt Papier waren für mich alle gleich attraktiv. Viele sprechen ja davon, dass Beratung ein »People Business« sei. Ich habe zunächst nicht verstanden, wie ich auf Basis dieser Aussage eine Entscheidung treffen soll. Doch sobald ich meine erste Runde Gespräche hinter mich gebracht hatte, wusste ich genau, was gemeint war. Es gab einfach eine Beratung, da hat es »Klick« gemacht. Das Gespräch war ein Dialog und keine Frage-Antwort-Stunde. Man ist auf mich als Person eingegangen und ich habe mich - trotz der stressigen Situation - rundum wohlgefühlt. Das kann ich von den anderen zwei Gesprächen nicht behaupten. Da habe ich mich unwohl und auf dem Präsentierteller gefühlt.

(Senior-Projektleiter, Strategieberatung)

2. Vor dem Start in der Unternehmens- beratung

2.1 Was vorher zu tun ist

Hinter dir liegt eine anstrengende und vielleicht auch nervenaufreibende Bewerbungsphase. Aber all das Case-Training und die Vorbereitung auf die Interviews haben sich gelohnt, denn du hast eines der begehrten Angebote einer Unternehmensberatung erhalten. Der Vertrag ist unterschrieben, der Einstiegstermin steht fest und nun heißt es warten. Vielen fällt es nicht leicht, einen Gang zurückzuschalten, nachdem sie in den Wochen zuvor Vollgas gegeben haben. Sie suchen weiterhin nach Möglichkeiten, sich zu verbessern, und viele fragen sich, wie sie sich optimal auf den Einstieg vorbereiten können. Zunächst einmal: Bleib gelassen und genieße erst einmal deinen Erfolg. Mit dem Berufseinstieg beginnt ein neuer Lebensabschnitt und hierauf solltest du dich freuen, statt Panik zu schieben, wie du dich nun vorbereiten sollst.

Sich inhaltlich oder fachlich vorzubereiten, ist ohnehin kaum möglich, denn es ist ja noch gar nicht absehbar, welchem Kunden und was für einem Thema du in deinem ersten Fall begegnen wirst. Hilfreich ist aber, sich im Vorfeld schon einmal mit der grundsätzlichen Arbeitsweise von Beratern und den wichtigsten Tools vertraut zu machen.

Neben der Vorbereitung auf den ersten Tag gibt es zahlreiche andere Dinge, die du noch vor einem Einstieg erledigen solltest. Sobald das erste Projekt startet, fehlt oftmals die Zeit, sich viel um administrative Dinge zu kümmern. Umso besser also, wenn ein Großteil davon bereits im Vorfeld abgearbeitet wurde. Wir haben in der Checkliste einige Punkte zusammengetragen, die uns sinnvoll erscheinen.

- *Grundausstattung*: Koffer, Kleidung und Co eines Beraters zusammenstellen. Was genau dazugehört, erklären wir im folgenden Kapitel.
- *Krankenversicherung*: Prüfen und sich beraten lassen, ob ein Wechsel in die private Krankenversicherung möglich und wünschenswert ist
- *Berufsunfähigkeitsversicherung*: Manche Beratungsfirmen versichern ihre Mitarbeiter im Rahmen einer freiwilligen Sozialleistung. Sollte das bei dir nicht der Fall sein, dann ist jetzt vielleicht ein guter Zeitpunkt, um über eine solche Versicherung nachzudenken.

- *Gesundheitscheck*: Vorsorgeuntersuchung beim Zahnarzt, Auffrischung von Impfungen wie z.B. gegen Hepatitis etc.
- *Vermögensplanung*: Mit dem ersten Gehalt kommt die Frage: alles ausgeben oder etwas zurücklegen? Und wenn sparen, wofür und in welcher Form? Wer bis Mitternacht im Büro sitzt, hat keine Lust mehr, sich über solche Themen auch noch Gedanken zu machen. Im Zweifel wird das Geld dann einfach verpulvert.
- *Wohnung*: Auch wer nicht umziehen muss, sollte sich mit diesem Thema beschäftigen. Wer kümmert sich um Pflanzen und Briefkasten, wenn du unterwegs bist? Einbruchschutz und Hausratversicherung sind sinnvolle Absicherungen bei langen Abwesenheiten.
- *Aktien*: Wenn du Aktien besitzt, solltest du dich bei deinem Unternehmen informieren, inwiefern dies zulässig ist. Gegebenenfalls musst du diese verkaufen, da man sie zumeist wegen Insider Trading ohnehin nicht mehr traden darf.
- *Bonusprogramme*: Da man bei den meisten Beratungen die auf dem Projekt gesammelten Bonusmeilen und Hotelpunkte behalten darf, lohnt es sich, bei allen großen Fluggesellschaften, Mietwagenfirmen und Hotelketten schon einmal ein Profil anzulegen. Und immer schön die Sonderaktionen (z.B. doppelte Punkte auf Hotelübernachtungen im Mai oder Ähnliches) mitnehmen – in deinem nächsten Urlaub wirst du die Annehmlichkeiten von freien Übernachtungen zu schätzen wissen. Und normalerweise gibt es in jedem Unternehmen jemanden, der »meilengeil« ist und dich sehr gerne über alle Aktionen informiert.
- *Mobile App*: Da du dich immer wieder für Flüge einchecken musst und ständig unterwegs bist, solltest du für die Airlines (insbesondere Lufthansa, Eurowings und Airberlin), mit denen du fliegst, und für die Bahnen (DB, SBB, ÖBB) auch die Handyapps installieren. Das papierlose Ticket, das du dann z.B. im Passbook speichern kannst, ist ja mittlerweile völlig normal. Zusätzlich bieten sich Apps wie Mytaxi, Uber mit Anmeldung für den Business Account und Foodora an, da du ständig Taxis brauchen wirst oder in dir bis dato nicht vertrauten Städten Essen bestellen möchtest. Aber auch ein paar Zeitungsapps können dir helfen, die Zeit an der Security-Schlange zu überbrücken. Zudem gibt es noch spezielle Apps wie CamCard zum Einscannen von Visitenkarten, die dann gleich als Kontakt gespeichert werden können. Auch ein Wörterbuch und eine Währungsapp machen für Auslandseinsätze viel Sinn.

Abbildung 5: Beispielhafte Screenshots eines Beraterhandys

2.2 Was vorher anzuschaffen ist

Wer als Berater arbeitet, der lässt sich für viele Tage im Jahr auf ein Leben aus dem Koffer ein. Umso drängender und wichtiger daher die Frage, was gehört denn hinein in diesen Koffer? Natürlich hat jeder seine eigenen Vorlieben und Vorstellungen im Hinblick auf die Frage, was er oder sie für die Tage auf Reisen alles braucht. Ich hatte einen Kollegen, der war leidenschaftlicher Sammler ausgefallener Uhren und konnte sich am Montag nie entscheiden, welches Modell er für die Woche mitnehmen sollte. Um die Sache zu vereinfachen, trug er immer zwei Uhren. Eine am linken und die andere am rechten Arm. Auch wenn das etwas exzentrisch anmuten mag, so ist es doch ein schönes Beispiel dafür, dass jeder für sich herausfinden muss, was ihm unentbehrlich erscheint, wenn er unterwegs ist. Bei den folgenden Gegenständen lohnt es sich aber auf jeden Fall, diese mitzunehmen und bereits vor dem Einstieg auch angeschafft zu haben:

- *Rollkoffer*: Irgendwo muss der ganze Kram ja rein und ein Roll-koffer ist extrem praktisch, gerade wenn man seine Habe über längere Strecken transportieren muss, was bei der Größe mancher Flughäfen schnell passieren kann. Am besten wählst du eine bekannte Marke wie Timu, Rimowa oder Samsonite. Neongrün oder wildgemustert sollte der Koffer nicht sein, sondern eher in gedeckten Farben – für ein seriöses Erscheinungsbild bei Kollegen und Kunden. Am besten ist ein Modell mit vier Rollen, das du wahlweise schieben oder ziehen kannst. Wenn nämlich noch das Gewicht der Laptoptasche auf dem Gestänge zum Ziehen lastet, dann ist es deutlich angenehmer, das ganze Gepäck auf-recht zu schieben. Ganz wichtig ist, dass der Rollkoffer noch als Handgepäck in die Kabine mitgenommen werden kann. Deine Kollegen werden nicht erfreut sein, wenn sie Montagmorgen noch 30 Minuten mit dir am Gepäckband warten dürfen, bis dein aufgegebener Koffer endlich da ist. Ob der Koffer eine Hartschale haben sollte, ist letztendlich Geschmackssache. Als Handgepäck ist er keinen größeren Belastungen ausgesetzt und ein Stoffkoffer hat den Vorteil, dass er etwas flexibler ist und nachgibt, wenn man ihn vollstopft. Wichtig ist, in Qualität zu investieren (das geht bei der Oberklasse von Samsonite ab ca. 180 Euro los und bei einem Rimowa kannst du bis zu 600 Euro ausgeben), schließlich willst du dich auf deinen Koffer verlassen können und beim Flughafensprint zum Gate nicht auch noch ein Rad verlieren.

- *Laptoptasche*: Das zweite Gepäckstück. Sie sollte ausreichend groß sein, um neben dem Laptop auch noch Unterlagen, ggf. einen zweiten Rechner und anderen Kleinkram dort unterbringen zu können. Während der Rollkoffer im Hotel bleibt, ist die Laptoptasche dein täglicher Begleiter, wenn es zum Kunden geht. Deshalb solltest du auch eher Summen ab 100 Euro aufwärts hierfür ausgeben. Was dort nicht hineinpasst, das steht dir dann den Tag über auch nicht mehr zur Verfügung. Bei der Auswahl der Laptoptasche gibt es den Trade-off schöne Lederoptik vs. Gewicht. Und ein Must-have insbesondere für Männer: Die Tasche sollte eine Schlaufe haben, mit der man sie an der Trolley-Stange befestigen kann. Frauen sollten darauf achten, dass sie ihre Laptoptasche gleichzeitig auch als Handtasche nutzen. Eine weitere Handtasche wäre sehr unpraktikabel. Hierbei muss dann auch nicht die Trolley-Schlaufe vorhanden sein, denn wenn es gleichzeitig Handtaschenersatz ist, sollte es auch ruhig etwas schicker sein.

- *Anzug*: Zu deiner Grundausstattung sollten mindestens zwei Anzüge gehören, damit du Ersatz hast, falls dir ein Anzug kaputtgeht oder er schmutzig wird. Blau oder Anthrazit sind gute Farben, Schwarz geht zur Not auch, ist aber sehr förmlich. Die Untergrenze, was du in einen Anzug investieren solltest, liegt bei ca. 400 Euro – dies entspricht der Standard-Boss-Reihe für Herren. Frauenkostüme sind immer etwas teurer. Das mag dir in einem ersten Schritt alles nach sehr viel Ausgaben vorkommen – aber da das ab jetzt deine tagtägliche Arbeitsuniform ist, lohnt es sich, lieber hochwertig zu investieren, als sich früher oder später zu ärgern.

WARSTORY

Ich packe immer zwei Anzüge ein. Was sich aber auch anbietet ist, zum Anzug gleich eine zweite Hose zu kaufen (geht insbesondere bei Maßkonfektion ohne Probleme) und nur die Zweithose zusätzlich einzupacken. Das spart Platz und da die Hose ohnehin stärker abnutzt als das Sakko, das ja oft den Tag über einfach auf der Stuhllehne hängt, verdoppelst du die Lebensdauer deines Anzugs.

(Berater, Inhouse-Beratung)

Ich optimiere immer auf Gewicht und bin in meinen sieben Berater-
jahren nie mit Back-up-Anzug gereist. Im Unglücksfall hätte ich
mir dann in der Mittagspause einen Ersatzanzug gekauft - das ist
aber bis heute zum Glück nicht erforderlich gewesen.

(Berater, Boutique)

- *Oberhemden:* Hier gilt auch für die Beratung der Spruch: Es gibt nur drei mögliche Farben, die ein Oberhemd haben sollte, nämlich Blau, Weiß oder jede Kombination von Blau und Weiß. Hierbei solltest du ca. 50 Euro je Hemd ausgeben (z.B. Business Line von Eterna). Die Frage der Manschette ist ein ewiges Streit- thema. Ich habe Hemden mit Umschlagmanschette immer als unpraktisch empfunden. Zum einen läuft man stets Gefahr, die Manschettenknöpfe zu vergessen, und zum anderen ist die Man- schette doch recht sperrig und stört bei der Arbeit am Rechner. Überlege dir zudem, wie du gegenüber dem Kunden wirken möchtest. Generell hat der Kunde gerade bei den Strategiebe- ratern erst einmal das Vorurteil, dass es sich um eingebildete Schnösel von Privatunis handelt - das Vorurteil sollte man nicht unbedingt gleich am ersten Arbeitstag fördern. Zehn Ober- hemden sind eine gute Anzahl, wenn du mal zwei Wochen ohne Hemdenwaschen und -bügeln auskommen willst. Fünf Hemden sind das absolute Minimum.
- *Krawatten:* Generell gilt, dass sich in Deutschland auch zunehmend der amerikanische und internationale Trend durch- setzt, nur noch bei sehr förmlichen Terminen Krawatten anzu- ziehen. Ansonsten gilt: gedeckte Farben, einfarbig oder dezent gemustert und auf gar keinen Fall mit irgendwelchen lustigen Motiven. Wer sich unsicher ist, sollte sich beraten lassen oder einfach mal in den Nachrichten schauen, was Manager oder Staatsmänner (z.B. Heiko Maas, der 2016 von GQ sogar zum »Best Dressed«-Mann Deutschlands gewählt wurde) tragen.
- *Frauenkleidung:* Für Frauen gelten die oben genannten Themen nicht direkt und es ist sehr schwierig, hierzu einen kurzen Rat- schlag zu geben (immerhin gibt es tonnenweise Bücher[1] alleine zu dem Thema). Wir schlagen vor, sich anfangs ggf. lieber etwas konservativer statt zu sexy zu kleiden und mit der Zeit beim Kunden und bei den Kolleginnen abzugucken. Anhand eines einfachen Beispiels: Allein die Frage, ob z.B. roter Nagellack als Beraterin »erlaubt« ist oder nicht, kann sich abhängig von

---

1   Zum Beispiel Mayer, U. (2011): Perfekte Kleidung fördert die Karriere. Signum, Wien; Mayer, U./Palm, S. (2011): Stil & Profil für Bewerbung und Beruf. Anaconda, Köln

Industrie, Kunde und Beratung unterscheiden. Grundsätzlich haben Frauen viel mehr Freiheiten als Männer und auch viel mehr Optionen, als man auf den ersten Blick denkt: Neben dem (oft gefürchteten) Hosenanzug gibt es das klassische Kostüm. Die beiden Varianten müssen nicht unbedingt mit Blusen getragen werden, sondern ggf. auch mit Pullover etc. Zudem gibt es schöne Kleider oder auch stylishe Stoffhosen – und wie gesagt, mit der Zeit wirst du sehen, was alles möglich ist.

WARSTORY

Ich habe eine Kollegin kennengelernt, die nach wenigen Wochen in der Beratung in ein Modehaus ging und sich fünf Mal das gleiche Kostüm inklusive Hose, zehn Strumpfhosen, drei Paar Schuhe und sieben gleiche Blusen kaufte, nur um dem leidigen Selektionsprozess am Sonntagabend zu entgehen und schlichtweg Zeit zu sparen. Es dauerte neun Wochen, bis sie erstmalig von einer Kollegin auf ihren minimalistischen Kleidungsstil angesprochen wurde.

(Senior-Projektleiter, Full-Service-Beratung)

Insider-Tipp

Verkleide dich bloß nicht und stakse nicht in hohen Pumps daher, wenn du privat eher zu der Turnschuhträger-Fraktion gehörst. Kein Kunde wird es einer Beraterin vergelten, in flachen Schuhen und im Hosenanzug beim Termin zu erscheinen statt in Kostüm und High Heels.

- *Strümpfe*: Werden oft sträflich vernachlässigt und ruinieren nicht selten den Gesamteindruck. Bitte Strümpfe kaufen und keine Socken, d.h. die Hälfte der Wade sollte bedeckt sein. Farblich am besten identisch zum Anzug, aber immer dunkler als dieser (also Schwarz zu Anthrazit und Dunkelblau zu Dunkelblau). Frauen tragen meist Nylonstrümpfe bzw. Strumpfhosen in Nude-Tönen bzw. Schwarz. Immer Ersatzpaare dabei haben.
- *Schuhe*: Das Standardpaar Schuhe ist in der Regel schwarz – passend zu schwarzen und anthrazitfarbenen Anzügen. Zu allen blauen (dunklen) Tönen passt ein braunes Paar Schuhe noch besser. Montags sollten die Schuhe immer geputzt sein! Manche Hotels, z.B. Meridien, bieten auch gratis Overnight-Schuhputzdienst, den man ruhig 1–2 Mal die Woche nutzen sollte. Schuhe mit einer Gummisohle wirken schnell billig und viele Kollegen bevorzugen daher Ledersohlen. Bei diesen empfiehlt es sich aber, vom Schuster einen dünnen Gummibelag aufbringen zu lassen, um die Sohle vor Feuchtigkeit zu schützen. Das gibt außerdem die nötige Standfestigkeit auf dem rutschigen Teppich der Vorstandsetagen. Frauen können schauen, in welchen Schuhen sie sich wohlfühlen. Manche präferieren hohe Schuhe, da es ihnen Selbstsicherheit vermittelt, andere fühlen sich dabei eher unwohl. Zudem sollte man bedenken, dass man teilweise sehr viele Stunden in den Schuhen verbringt – sie sollten also nicht

nur chic, sondern auch bequem sein. Und zur Not schadet ein zusätzliches Paar flache Schuhe auch nicht.

WARSTORY

Als ich einmal länger im Vorzimmer eines Vorstandsbüros warten musste, kam ich mit der Büroleiterin ins Gespräch und ich fragte sie, wie man gekleidet sein muss, um ohne Termin an ihr vorbei zum CEO zu kommen. Sie lachte und meinte, dass kann sie nicht pauschal beantworten - aber sie schaut bei Männern zuerst immer auf die Schuhe, um einzuschätzen, in welchen Gesellschafts- und Wirtschaftskreisen sie agieren.

(Projektleiter, Strategieberatung)

- *Mantel*: Versteht sich im Winter von selbst. Wer aussehen will, wie ein Versicherungsvertreter am Polarkreis, der zieht eine dieser Funktionsjacken mit aufgenähten Taschen und Kapuze über den Anzug. Alle anderen greifen zu einem knielangen Mantel aus Schurwolle, am besten in Schwarz oder in tief Dunkelblau oder braunen Tönen. Ein heller Staubmantel für die Übergangstage hat schon manchen Anzug vor Nässe und manchen Anzugträger vor dem Frieren bewahrt. Aber auch hier gibt es viele Varianten und mit der Zeit wirst du sehen, was möglich ist.
- *Accessoires*: Ein anständiger Gürtel mit dezenter Schnalle (schließlich sind wir nicht beim Rodeo) gehört zu einem vollständigen Outfit dazu. Wer mag, kann das noch mit einer Uhr oder mit Manschettenknöpfen abrunden – jedoch bitte generell auf Dezentheit achten. Das war es dann aber auch schon mit den Accessoires für den Mann. Es gibt keine Vorschriften oder Verhaltensregeln mit Blick auf die Auswahl der Uhren, aber ich rate immer dazu, sich bewusst zu machen, dass solche Details vom Gegenüber sehr wohl wahrgenommen und interpretiert werden. Wer also gern eine 4.000-Euro-Uhr trägt, der wird beim Kunden einen anderen Eindruck hervorrufen als der Kollege, der sich noch immer nicht von der Casio-Uhr seiner Schulzeit trennen möchte.

WARSTORY

Ich habe zahlreiche Kollegen und Kolleginnen bei einem Sportbekleidungsunternehmen in Sneakers ein- und ausgehen sehen - ein No-Go in der Versicherungsbranche. Nur Mut zur Authentizität. Egal wer der Kunde ist und sei er noch so sehr im Bereich Luxury

*Goods anzutreffen. Es gehört zum Kern des Beraterdaseins, sich ein-
fühlen zu können, mit einem frischen Blick von außen in eine neue
Welt einzutauchen. Dabei hilft kein »Bling-Bling«, keine Marken-
ansammlung oder ein derart auffälliges Erscheinungsbild, dass bei
deinem Anblick die Gespräche in der Kundenkantine verstummen.*

(Consultant, Boutique)

- *»Berater-Accessoires«*: Oropax, Schlafmaske, Schuhlöffel, Pfef-
ferminz, dediziertes Handyladekabel (damit man zu Hause nicht
immer das Kabel aus der Tasche nehmen muss und es dann
am Ende Montagfrüh vergisst), optional kleiner Regenschirm
(Knirps), Laptopscreen Privacy Shield, Tempos, Visitenkarten.
- *Kosmetik- und Pflegeprodukte*: Wer bei der Sicherheitskontrolle
am Flughafen nicht jedes Mal sein halbes Badezimmer ausbreiten
möchte, dem sei empfohlen, sich eine komplette zweite Garnitur
zuzulegen, die man entweder im Hotel aufbewahren lässt oder
dezent irgendwo im Teamraum verstauen kann. Das spart nicht
nur Platz im Rollkoffer, sondern macht auch das lästige ein- und
auspacken von Rasierschaum, Duschgel etc. überflüssig. Dinge
wie Haarbürste sollten natürlich auch nicht fehlen. Und Frauen
sollten zudem an Tampons denken.
- *Medikamente*: Eine Aspirin dabei zu haben, kann sicherlich nicht
schaden. Zudem sollte man natürlich die Medikamente dabei
haben, die man ggf. regelmäßig zu sich nehmen muss oder in
Fällen von Allergie oder Ähnliches dabei haben sollte.
- *Snacks*: Der kleine Müsliriegel oder die Packung Nüsse wird sich
irgendwann einmal als äußerst nützlich erweisen. Kaugummis
sind auch immer eine gute Idee.
- *Sportbekleidung*: Wenn Sport bisher zu deinem Alltag gehörte, ist
es sehr sinnvoll, Sportbekleidung von Beginn an einzupacken.
Die meisten Hotels haben einen kleinen Fitnessbereich und
manche Teams verabreden sich auch einmal die Woche zum
Frühlauf.
- *Technologie*: Das ist natürlich jedem selbst überlassen. Manche
nehmen ihren Kindle mit, damit sie abends im Bett noch ein
wenig lesen können. Andere wiederum schwören auf ihren
Noise-Cancelling-Kopfhörer, der ihnen im frühen Flug am Montagmorgen noch die eine oder andere Minute Schlaf verschafft.
Der Kopfhörer hilft auch, wenn man im vollen Großraumbüro
sitzt und sich konzentrieren möchte (wir kennen sie alle, diese
»Laut-Telefonierer«). Hier kannst du mit der Zeit einfach raus-
finden, welche Annehmlichkeiten dir in deinem oftmals stressigen und reiselastigen Job ggf. die eine oder andere Situation
erleichtern.

Es war ungefähr meine dritte Woche. Und als ich in einem Kunden-termin saß, fiel mir auf, dass ich eine riesige Laufmasche hatte. Das sah furchtbar aus und war mir sehr peinlich. Da ich nur Männer in meinem Team hatte, wusste ich auch nicht so richtig, damit umzugehen. Konnte ich sagen, dass ich ins Hotel muss, um meine Strumpfhose zu wechseln? Glücklicherweise gab es keine fünf Gehminuten entfernt einen Supermarkt. Statt Mittagspause in der Kantine sagte ich also meinem Projektleiter, dass ich zum Super-markt gehen würde. Dort kaufte ich mir eine neue Strumpfhose und zog diese auf der Kundentoilette an. Dies sollte definitiv nicht die letzte Laufmasche sein. Also keine Panik, Laufmasche kennt jede Frau und zur Not nimmt man sich zehn Minuten, um im nächsten Supermarkt Ersatz zu besorgen; auch Schuhe wurden schon nach abgebrochenem Absatz auf dem Projekt in der Mittagspause neu erworben. Das waren dann bestimmt nicht die stylishsten, aber eine Woche geht auch das mal. (Partnerin, Full-Service-Beratung)

Vieles von dem, was hier als Grundausstattung vorgeschlagen wird, muss wahrscheinlich erst noch angeschafft werden. Das geht ja gut los, wird sich manch einer denken. Noch bevor ich mein erstes Gehalt bekomme, soll ich einen vierstelligen Betrag für Anzug, Koffer und Sonstiges ausgeben. Vielleicht hilft es, diese Ausgaben als Investition zu betrachten. Wie sagen die Amerikaner so schön: »You have to spend money to make money.« Es ist also an der Zeit, die studen-tische Haltung hinter sich zu lassen, die bestimmt war von der Frage: Kann ich mir das leisten? Jetzt geht es darum, sich zu fragen: Was brauche ich, um erfolgreich zu sein? Viele haben Tausende Euro und noch mehr Stunden in ihre Ausbildung investiert, um eine erfolg-reiche Karriere starten zu können. Auf der Zielgeraden anzufangen zu knausern, macht wenig Sinn. Wer ein guter Koch werden will, der braucht eben ein gutes Messer. Und schließlich: Wenn du nicht bereit bist, in Qualität zu investieren, wie kannst du es dann von deinen eigenen Kunden erwarten?

Gilt das auch für Praktikanten? Mit Einschränkungen schon. Während eines Praktikums arbeitest du unter denselben Bedin-gungen wie später bei einer Festanstellung. Das heißt du fliegst auch zum Kunden, schläfst in Hotels und trägst Anzüge. Ich würde mein Praktikum nicht mit nur einem Anzug beginnen, schließlich macht die Hose keinen Unterschied zwischen einem Praktikanten und einem Festangestellten, wenn sie beim Bücken im Schritt reißen sollte. Sicherlich kommt man aber während des Praktikums auch mit einer kleineren Anzahl an Hemden aus und einen Rollkoffer kann man sich ja auch erst mal bei einem Bekannten leihen. Andererseits kann man einen vernünftigen Koffer und einen guten Anzug mit Sicherheit nicht nur in der Beratung gut gebrauchen, solltest du dich nach dem Praktikum für einen anderen Weg entscheiden.

WARSTORY

Auf meinem ersten Projekt gab es einen Junior-Kollegen (Stichwort: Partner-direkt-von-der-Uni). Der hat sich mit (Fake-)Rolex, Manschettenknöpfen, Maßhemden etc. bekleidet und ist auch so aufgetreten. Peinlich! Am Ende sah er aus wie ein Immobilienmakler - aber er hat eine gute Karriere im Einkauf gemacht.

(Senior-Projektleiter, Strategieberatung)

Abschließend noch eine Anmerkung zum Thema Kleidung. Es geht nicht darum, einen Style Guide für Berater zu schreiben, dafür gehen schon unter uns Autoren die modischen Geschmäcker viel zu weit auseinander. Und auch die Frage, wie kurz ein Rock letztlich sein darf, wird unterschiedlich beantwortet. Zudem ist Kleidung auch von Kunde zu Kunde unterschiedlich. Eine Bank legt viel mehr Wert auf akkurate Anzüge in gedeckten Farben, während Fashion-Unternehmen ihre Berater lieber in Jeans sehen wollen. Aber es ist wichtig, sich klarzumachen, dass Kleidung ein zentraler Bestandteil deines Auftretens ist. Mit der Art, wie du dich kleidest, kommunizierst du Kollegen und Kunden etwas über dich. Frage dich also, wie du in deiner neuen Rolle als Berater wahrgenommen werden möchtest. Unterstützt das Outfit dein Selbstbild? Wer gern auffallen oder herausstechen möchte, hat vielfältige Möglichkeiten, mit Accessoires oder kleinen Details wie farbigen Socken Akzente zu setzen. Der eine bevorzugt einen modisch geschnittenen Anzug, während ein anderer mehr Wert darauf legt, dass der Stoff möglichst knitterfrei und pflegeleicht ist. Ganz gleich wie das modische Ergebnis am Ende aussieht, beide bringen damit auch etwas über sich und ihre Einstellung zum Ausdruck. Ob elegant, lässig, nachlässig, exklusiv oder avantgardistisch, man kann eben auch bei der Kleidung nicht nicht kommunizieren und deshalb empfiehlt es sich, seine Botschaften bewusst zu gestalten.

WARSTORY

Im Rahmen eines Projekts zur Preis- und Markenoptimierung sollte ich für einige Tage mit unterschiedlichen Vertriebsmitarbeitern

mitfahren, um zu untersuchen, wie Preise mit dem Kunden ausgehandelt werden und ob sich der Vertrieb dabei an die internen
Vorgaben hält. Mein Vorschlag war, mich für diese Zeit ähnlich zu
kleiden wie die Vertriebler, die zumeist Jeans und Oberhemd trugen.
Mir wurde beschieden, das sei nicht gewünscht. Ich solle nicht
wirken wie der Praktikant, sondern es solle sowohl dem Vertriebsmitarbeiter als auch dem Kunden des Unternehmens deutlich sein,
dass ich als Vertreter des Managements fungiere. Diese Rolle solle
auch durch meine Kleidung unterstrichen werden. Also fuhr ich in
dunklem Anzug mit auf Baustellen, um den Vertrieblern dabei über
die Schultern zu schauen, wie sie mit Bauleitern und Polieren bei
einem Bier die Preise für Kupferkabel verhandelten. Ich habe mich
selten so schlecht angezogen gefühlt wie in diesen zwei Wochen. Es
versteht sich von selbst, dass ich kaum etwas Brauchbares herausfinden konnte, schließlich waren wir alle zu sehr damit beschäftigt,
uns gegenseitig etwas vorzuspielen.

(Projektleiter, Strategieberatung)

3. Einstieg in die Firma

Der erste Tag in der neuen Firma fühlt sich für viele Neueinsteiger an wie der erste Schultag. Alles ist neu und anders und alle sind irgendwie ein bisschen aufgeregt. Alle? Na ja, um ehrlich zu sein, war damals an der Schule außer den Erstklässlern niemand wirklich aufgeregt, weil für die anderen alles wie gewohnt weiterging. Das ist auch in der Beratung so. Bei den großen Firmen fangen jeden Monat neue Kollegen an und auch bei kleineren Boutiquen sind die sogenannten *Newies* etwas ganz Alltägliches. Allen, die sich aufgeregt fragen, was die Kollegen von ihnen denken werden, mag es vielleicht helfen, sich diese Tatsache vor Augen zu halten.

Dennoch gilt auch in der Beratung: »You never get a second chance for a first impression.« Es empfiehlt sich daher, nicht gänzlich unvorbereitet an seinem ersten Tag zu erscheinen.

Außerdem solltest du dich gedanklich darauf einstellen, dass du in mehr oder weniger offizieller Form den anderen Kollegen vorgestellt werden wirst. Das kann z.B. bei einem Rundgang durchs Büro passieren oder mit einer kleinen Ansprache im Rahmen des gemeinsamen Mittagessens. Ganz gleich wie und wo, man wird von dir erwarten, dass du ein paar Worte zu deiner Person sagst. Wer dabei überzeugend auftritt und mehr zu sagen hat als »Ich freue mich, Teil des Teams zu sein«, der hat gute Chancen, einen positiven Eindruck bei seinen zukünftigen Kollegen und Vorgesetzten zu hinterlassen. Bei kleineren Firmen gibt es ggf. nicht jeden Monat Trainings oder ein reines Intro-Programm. Hier kann es sein, dass du am ersten Tag sogar etwas verloren bist, da alle anderen auf einem Projekt sind, während du im Büro bist. Hier gilt: Mach das Beste daraus. Lerne die wenigen Leute kennen, die da sind, schau dir an, wo es Notizbücher und Stifte gibt, und versorg dich damit. Klick dich durch das Intranet etc. – alles Dinge, für die du später keine Zeit mehr haben wirst.

WARSTORY

Erster Tag: Wir fünf Neueinsteiger sitzen mit einigen erfahrenen Beratern zusammen, die uns erklären, worauf es in den ersten Wochen ankommt. Einer der Newies ist währenddessen damit beschäftigt, die Einstellungen seines neuen Firmen-Blackberrys anzupassen. Plötzlich klingelt das Gerät, er springt auf, winkt noch mit entschuldigender Geste in die Runde und sprintet zur Tür, um den Anruf entgegenzunehmen. Er hat gerade die Klinke in der

Hand, da stellt er fest, dass er nicht angerufen wurde, sondern aus Versehen den Wecker eingestellt hatte. Er trottet zum Platz zurück und murmelt entschuldigend, er hätte gedacht, es sei vielleicht ein wichtiger Kunde gewesen. Er hatte sich offenbar schon für so wichtig gehalten, dass ihm ganz entgangen war, dass es noch niemanden gab, der seine Telefonnummer gehabt hätte, um ihn anzurufen. Der Kollege hatte danach als »Hotline-Stefan« seinen Ruf weg.   *(Projektleiter, Strategische Managementberatung)*

WARSTORY

An meinen ersten Tag kann ich mich noch sehr gut erinnern. Meine Eltern gaben mir noch mit: »Du packst das, die kochen alle nur mit Wasser.« Pünktlich um 9 Uhr treffe ich am Empfang des Büros ein und treffe hier zum ersten Mal die anderen »Newies«, die mit mir beginnen. Mit Handschlag stellen wir uns einander vor: »Hallo, ich bin Sarah und habe meinen MBA in Harvard gemacht.« »Hi, Torsten, Dr. am MIT.« »Hey, Alex, Master an der HEC.« Ach du dickes Ei. Ich habe meinen Bachelor doch »bloß« an einer FH gemacht. Zwar noch einen Uni-Master oben draufgepackt – aber das liegt meilenweit von einem Harvard-MBA entfernt. Deshalb sage ich bloß verschüchtert: »Und ich bin Pia.« Aber meine ersten Ängste und Befürchtungen vor diesen ›Über-Menschen‹ hatten sich schon nach zwei Minuten wieder verflüchtigt. »Hey, wer hat gestern von euch das ›Dschungelcamp‹ gesehen?«, fragte Sarah. Und zack, hat sich eine ganz normale Konversation wie unter Freunden entwickelt. Und auch der weitere Tag verlief super entspannt und endete mit ein paar gemeinsamen Feierabendbieren – und über die Wochen entwickelten sich gute Freundschaften.

(Projektleiterin, Strategieberatung)

Die meisten Beratungsfirmen haben einen koordinierten Prozess, um Neueinsteiger rasch in das Unternehmen zu integrieren und ihnen die ersten Schritte zu erleichtern. In der Beratung wird dieser Prozess häufig »Onboarding« genannt. Dieses Onboarding zieht sich meist über mehrere Tage hin und ist je nach Firma recht unterschiedlich gestaltet. Es gibt aber ein paar Elemente, die sich so oder so ähnlich bei fast allen Beratungen wiederfinden lassen.

- *Einstiegstrainings*: Diese können bei großen Beratungen mehrere Tage am Stück umfassen, während bei kleinen Firmen oftmals informelle ad hoc Peer-to-Peer-Meetings die Classroom-basierten Trainings ersetzen. Vermittelt werden in der Regel Basisqualifikationen für Berater. Einführungen in PowerPoint und Excel sind häufig Bestandteil des Curriculums, ebenso wie Vorträge zur Firmenphilosophie und zu den Werten des jeweiligen Unternehmens. Wer ohne betriebswirtschaftliches Studium bei einer der großen Beratungen anfängt, der bekommt im Rahmen der Einstiegstrainings auch einen Grundkurs in Bilanzierung, Investitions- sowie Kosten- und Leistungsrechnung. Manchmal stehen auch theoretische Ansätze zur Lösung von Problemen und Übungen zur Interaktion mit Klienten auf dem Lehrplan.

Deine Chance, um nicht nur die Firmenkultur kennenzulernen, sondern wichtige erste Kontakte mit Kollegen zu knüpfen und dir ein Netzwerk aufzubauen. Viele lernen ihre ersten Freunde in der Beratung während der Einsteigertrainings kennen und können noch Jahre später auf dieses Netzwerk zurückgreifen, wenn sie Hilfe brauchen oder eine Frage haben.

- *Vorstellung der Unternehmensstruktur*: Viele Beratungsunternehmen bilden um Branchen oder funktionale Themen herum Verwaltungseinheiten vergleichbar mit Fachabteilungen in Unternehmen. Diese Gruppen heißen überall anders, sind aber im Kern ein organisationaler Zusammenschluss von erfahrenen Beratern zu einem Thema. Sie bündeln die Expertise der Beratungsfirma in dem jeweiligen Bereich. Sie spielen eine wichtige Rolle bei der Akquise von Aufträgen und beim Staffing von Projekten.

Was bedeutet das für dich? Häufig stellen sich diese Gruppen oder Organisationseinheiten auf Einführungsveranstaltungen für Neueinsteiger vor. Für dich eine gute Gelegenheit, Kontakte zu knüpfen und, soweit du ein Interesse für einen bestimmten Bereich hast, dich dort schon einmal ins Gespräch zu bringen. Vielleicht wird man sich bei dem nächsten Projekt an dich erinnern.

- *Support-Funktionen*: Welche unterstützenden Ressourcen stellt mir mein Unternehmen bereit, wie z.B. ein internes Reisebüro für Flug- und Hotelbuchungen, Datenbanken und Mitarbeiter für Wissensmanagement oder eine Grafikabteilung zur Bearbeitung von Folien? Naturgemäß gibt es auch hier große Unterschiede zwischen den Beratungsfirmen. Fast alle haben aber zumindest so etwas wie Videokonferenzräume oder andere technische Hilfsmittel.

Deine Herausforderung: Mach dich mit den Tools und Ressourcen vertraut, damit du sie für dich nutzen kannst, wenn es drauf ankommt. Wenn dein Projektleiter dir sagt, du sollst in zehn Minuten eine Videokonferenz mit dem Kunden aufsetzen, ist es zu spät, damit anzufangen, Handbücher zu wälzen.

- *Administration*: Wie mache ich eine Reisekostenabrechnung? Wie teuer darf mein Firmenwagen sein? Kann ich Business-class fliegen? Je größer das Beratungsunternehmen, desto mehr Regeln und Policies gibt es, mit denen du in den ersten Tagen vertraut gemacht wirst.

  Besonders relevant bei den Policies sind die Themen Zeiterfassung (also wie buchst du deine Stunden und wie werden Überstunden erfasst), Travel Policy, die dir sagt, welche Buchungsklassen bei Flug- oder Bahnreisen erlaubt sind, was ein Hotelzimmer maximal kosten darf und wie die Spesenabrechnung erfolgt, sowie die Bonus- und Benefit-Regelung. Im Kern sind das frei-willige soziale Leistungen deines Arbeitgebers, wie z.B. eine Pensionskasse oder Ähnliches. Es lohnt sich, dieses Angebot zu verstehen und in Anspruch zu nehmen, denn teilweise sind diese Leistungen mehrere Tausend Euro im Jahr wert. Weißt du z.B., ob dein Arbeitgeber eine Umzugspauschale zahlt und du einfach nur vergessen hast, diese in Anspruch zu nehmen?

Wann komme ich auf mein erstes Projekt? Manchmal geht das Assignment oder Staffing auf ein Projekt ganz schnell und der Neuein-steiger ist von seinem ersten Tag an Teil des Projektteams. In anderen Fällen kann es sich ein paar Tage, vielleicht sogar Wochen hinziehen, bis es endlich zum Kunden geht. Das hängt von verschiedenen Fak-toren ab. Einer ist die Dauer des Onboarding-Prozesses, denn oftmals warten Firmen, bis die Newies alle Trainings durchlaufen haben, bevor sie eingesetzt werden. Ein weiterer Faktor ist die aktuelle Auslastung bzw. die Situation in der Projektpipeline. Wenn in der Zeit um deinen Einstieg herum kein neues Projekt startet und es bei laufenden Pro-jekten keine Abgänge gibt, dann kann es gut sein, dass du für einen begrenzten Zeitraum vom Büro aus kleinere Aufträge für unterschied-liche Teams bearbeiten musst. Vor allem in den Sommermonaten lässt das Geschäft erfahrungsgemäß deutlich nach, weshalb es in dieser Zeit auch nicht ungewöhnlich ist, dass dein erster Kundeneinsatz etwas später kommt als erhofft.

Die meisten Neueinsteiger werden nervös oder sind frustriert, wenn es nicht sofort losgeht. Aber es gibt keinen Grund, sich Sorgen zu machen. Es gibt keinen Zusammenhang zwischen deinen Fähig-keiten und dem Zeitpunkt deines Projektstarts. Wenn du also ein bisschen warten musst, dann ist das kein Anzeichen dafür, dass du als Berater schon versagt hast, bevor es eigentlich losgeht, sondern es ist lediglich eine Momentaufnahme der Akquisetätigkeit deines neuen Arbeitgebers. Außerdem gibt dir ein späterer Projektanfang die Chance auf einen Warmstart, du wirst also nicht sofort ins kalte Wasser geworfen, sondern hast Zeit, dich zu orientieren und vorzu-bereiten.

Du kannst die Zeit zwischen dem ersten Tag in der Firma und dem ersten Tag auf dem Projekt nutzen, um das Unternehmen besser kennenzulernen und dich mit Strukturen und Prozessen vertraut zu machen. Wer kann dir helfen, wenn du Marktdaten zu Chile brauchst? In welchen Branchen macht dein neuer Arbeitgeber seinen Hauptumsatz und was sind die Unternehmensziele für das kommende Jahr? Was sind die Leistungsziele für die Beförderung auf die nächste Karrierestufe und bis wann solltest du diese Ziele erreicht haben? Du siehst, es gibt viel zu entdecken. Darüber hinaus haben viele Beratungen interne Weiterbildungsressourcen wie z.B. Online-Trainings oder Präsentationen, in denen wichtiges Know-how zusammengefasst ist.

Außerdem ist die Zeit »on the beach« oder »on the bench«, so nennen Berater die Phasen zwischen zwei Projekten, eine großartige Gelegenheit, Kollegen kennenzulernen. Mit erfahrenen Beratern hin und wieder mal zum Mittagessen zu gehen kann sehr hilfreich sein, um besser zu verstehen, was von dir erwartet wird und wie die Firma tickt.

Checkliste: Wichtige To-dos an den ersten Tagen (Auswahl)

Aufgaben	Erledigt
Office-Strukturen kennenlernen	☐
• Rezeptionisten und Assistenten vorstellen	
• Kontakte knüpfen (Gibt es ein Mentor- und/oder Buddy-System?)	
• Feste Termine und Events speichern (freitags gemeinsamer Office Lunch, Weihnachtsfeier etc.)	
• Nutzbare Vorteile, von denen du von Anfang an profitieren kannst (z.B. Pakete ins Office bestellen, da unter der Woche in der eigenen Wohnung normalerweise keiner da ist)	
Reisesystem kennenlernen	☐
• Reiseprofil anlegen	
• Reisebuchungsprozess verstehen	
• Reisebüronummer abspeichern	
Administrative Dinge erledigen	☐
• Screen-Schutz zulegen	
• Mit Visitenkarten ausstatten	
• Notizbuch, Stifte etc. zulegen	
Ersten Projekteinsatz vorbereiten	☐
• Übersicht über Support-Prozesse erhalten (Wissensdatenbank? Zugang zu Expertennetzwerk etc.?)	
• Technische Besonderheiten (z.B. personalisierte Einstellungen in PowerPoint und Excel, Signatur in Outlook, Videokonferenzsysteme)	

4. Erste Projektwoche

4.1 Logistik und Vorbereitung

Da ist sie, die Mail oder der Anruf: das erste Projekt. Ein neuer Kunde, eine neue Aufgabe, ein neues Team. Aber bevor es so richtig losgeht, musst du dich erst um deine Reise kümmern – denn oft ist dein Einsatzort nicht in deiner Heimatstadt. Bei den meisten Beratungen gibt es die Möglichkeit, selbst zu entscheiden, ob die Anreise mit dem Flugzeug, der Bahn oder teils sogar mit dem Firmenwagen erfolgt, und das Hotel kann auch selbst ausgesucht werden. Im Laufe der Zeit entwickeln Berater dabei ihre eigenen Vorlieben: Der eine findet Flugzeuge spannend, will möglichst schnell ankommen und kann sich gar nichts anderes vorstellen als fliegen, der andere schätzt das gleichmäßige und ruhige Dahingleiten in der Bahn und kann dort fast so gut schlafen wie im eigenen Bett. Daher ist unsere grundsätzliche Empfehlung: Probiere unterschiedliche Dinge aus, um deine eigenen Vorlieben kennenzulernen.

Hotel und Flugbuchung

Um zu wissen, in welche Stadt du überhaupt reisen musst, ist erst Rücksprache mit deinem Projektleiter notwendig. Hast du diese Information, kann es losgehen mit der Hotel- und Flugauswahl.

Zunächst ist es wichtig, die Richtlinien zum Buchen zu kennen. Am besten fragst du einen Kollegen, was erlaubt und was nicht akzeptiert ist. Die größeren Beratungen arbeiten in der Regel mit Reisebüros, über die komfortabel und schnell gebucht werden kann. In kleineren Beratungen werden Hotels und Flüge selbst gebucht und im Nachgang wird eine Reisekostenabrechnung eingereicht. Denke also daran, immer alle Rechnungen und Belege gut aufzubewahren.

Bei einigen Beratungen gibt es eine Positivliste von Hotels oder Hotelketten. Bei anderen gibt es klar kommunizierte Höchstpreise für eine Nacht, z.B. 120 Euro. Bei manchen Managementberatungen wird dies nicht klar kommuniziert oder es gibt unausgesprochene Grenzen, z.B. von 200 Euro. Die Big-Four-Wirtschaftsprüfungsgesellschaften haben durch ihre Größe gute Deals ausgehandelt, dafür aber auch geringere Budgets als Managementberatungen. Bei kleineren Boutiquen schwanken die Policies stark.

Bei Messen und Volksfesten wie dem Oktoberfest steigen die Preise häufig auf ein Vielfaches. Schnell kostet das Standardzimmer plötzlich über 600 Euro. Hier hilft nur, sich die Freigabe vom Projektleiter zu organisieren oder rechtzeitig zu reservieren. Das ist in

Insider-Tipp

Meine Laptoptasche hatte und hat auch heute noch ein Fach, das ich nur für Quittungen über Reisekosten nutze. Somit stelle ich sicher, dass ich keine Quittung verliere.

Insider-Tipp

Ich habe in der Regel mehrere Monate im Voraus gebucht und sehr auf eine »Same Day 6pm Free Cancellation Policy« geachtet.

der Regel kostenfrei möglich, allerdings solltest du Reservierungen rechtzeitig wieder stornieren, falls das Projekt doch nicht so lange geht wie geplant.

Wenn du in Erfahrung gebracht hast, welche Hotels in Frage kommen, ist der nächste Schritt herauszufinden, wo die anderen Teammitglieder unterkommen. Häufig ist das Team gemeinsam im gleichen Hotel. Dies trifft besonders auf Projekte in kleineren Städten zu, in denen es nicht so viele gute Hotels gibt. Außerdem spart das Projekt so Taxikosten und die Fahrten können bereits für das Abstimmen des Teams genutzt werden.

Auf der anderen Seite kann es manchmal hilfreich sein, nicht in dem Hotel des Projektleiters zu übernachten. Denn dann bist du eventuell an die Arbeitszeiten des Projektleiters gebunden: »Wir können später gemeinsam fahren – muss nur noch eben was fertig machen.«

Ein weiteres wichtiges Entscheidungskriterium ist die Hotelkette. Jede Kette hat ein Bonusprogramm. Die Punkte sind ziemlich wertvoll. So gibt es für jede Übernachtung Punkte, die privat verwendet werden können, um z.B. im Urlaub oder an Wochenenden Hotels zu buchen. Des Weiteren gibt es regelmäßig Aktionen, in denen die Kette doppelte Punkte gutschreibt oder ganze Freinächte verschenkt. Wer regelmäßig Übernachtungen in einer Kette bucht, erklimmt Schritt für Schritt eine Statusleiter. Das hat auch einige Vorteile, denn so gibt es z.B. immer Upgrades, wenn größere Zimmer frei sind, und es wird Zutritt zu den Lounges gewährt, in denen es häufig umsonst kleinere Speisen und Getränke gibt. Das ist auch besonders praktisch im Urlaub. Einige Kollegen haben die Wahl der Kette ausschließlich auf Maximierung der Prämien ausgerichtet. Das geht bisweilen so weit, dass einzelne Berater jeden Tag morgens auschecken und abends wieder einchecken, um die Extrapunkte für das Einchecken mitzunehmen.

Die Bonusprogramme unterscheiden sich von Kette zu Kette. Generell lässt sich aber sagen, dass die Bonusprogramme der Hotelketten wesentlich lukrativer sind als die der Airlines. Wir würden empfehlen, die verschiedenen Ketten in den ersten Wochen auszuprobieren und erst dann eine Entscheidung zu treffen. Kandidaten sind Hyatt, Starwood (Sheraton, Meridien, Westin etc.), AccorHotels (Sofitel, Mercure etc.) und Hilton.

Tabelle 3 enthält einen Überblick über die verschiedenen Programme. Am meisten freie Übernachtungen gibt es beim Hyatt: Hier reichen bereits 14 bezahlte Übernachtungen für eine Freinacht aus.

Insider-Tipp

Für mich war es wichtig, ein wenig Konstanz im Alltag zu haben. Die Hotelketten wählen meist denselben Einrichtungsstil, es riecht ähnlich und so ist nicht bei jedem neuen Projekt auch noch das Zimmer neu.

Tabelle 3: Übersicht der Bonusprogramme von Hotelketten[2]

Hotelkette	Hotels weltweit	Hotels in Deutschland	Übernachtungen bis Nutzung Lounge	Übernachtungen für Erhalt einer Freiübernachtung
Hyatt	15	5	50	14
Marriott und Ritz-Carlton	3800	29	50	15
Hilton	4300	18	60	18
Steigenberger	84	37	keine Status Lounge	21
Dorint	41	35	keine Status Lounge	24
Rezidor Carlson Group	1300	52	75	24
Starwood	1200	29	50	25
Accor Club	3645	334	60	35

Außer der Hotel- steht auch noch die Flugbuchung an. Auch hier macht es unter Umständen Sinn, regelmäßig mit derselben Airline zu fliegen, um schnell einen Status zu erlangen. Die Vorteile: vom Zutritt zu Lounges mit kostenlosem Internetzugang, Speisen und Getränken über einen Sitz weiter vorne im Flugzeug oder einen freien Sitz neben dir. Darüber hinaus gewähren einige Airlines ab einem gewissen Status eine Buchungsgarantie bis z.B. 48 Stunden vor dem Flug. Das heißt egal welchen Flug du buchen möchtest, bis zu dieser Deadline erhältst du einen Platz. Das ist insbesondere dann wichtig, wenn die zweiten Montagmorgenflüge ausgebucht sind. Ohne einen ausreichenden Status musst du die erste Maschine nehmen, und d.h. häufig, um 5 Uhr aufzustehen. Die gesammelten Punkte können verwendet werden, um ausgewählte Artikel über die Airline zu erwerben, Flüge zu buchen oder Upgrades zu bezahlen. In Deutschland bietet Lufthansa den besten Service. Das betrifft sowohl die Lounges als auch die Flüge. Darüber hinaus sind Buchung und Verwaltung der Flüge über die App sehr einfach. Dafür ist Lufthansa aber auch etwas teurer als die Konkurrenz. Zudem fliegt Lufthansa längst nicht mehr überallhin und viele Strecken hat sie durch Eurowings ersetzt. Am besten sprichst du mit deinem Projektleiter oder den Kollegen, ob Lufthansa-Flüge auf dem Projekt in Ordnung sind.

Wie schon oben beschrieben sind sowohl die Hotel- als auch die Flugmeilen sehr wertvoll. Ein ehemaliger Berater hat auf dieser Basis

---

2   Zugrunde liegen 200 Übernachtungen in zwei Jahren. In der Spalte »Übernachtungen für Erhalt einer Freiübernachtung« sind die verschiedenen Stati berücksichtigt, die während der 200 Übernachtungen erreicht werden. Für die Berechnung wurde ein Standardzimmer zum Preis von 150 Euro zugrunde gelegt. Unberücksichtigt sind Sonderprogramme wie »extra Freinächte« oder »doppelte Punktgutschriften« während bestimmter Zeiträume. (Starwood-Daten vor Fusionierung mit Marriott)

ein Geschäftsmodell entwickelt: Auf firstclassandmore.de findest du Produkte, die dich bei der Optimierung deiner Bonusprogramme unterstützen.

Inhaltliche Vorbereitung auf das erste Projekt

Die inhaltliche Vorbereitung vor dem Projektstart hilft Sicherheit aufzubauen. So können z.B. peinliche Antworten auf Fragen des Kunden vermieden werden. Zum einen gibt es bei den meisten Beratungen Industrieunterlagen, also Decks, in denen die Charakteristika der Industrie (Erfolgsfaktoren, Wachstum, typische Margen etc.), die größten Player und deren Eigenheiten sowie weitere Referenzen enthalten sind. Darüber hinaus solltest du dich mit dem Kundenunternehmen auseinandersetzen: wie viel Umsatz, der wievielte Platz im Industrie-Ranking, welche Hauptkonkurrenten, welche Produkte, welche Marge, wie ist die Organisationsstruktur, wie viele Mitarbeiter, welche Standorte, welche Vorstandsmitglieder gibt es (und wie sehen die aus, falls dir jemand im Flur begegnet).

Als weitere Quelle solltest du den Projektleiter und dein Team ansprechen, um Informationen über das Projekt zu erhalten. Folgende Informationen sind wichtig: Warum wird es durchgeführt, also welches Problem wird gelöst, wie soll es gelöst werden bzw. was ist im Projekt geplant? Wer ist der Auftraggeber, wer vom Kunden ist mit an Bord?

Idealerweise weißt du die wichtigsten Punkte auswendig. Zudem kannst du dir eine kleine Übersicht, z.B. in DIN A6, mit den wichtigsten Informationen erstellen.

Ein letzter Punkt: Viele Beratungen haben Services gebucht, über die du Pressescans beziehen kannst. Du bekommst dann täglich eine automatische E-Mail mit allen Presseartikeln über die Branche und/oder das Kundenunternehmen. Das ist sehr hilfreich, um up to date zu sein und im Flur bei Kundengesprächen mitreden zu können.

Das hört sich jetzt ziemlich viel an, aber wenn du 2–3 Stunden vorab investierst, bist du in der Regel bereits recht gut informiert.

Anreise zum Kunden

Nach der Buchung des Hotels und des Fluges sowie dem Einlesen kann es losgehen. Das Taxi ist das Reisemittel Nummer 1 in Städten. Aus Arbeitgeber- und Kundensicht macht das auch Sinn, denn je schneller ein Berater zum Ziel kommt, desto früher kann er arbeiten, was sich bei den Beratertagessätzen schnell rechnet. In den großen Städten haben die meisten Beratungshäuser Taxiunternehmen, mit denen sie häufig fahren. Die Buchung über die Partner-Fahrdienste ist manchmal von Vorteil, denn die Fahrer sind zuverlässig und diskret. Zudem kannst du bei den meisten Taxipartnern nur mit Kostenstelle und Unterschrift bezahlen. Aber Achtung: Mit einer allzu dicken Limousine solltest du dich nicht unbedingt direkt vor dem

Insider-Tipp

Ich habe am Anfang von Projekten immer nach dem Request for Proposal (Ausschreibung des Kunden) und dem Proposal (Bewerbung auf die Ausschreibung durch deine Beratung) gefragt. Hier findest du Informationen zum Hintergrund, Ziel und Ansatz.

Kundeneingang absetzen lassen – das kommt gar nicht gut an. Aus ökologischer Sicht macht es Sinn, bei regelmäßig zurückzulegenden Strecken herauszufinden, ob eine S-Bahn oder ein anderes öffentliches Verkehrsmittel nicht mindestens genauso schnell ist wie ein Taxi. Darüber hinaus gibt es mittlerweile in allen großen Städten auch Carsharing-Angebote.

Jetzt stehst du vor dem Gebäude des Kunden. Spätestens zu diesem Zeitpunkt solltest du Folgendes genau wissen: Wie heißt der Kundenansprechpartner, z.B. der Auftraggeber oder seine Assistentin, und wer holt dich am Empfang ab? Denn ohne diese zwei Informationen wirst du es nicht am Pförtner vorbeischaffen. Am ersten Tag bekommst du in der Regel einen Tagespass, den du irgendwo sichtbar an deiner Kleidung trägst und abends wieder abgibst. Nun gibt es zwei Möglichkeiten – entweder das Projekt läuft schon seit einer Weile oder es startet heute.

Im ersten Fall wird dich jemand vom Team abholen, dir die Mensa oder Cafeteria (falls es eine gibt) zeigen, den Teamraum, Toiletten etc. Du stellst dich dem Team vor und bekommst einen Platz zugewiesen. Die Kollegen wissen zwar, dass es dein erstes Projekt ist, aber das vergessen sie auch schnell wieder. Du wirst vermutlich sehr schnell in die Teamarbeit integriert und nach 24 Stunden bist du vollständiges Mitglied des Teams.

Im zweiten Fall, also wenn das Projekt gerade erst startet, ist mit hoher Wahrscheinlichkeit jemand Erfahrenes oder auch mehrere Kollegen gemeinsam mit dir am Empfang. Ihr werdet von einem Mitarbeiter des Kunden abgeholt und herumgeführt. Ihr bekommt auch einen Teamraum zugewiesen und der Run auf die besten Plätze geht los. Die beliebtesten sind dort, wo dir niemand auf den Monitor schauen kann und von denen aus du die Tür im Blick behältst – wobei eine Folie zum Abschirmen des Bildschirmes, wie bereits oben erwähnt, grundsätzlich zur Ausstattung gehören sollte, damit du auch im Flieger weiter an vertraulichen Kundendaten arbeiten kannst. Solltest du als einzige Person am Anfang des Projekts vor Ort beim Kunden sein, solltest du dich nur sehr vorsichtig über Projektinhalte äußern. Stell dir vor, es geht um ein Restrukturierungsprojekt mit Personalabbau und das wurde noch nicht kommuniziert. Wenn das nun über dich in die Organisation getragen wird, trifft es die Mitarbeiter unvorbereitet und Auftraggeber, Projektleiter und Partner würden sicherlich gerne mit dir sprechen.

Der Projektleiter wird sich in der Regel ziemlich schnell blicken lassen und dir mitteilen, welche Aufgaben anstehen. Es kann aber auch schon einmal vorkommen – insbesondere, wenn du zum Team in einer heißen Projektphase dazustößt – dass der Projektleiter von Termin zu Termin hetzt. Dann bitte ein anderes Teammitglied, dir eine erste Grobeinweisung in das Projekt zu geben, oder nutze die Zeit, um noch mehr über den Kunden herauszufinden.

Insider-Tipp

Ich bin häufig auch zu Fuß gelaufen, wenn ich ein Hotel in der Nähe des Kunden hatte. Das »erspart« eine Sporteinheit und hat bei mir dazu geführt, den Kopf freizubekommen. Manchmal habe ich dabei auch den Tag in Ruhe vorgeplant.

Typischerweise sind in der ersten Projektwoche einige organisatorische Dinge zu erledigen. Diese müssen sehr eng gemanagt werden, da die Mühlen in einigen Organisationen langsam mahlen und jeder Extratag viel Aufwand für das ganze Team bedeutet.

- Zutrittskarten müssen organisiert werden. Das geht in der Regel über die Assistenz des Auftraggebers. Solange die Dauerzugangskarten noch nicht da sind, müssen sich alle Teammitglieder jeden Morgen einen Tagespass besorgen, was recht aufwendig ist.
- Des Weiteren sollte gleich am ersten Tag ein WLAN-Zugang beantragt werden. Es dauert manchmal bis zu zwei Wochen, bis dieser freigeschaltet ist, und in dieser Zeit kann nur über die SIM-Karte im Rechner bzw. Handy kommuniziert werden.
- In manchen Projekten ist es notwendig, einen Zugang zum Intranet oder zu Datenbanken des Kunden zu erhalten, z.B. über einen Kundencomputer. Für diesen und die Datenbank sind typischerweise Logins notwendig, die gleich am ersten Tag beantragt werden sollten.
- Drucker können eventuell beim Kunden verwendet werden (über USB oder WLAN). Falls dies nicht möglich ist, sollte ein Drucker über die eigene IT beantragt werden. Das ist sehr zu empfehlen, denn so kannst du auch vertrauliche Dokumente einfach drucken. Das Aufstellen des eigenen Druckers sollte mit dem Kunden abgestimmt sein und ggf. braucht es ein O. K. vom Werkschutz oder Empfang, sonst kann man den Drucker bei Projektende nicht wieder vom Werk tragen.
- Mensakarten sind häufig in die Zugangskarten integriert. Ansonsten gibt es sie an Automaten oder an den Kassen.

Generell sollte an Tag 1 geklärt werden, wer von Kundenseite für alle logistischen Themen Ansprechpartner ist. In der Regel ist das die Assistentin des Vorstands oder Kundenprojektleiters oder ein Junior auf Kundenteamseite. Mit dieser Person solltest du dich unbedingt gut stellen, da sie sehr nützlich sein kann.

WARSTORY

Auch beim Mitbringen einer eigenen Kaffeemaschine sollte man sich über kundenspezifische Sicherheitsrichtlinien erkundigen. Unsere Team-Kaffeemaschine war nach der ersten Projektwoche spurlos verschwunden. Wir dachten schon an Diebstahl. Erst einige Zeit später erfuhren wir, dass sie vom Werkschutz konfisziert wurde, weil sie nicht auf einem feuerfesten Untergrund, z.B. einer Fliese, stand. (Berater, Full-Service-Beratung)

Es wird nicht lange dauern und der Projektleiter wird dich bitten, an einem Kundengespräch teilzunehmen. Auch hier ist es wichtig, proaktiv mit dem Thema umzugehen und den Projektleiter bereits im Vorfeld darauf anzusprechen. Dann könnt ihr zusammen durchgehen, was du sagst. Manche Projektleiter üben das Gespräch auch vorab mit dir. Ist dies nicht der Fall, kannst du selbst mehrmals laut üben, was du sagen möchtest. Hier solltest du überlegen, welche Punkte aus dem Studium und aus deinen Praktika du einbringen kannst, um relevantes Know-how zu vermitteln. Wichtig ist auch zu erfahren, wie dein Projektleiter dich beim Kunden kommuniziert hat, damit das Vorstellungsgespräch dazu passt. Hat er dich als erfahren angekündigt, ist das für dich eine schwere Situation und du musst schnell »up to speed« kommen. Wirst du gefragt, wie lange du schon dabei bist, kannst du ausweichend antworten, z.B. »Noch keine zwei Jahre« oder »Ich bin in meinem ersten Jahr«.

Nach zwei Wochen bist du so tief in den Themen drin, dass auch kritische Kunden in der Regel überzeugt sind. Bedenke auch, dass der Kunde dein Xing-/LinkedIn-Profil checken kann. Gegebenenfalls solltest du in den ersten 3-6 Monaten dein Profil nicht öffentlich machen, falls aufgrund deines Uniabschlussmonats erkenntlich ist, dass du in der Tat gerade deinen ersten Arbeitsmonat hast.

Nimm dir etwas Zeit und versetze dich in den Kunden. In der Regel möchte er irgendein Problem lösen oder Informationen zur Entscheidungsfindung bekommen. Ihm wird es wichtig sein, dass du für den von dir bearbeiteten Teil der richtige Kandidat bist. Er sollte Vertrauen in deine Fähigkeiten haben. Versuche, ihm das zu vermitteln. Diese Informationen bekommst du vom Projektleiter oder vom Partner. Falls du in der Vorstellung irgendwelche Fachbegriffe nicht verstehst, macht es nicht unbedingt den besten Eindruck, den Kunden danach zu fragen. Besser ist, du merkst dir die Begriffe und fragst den Projektleiter im Nachgang.

Es gibt auch Projekte, bei denen du aus der Niederlassung deiner Beratung heraus arbeitest. Das ist z.B. dann der Fall, wenn das Projekt so vertraulich ist, dass die Mitarbeiter des Auftragsunternehmens nichts von dem Projekt mitbekommen sollen.

4.2 Mit dem Vorgesetzten umgehen

Letztlich kommt es für deine Karriere vor allem darauf an, gute Arbeit zu leisten und dich kontinuierlich weiterzuentwickeln. Strategisches Handeln hilft dir auf Dauer nicht weiter und kann dir, insbesondere wenn es zu viel Aufmerksamkeit einnimmt, auch im Weg stehen. Letztlich ist nicht die entscheidende Frage, ob dein Vorgesetzter dich schätzt, sondern ob du deine Arbeit gut machst. Trotzdem ist es eine wichtige Fähigkeit von Beratern, die Menschen um sich herum zu

Insider-Tipp

Ich bin immer dafür gewesen, dem Kunden gegenüber offen zu kommunizieren, dass es für Neueinsteiger das erste Projekt ist, und habe sie gebeten, sich den Kollegen zwei Wochen anzuschauen, bevor sie eine Entscheidung treffen. Auf meinen Projekten hat das so gut funktioniert, dass ich keinen Neueinsteiger aus dem Team nehmen musste.

verstehen und geschickt mit ihnen umzugehen. In diesem Kapitel geht es daher darum, wie du geschickt mit deinem Projektleiter umgehst.

Unternehmensberatungen vermarkten im Recruiting gerne ihre flachen Hierarchien und betonen, dass junge Berater schon früh in ihrer Karriere Gestaltungsmöglichkeiten haben. Richtig daran ist sicher, dass auch junge Berater in Projekten wichtige Rollen einnehmen können und schon früh mit Kunden auf Augenhöhe arbeiten, die wesentlich älter sind und dementsprechend auch viel mehr Berufserfahrung haben. Auch sind Beratungen fast immer mittelständische Unternehmen – insofern ist die Hierarchiepyramide auch nicht so viele Ebenen tief. Trotzdem gibt es auch in Beratungen klare Hierarchien. Dies liegt nicht zuletzt an dem Feedback- und Beförderungssystem (eine genauere Beschreibung des Systems findest du in Kapitel 8.4 *Feedback und Bewertungsprozess*). Letztlich ist die Beförderung und damit auch der Verbleib eines Beraters vor allem davon abhängig, ob er die von der Beratung vorgegebenen Kompetenzkriterien erfüllt. Beurteilt wird die Erfüllung der Kriterien allerdings von den Vorgesetzten. In der Beratung besteht gegenüber anderen Unternehmen der große Vorteil, dass es wechselnde Vorgesetzte gibt und es somit weit weniger darauf ankommt, dem einen Vorgesetzten unbedingt gefallen zu müssen. Trotzdem ist natürlich jede einzelne Bewertung wichtig.

Insofern ist es meist sehr transparent, wer am längeren Hebel sitzt und letztlich die Entscheidungen fällt und verantwortet. Angesichts des hohen Anspruchs, den der Kunde an die Geschwindigkeit und Qualität eines Projekts hat, ist dies vermutlich auch zweckmäßig, da eine klare Hierarchie Entscheidungsprozesse beschleunigt und eine eindeutige Rollenverteilung sicherstellt.

Hierarchien in der Beratung: Partner, Projektleiter und Berater

Je nach Beratung gibt es ganz unterschiedliche Bezeichnungen, die die hierarchische Position von Beratern beschreiben. Grundsätzlich kann man aber drei Positionen unterscheiden (siehe auch Abbildung 6 *Hierarchiestufen in der Beratung*):

- Der **Partner** ist gemeinsam mit seinen Partnerkollegen Eigentümer und Führungskraft der Beratung und entsprechend unternehmerisch orientiert. Er ist für den wirtschaftlichen Erfolg seines Unternehmens, die Zufriedenheit seiner Klienten und die Entwicklung seiner Mitarbeiter verantwortlich. Er pflegt Kundenbeziehungen auf Vorstandsebene und ist in letzter Instanz kaufmännisch und inhaltlich für die Projekte seiner Teams verantwortlich. Solange er wirtschaftlich erfolgreich ist (z.B. Jahresumsatz über 3 Mio. Euro) und keine Fahrlässigkeiten begeht, genießt er große berufliche Unabhängigkeit. Auf einzelnen Projekten gibt er häufig zu Beginn Umfang und Vorgehen vor und fliegt dann nur zu wichtigen Lenkungskreisterminen wieder ein.

Insbesondere jüngere Partner geben auch während des Projekts immer wieder fachlichen Input.

- Der **Projektleiter** ist der verlängerte Arm des Partners vor Ort. Er trifft die konkreten Entscheidungen im Projektverlauf, agiert als Hauptansprechpartner für den Kunden, hält die inhaltlichen Fäden in der Hand, kontrolliert meist auch das kaufmännische Budget, schreibt die Bewertungen für die Berater und sucht zusammen mit dem Partner die richtigen Berater für die Projekte aus (Staffing). Für das Beraterteam und mögliche Neueinsteiger ist er der wichtigste Ansprechpartner. Auf manchen Projekten werden Newies auch von Senior-Beratern betreut, also übernimmt ein erfahrener Berater die Rolle des Projektleiters.

- Der **(Senior-)Berater** arbeitet sich in die Inhalte ein und generiert dann Output in Form von Excel-Modellen, Decks oder Flows (Beratersprech für Präsentationen) oder Ähnlichem. Dabei wird er vom Projektleiter inhaltlich und prozessual begleitet. Meist schauen sich Projektleiter anfangs an, wie gut sich ein Berater in einem Themengebiet auskennt und wie gut seine Ergebnisse sind, und passen dann ihre Betreuungsintensität daran an. Ein Senior-Berater, Berater oder Praktikant bereitet Meetings mit Kunden vor und führt sie je nach eigener Seniorität und der des Kunden auch selbst durch.

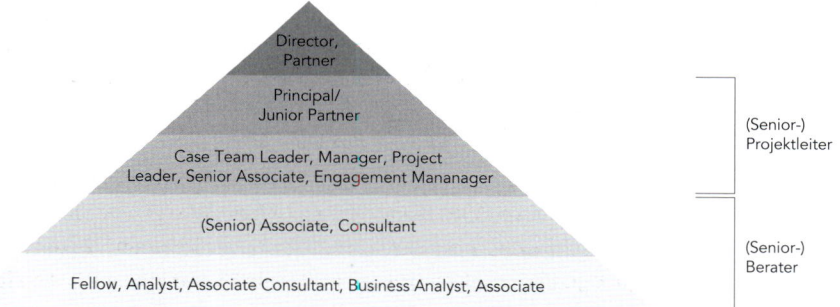

Abbildung 6: Hierarchiestufen in der Beratung, »Das Insider-Dossier: Bewerbung bei Unternehmensberatungen – Consulting Cases meistern« (Stefan Menden, Jonas Seyfferth)

Innerhalb jeder dieser grundsätzlichen Positionen gibt es wiederum meist noch mindestens eine Unterscheidung nach Seniorität. So heißen Berater beispielsweise bei McKinsey zum Einstieg Associates. Nach der ersten Beförderung steigen sie zu Senior Associates auf, die auf Projekten grundsätzlich die gleiche Position einnehmen, aber größere Module betreuen oder selbstständigen Kontakt zu senioren Kunden haben. So kann ein Senior Associate natürlich viel größere Arbeitspakete selbstständig betreuen als ein Praktikant, der ohnehin meist von einem erfahreneren Kollegen unterstützt und geführt wird.

Nach diesen Erörterungen ist es vermutlich ein offenes Geheimnis, dass für dich vor allem eine Person ganz entscheidend ist: dein Projektleiter. Er sollte dir wichtige fachliche und prozessuale Hinweise geben, dich in Bezug auf dein Auftreten in Meetings coachen. Er schreibt die Bewertungen über dich und nimmt dich eventuell auf ein weiteres Projekt mit. Für Beratungsneulinge und Praktikanten ist der Projektleiter besonders wichtig, da die erste Beförderung zum Senior-Berater noch sehr stark von den Bewertungen abhängt, die ein Projektleiter gibt. Die nächste Beförderung zum Projektleiter ist dann eher von der Positionierung gegenüber den Partnern abhängig, insofern sind für Senior-Berater auch zunehmend die Partner wichtig und die Projektleiter werden zunehmend zu inhaltlichen Sparringspartnern. Wie wichtig letztlich der Projektleiter und wie wichtig der Partner für dich ist, ist je nach Beratung ziemlich unterschiedlich: Bei McKinsey hängt z.B. auch das Staffing der Projekte sehr viel direkter vom Partner ab, der vielfach die Bewertungen schreibt; bei Bain und BCG werden diese Aufgaben meist von Projektleitern oder Senior-Projektleitern übernommen.

Projektleiter und Partner verstehen

Generell hängt die Art der Betreuung, die dich erwartet, sehr von dem Fallkontext und vom individuellen Führungsstil des Projektleiters ab. Ein erfahrener Senior-Projektleiter kurz vor der Partner-Beförderung wird dir weitgehend freie Hand lassen, wenn du ihm am Anfang deiner Zeit auf dem Projekt gezeigt hast, dass du deiner Aufgabe gewachsen bist. Dagegen neigen Senior-Berater, die als Projektleiter eingesetzt werden, oder junge Projektleiter eher dazu, das Team sehr eng zu managen und viel Input zu geben, da sie es gewöhnt sind, nah an den Aufgaben zu sein und z.B. auch noch mal selbst in ein Excel zu schauen. Anbei ein Überblick über die wichtigen Einflussfaktoren, die das Führungsverhalten des Projektleiters determinieren:

Fallsituation:
- Wie gut kennt der Projektleiter Partner und Kunden?
- Wie gut ist der Projektleiter mit dem Thema vertraut?
- Wie sind die Anforderungen des Projekts? Wie eng ist der Zeitplan?
- Wie ist die Seniorität der Berater? Wie ist die Teamzusammensetzung?
- Wie gut kennt der Projektleiter die Berater (Fähigkeiten, Verlässlichkeit)?

Und nicht zuletzt:
- Wie ist die Seniorität des Projektleiters?
- Wie ist der Führungsstil des Projektleiters?

Bei unterschiedlichen Beratungen unterscheiden sich diese Einfluss-faktoren. In unseren Umfragen haben wir z.B. nach den durchschnitt-lichen Führungsspannen gefragt. In der Auswertung wird deutlich, dass Full-Service-Beratungen und Boutiquen mit merkbar größeren Führungsspannen arbeiten. Das heißt auf der einen Seite weniger Anleitung und Unterstützung, auf der anderen Seite ggf. auch eine größere Selbstständigkeit. Sicherlich liegt dies auch an den Aufgaben und an der Verortung beim Kunden – bei strategischen Aufgaben und Projekten auf hohen Führungsebenen sind seniorere Teamzusam-mensetzungen nötiger als bei Prozessthemen. Das bedeutet dann manchmal auch, dass der Vorgesetzte stärker Einfluss nimmt: Wie in der zweiten Spalte der Abbildung sichtbar wird, geht dies bei Inhouse- und Strategieberatungen auch damit einher, dass sich der Vorgesetzte häufiger durchsetzt. Dies könnte durch die deutlich niedrigeren Füh-rungsspannen auch gut erklärbar sein. Dieses Muster findet sich bei den kleinen Beratungen allerdings nicht wieder: Trotz kleiner Füh-rungsspannen können sich Teammitglieder hier häufiger gegen die Projektleitung durchsetzen. In kleinen Beratungen ist davon auszu-gehen, dass häufig in den gleichen Teamkonstellationen zusammen-gearbeitet wird und somit Hierarchien verschwimmen. Außerdem ist in einem weniger stressigen Fallumfeld (siehe auch die Auswertung »Arbeitsstunden pro Woche« in Kapitel 7.2 *Was ist dir selbst wichtig?*) auch weniger Hierarchie nötig und man kann Themen stärker ausdis-kutieren.

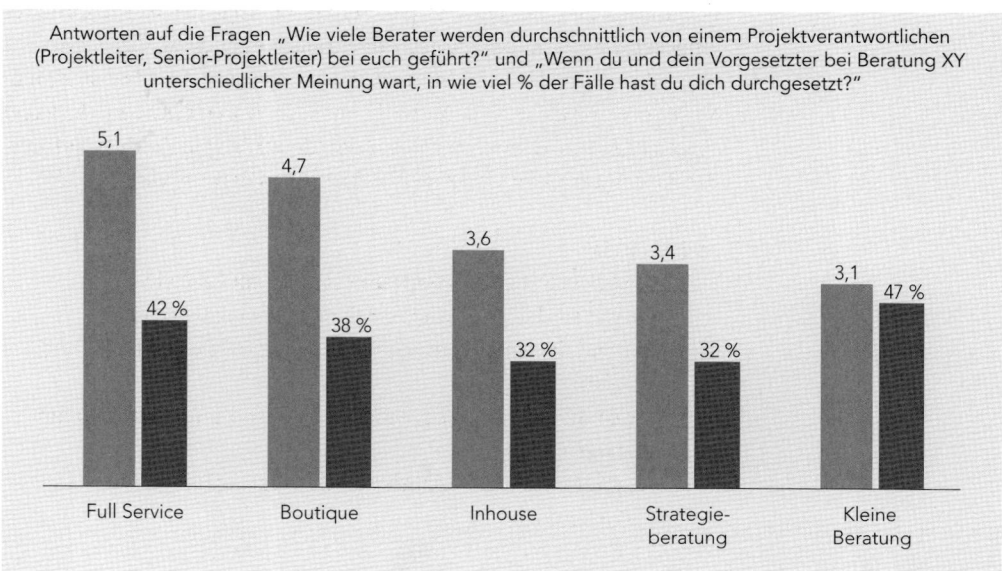

Antworten auf die Fragen „Wie viele Berater werden durchschnittlich von einem Projektverantwortlichen (Projektleiter, Senior-Projektleiter) bei euch geführt?" und „Wenn du und dein Vorgesetzter bei Beratung XY unterschiedlicher Meinung wart, in wie viel % der Fälle hast du dich durchgesetzt?"

	Full Service	Boutique	Inhouse	Strategie-beratung	Kleine Beratung
	5,1	4,7	3,6	3,4	3,1
	42 %	38 %	32 %	32 %	47 %

Abbildung 7: Führungsspanne in Beratungen und Durchsetzungs-erfolge der Mitarbeiter gegenüber ihren Vorgesetzten

Aber nun zum eigentlichen Thema: Wie kannst du dafür sorgen, dass du gut mit deinem Vorgesetzten zusammenarbeitest, d.h. dass du eine gute Zeit mit ihm hast, eine gute Bewertung bekommst und im besten Fall auch dauerhaft mit ihm zusammenarbeiten kannst und willst?

Um diese Ziele zu erreichen, ist es zunächst entscheidend wichtig, die Situation des Projektleiters zu verstehen. Der Projektleiter ist in Beratungen das Middle Management und befindet sich somit in der klassischen Sandwich-Position. Er muss primär die Kundenerwartungen erfüllen, gleichzeitig der Anspruchshaltung des Partners gerecht werden und die Bedürfnisse seines Teams im Auge behalten. Er muss also ständig damit leben, potenziell irgendwen zu enttäuschen, da er nicht die Wünsche aller Parteien erfüllen kann. Aus der Situation des Projektleiters und der daraus resultierenden Motivation ergeben sich einige Empfehlungen für dein Verhalten. In Abbildung 8 werden die typischen und relevanten Motivationen des Projektleiters dargestellt. Diese Motivationen dienen zur Ableitung von möglichen Handlungsempfehlungen für dich. Wenn du verstehst, welche Motivationen bei deinem Projektleiter vorhanden sind, kann dich das dabei unterstützen, die richtige Art des Umgangs mit ihm zu finden. Diese Handlungsempfehlungen sind als typische Ansatzpunkte zu verstehen. Natürlich gibt es auch noch andere Möglichkeiten, die Motivationen des Projektleiters herauszufinden.

Insider-Tipp

Nichts ist besser, als wenn du deinem Projektleiter das Gefühl gibst, er braucht dir eigentlich gar nicht viel zu sagen, und dein Modul läuft trotzdem wie geschmiert. Also trau dich ruhig auch mal, eigene Entscheidungen zu treffen und dein Vorgehen deinem Projektleiter nur in einem Update mitzuteilen. So hat er immer noch Interventionsmöglichkeiten, wenn er nicht einverstanden ist. (Senior-Projektleiter, Full-Service-Beratung)

Thema	Inhaltlich einen positiven Eindruck machen	Partnern und Kunden zeigen, wie viel Arbeit geleistet wurde	Projektleiter ist der Boss	Partner und Kunden gegenüber Teamspirit zeigen	Projektleiter brauchen auch mal freie Zeit
Bedürfnisse des Projektleiters	• Ich muss die Details verstehen • Ich sollte die Inhalte der Berater kritisch hinterfragen	• Besser eine Analyse mehr als eine Analyse weniger, aber • Wir wollen keine unnütze Arbeit machen	• »Ich bin nun kein Berater mehr, ich bin Projektleiter« • »Ich bin eine gute Führungskraft«	• »Die Stimmung und Moral meines Teams sollten gut sein« • »Ich will eine positive Beziehung zu jedem Teammitglied aufbauen«	• »Ich brauche auch manchmal Schlaf, dein Job ist es, mir dabei zu helfen, ihn zu bekommen« • »Ich will möglichst wenig erklären müssen«
Strategien zum Umgang	• Regelmäßig ein strukturiertes Update geben, nach dem der Projektleiter das Gefühl hat, alles verstanden zu haben • Richtige Balance wahren: Im Normalfall nicht in Diskussionen geraten. Wenn man überzeugt ist, dass die Ansicht des Projektleiters inhaltlich falsch ist oder zu schlechterer Qualität des Arbeitsergebnisses führen würde, seinen Standpunkt klar erläutern	• Nichts ist frustrierender, als nächtelang zu arbeiten, um dann die Arbeit in den Papierkorb zu werfen. Deswegen solltest du nachfragen, falls dir etwas unklar ist • Der Projektleiter möchte das Beste aus seinem Team herausholen. Am Anfang gilt: lieber mal ein paar Stunden länger arbeiten. Wenn der Projektleiter das mitbekommt, dann sieht er nachher weniger Grund, Druck zu machen	• Deinen Projektleiter in seiner Rolle anerkennen. Sein Job ist aufgrund der kurzen Beförderungszeiten auch für ihn neu und er will in dieser neuen Position ankommen. Du solltest hier nicht in einen »Wettkampf« mit ihm geraten, sondern ihn als Führungsperson anerkennen • Frühzeitig Feedback einholen, dann hat man die Chance, sich während des Projekts zu verbessern, und bekommt nachher eine bessere Beurteilung	• Sich ins Team einbringen und auch mal einen Scherz machen oder etwas für die Gemeinschaft organisieren (z.B. Essen bestellen) • In Kundenmeetings oder Meetings mit den Partnern sollte man nach Möglichkeit teamintern klare Absprachen treffen, wer welche Rolle hat, und nicht in Hahnenkämpfe geraten	• Nicht bei Lappalien nachfragen, also Fragen sammeln und wenn möglich mit anderen Beratern klären • Eigene Vorschläge statt Probleme diskutieren, sodass der Projektleiter versteht, dass man sich bereits selbst Gedanken gemacht hat • Andererseits auf keinen Fall unnötige Arbeit machen, also sofort nachfragen, wenn für eigene Arbeit entscheidend

Abbildung 8: Typische Motivationen des Projektleiters

Wichtig ist dabei, dass das Ausmaß der dargestellten Motivationen und Handlungsempfehlungen wie oben angesprochen nicht bei jedem Projektleiter gleich ist. Insofern muss man letztlich auf den Menschen eingehen, mit dem man zusammenarbeitet.

Trotzdem können dir die dargestellten typischen Motivationen helfen, deinen Vorgesetzten besser zu verstehen. Die Handlungsempfehlungen haben sich im Alltag bewährt und sind eine Art Baukasten. Je nach Persönlichkeit des Projektleiters kannst du einige der vorgeschlagenen Handlungsempfehlungen nutzen, und du merkst dann, ob sie gut oder schlecht funktionieren.

Checkliste: Was du in der Zusammenarbeit mit deinem Projektleiter beachten solltest

Aufgaben	Erledigt
Streng dich die ersten zwei Wochen besonders an: Das erste fachliche Meeting ist entscheidend, um Vertrauen aufzubauen. Die ersten inhaltlichen Ergebnisse sollten korrekt und voll verstanden und das »so what« klar herausgearbeitet sein.	☐
Frage frühzeitig nach Feedback (nach den ersten zwei Wochen), dann weißt du, worauf es ankommt. Versuche, generell eine Feedbackkultur im Team zu etablieren. Gebe dir auch mit deinen Peers Feedback und schlage zu Beginn des Projekts gleich ein gemeinsames Midterm- und Close-out-Feedback im gesamten Team vor. Stelle dafür allen auch gleich zu Beginn einen Blocker in den Terminkalender.	☐
Versuche, den Anweisungen des Projektleiters zuvorzukommen. Nichts ist schöner, als wenn du auf eine Anregung hin ein Blatt aus der Tasche ziehen kannst mit dem Kommentar: »Etwa so?« Das führt dann auch dazu, dass du mehr Freiheiten und weniger Anweisungen bekommst, weil dein Projektleiter zu Recht das Gefühl hat, dass du alles unter Kontrolle hast.	☐
Gib deinem Projektleiter strukturierte Updates.	☐
Zeige dem Projektleiter, dass du nicht nur ein harter Arbeiter, sondern auch sozialkompetent bist: gute Zusammenarbeit mit dem Team, zusammen essen, vielleicht auch mal einen trinken, angemessener Umgang mit Kritik.	☐
Finde die richtige Balance zwischen selbstständigem Arbeiten und Rückfragen. Gehe auf gar keinen Fall das Risiko ein, komplett in die falsche Richtung zu arbeiten.	☐

Aufgaben	Erledigt
Erkläre deinem Projektleiter auch mal, welche Schwierigkeiten und welcher Umfang mit deiner Arbeit verbunden ist, gerade dann, wenn du seine Anweisungen nicht für so sinnvoll hältst (»Ich kann das gerne machen, das braucht dann aber eine Woche. Steht das wirklich so im Fokus?«).	☐
Pushback in den richtigen Momenten (»Pick your fights!«) kann sehr wichtig sein: Missverständnisse können aufgeklärt, dem Projektleiter kann die Unsinnigkeit eigener Arbeitsanweisungen deutlich werden, zusätzliches Verständnis kann erreicht und unnötige Zusatzarbeiten können vermieden werden. Pushback sollte aber die Ausnahme bleiben und nicht dazu führen, dass man generell versucht, Arbeit zu vermeiden.	☐
Bewertungen können durchaus auch diskutiert und hinterfragt werden. Falls du grob unfair bewertet worden bist, kann es sich durchaus lohnen, dies mit deinem Projektleiter oder auch deinem Partner zu besprechen, gerade wenn du einen guten Draht zu ihm hast. Manche Beratungen haben für eine solche Konfliktsituation auch das Konzept des Mentors etabliert. Dabei sind Mentoren andere Partner oder Projektleiter, mit denen man nicht direkt zusammenarbeitet, die einen aber in der eigenen Entwicklung über die gesamte Beraterlaufbahn unterstützen.	☐

WARSTORY

Meine Erfahrung zeigt, dass der erste Eindruck besonders zählt. Dieser Eindruck kann natürlich zum einem positiv beeinflusst werden, indem du dich schon vor Case-Beginn mit der Branche und dem Kundenunternehmen befasst oder es irgendwie schaffst, mit Fachkompetenz zu glänzen. Zum anderen habe ich aber auch gemerkt, dass es gut ankommt, wenn du außerhalb des direkten Case-Settings dein Interesse und deine Motivation bekundest. Frag doch einfach mal deinen Projektleiter oder auch Partner, ob er dir während eines Mittagessens seine Tricks und Kniffe verrät, die ihm geholfen haben, aufzusteigen und sich in der Beratung zu behaupten. Das schmeichelt ihm und du erfährst wahrscheinlich wirklich noch etwas Spannendes und Hilfreiches – zur Case-Arbeit als solches und wie dein Gegenüber tickt.

(Projektleiter, Strategische Managementberatung)

4.3 Mit dem Team umgehen

Du hast dir einen Job ausgesucht, in dem du nicht von 8–16 Uhr in deinem Einzelbüro sitzt und dann nach Hause gehst, um dich mit deinen Freunden zu treffen oder anderen Hobbys nachzugehen. Im Gegenteil wirst du deine Kollegen im Extremfall schon montags um 7 Uhr im Flugzeug treffen, um gemeinsam zum Kunden zu reisen, um dann fast jede wache Stunde der Woche mit ihnen zu verbringen, und womöglich auch erst am Freitag zurückkreisen. Damit ist wie gesagt der Extremfall eines sehr stressigen Projekts gemeint, aber auch bei weniger extremen Arbeitszeiten wirst du sehr viel Zeit mit deinen Kollegen verbringen. Entsprechend wichtig ist es, dass du dich mit ihnen wohlfühlst. Sie sollten nicht deine Konkurrenten, sondern dein sicherer Hafen sein, sonst wird Unternehmensberatung für dich zum Einzelkämpferdasein. Viele Berater schätzen genau das intensive Teamgefühl, das bei spannenden und stressigen Projekten aufkommt, wenn man an einem Strang zieht und eben nicht auf den eigenen Vorteil bedacht ist.

Eine gute Positionierung im Team ist nicht nur für dein eigenes Wohlbefinden wichtig, du wirst auch anders wahrgenommen, wenn dich deine Kollegen mögen und schätzen. Es gibt reichlich Forschung zum sogenannten *Überstrahlungs-* oder *Halo-Effekt*: Positive Einschätzungen auf einer Dimension (Beliebtheit) wirken sich auf andere Dimensionen aus (Bewertung der Performance). Außerdem werden dir deine Kollegen gerade als Neuling helfen – ob bei Excel, PowerPoint oder mit schwierigen Kunden.

Insofern ist es wichtig, dass du dich gut im Team eingliederst. Wohl wirst du dich sicherlich vor allem dann fühlen, wenn du dich nicht verstellst, sondern ein gutes, kollegiales Verhältnis zu deinen Fallkollegen aufbaust.

Was macht nun ein erfolgreiches Team aus? In der Systemtheorie gibt es den Satz »Das Ganze ist mehr als die Summe seiner Teile«. Bezogen auf ein Beraterteam funktioniert dies vor allem dann, wenn jeder seine Stärken einbringen kann und man sich dann noch gegenseitig anregt, wenn also jeder spezifische Aufgaben und auch eine spezifische Rolle hat. Es wird Personen geben, die sehr kollaborativ und freundlich mit dem Kunden zusammenarbeiten (typischerweise sind dies juniore Personen im Team) und so auch schwierige Kunden mitnehmen. Andere Personen sind eher streng mit dem Kunden und üben Druck aus (tendenziell eher seniore Personen im Team), um so das Projekt voranzubringen. Du solltest dir also eine Rolle im Team suchen. Als Neuling werden es häufig sehr spezifische Themen sein, für die du dann stehst, z.B. eine bestimmte Software, ein bestimmtes oder ein sehr kundenspezifisches Thema, in das du dich tief hineinarbeitest.

Je größer ein Team wird, desto wichtiger werden sehr klare Strukturen. In einem kleinen Team von vier Beratern weiß noch jeder recht genau, woran der andere arbeitet. Auf einem großen Transformationsprojekt von 40 Personen ist es sehr wichtig, Grenzen zwischen Modulen sehr scharf zu ziehen und genaue Absprachen zu treffen. Für dich wird das am Anfang meist nicht so schwer sein, da du zumeist recht klar geschnittene Aufgabenbereiche bearbeitest.

Entscheidend für den Erfolg von Teams ist außerdem eine gute Kommunikation und Transparenz. Nichts ist störender, als wenn wichtige Informationen zurückgehalten werden, z.B. weil man wichtige Erkenntnisse für sich behalten will oder sich nicht traut, seinem Projektleiter zu widersprechen oder Fehler zuzugeben. Grundsätzlich gilt: lieber früher als später. Wenn man versucht, schwierige Themen zu umschiffen, hat man am Ende meist die mehrfache Arbeit.

WARSTORY

Ich habe ein negatives Beispiel von Teamwork am eigenen Leibe erfahren. Wenn ich als Anfängerin bei einer Strategieberatung in Teammeetings nach Daten oder Auswertungen fragte, bekam ich auf meinem ersten Projekt häufig ausweichende Antworten von Teammitgliedern. In Meetings mit Partnern packten dieselben Berater dann teils fertige Analysen mit genau den Daten aus, nach denen ich vorher gefragt hatte, um bei den Partnern Punkte zu sammeln. Ich habe diese Art zu arbeiten nie mitmachen wollen. Zum Glück blieb dieses Projekt eine Ausnahme.

(Senior-Beraterin, Strategieberatung)

Um Dynamiken in Teams zu erkennen, können zwei Modelle hilfreich sein: das 4-Player-Modell von Kantor und die Teamuhr nach Bruce Tuckman. Im 4-Player-Modell von Kantor (siehe Abbildung 9) werden typische Rollen beschrieben, die in sozialen Systemen eingenommen werden.

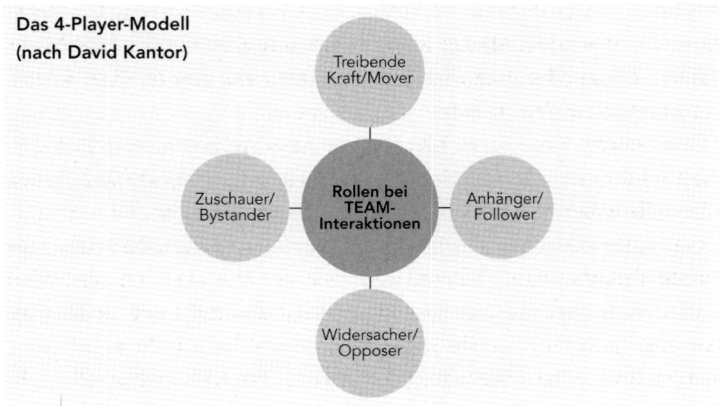

Abbildung 9: Das 4-Player-Modell nach Kantor

Meist gibt es einen Antreiber (Mover), der Ideen hat und Dinge verfolgt. Die Anhänger (Follower) unterstützen den Antreiber und schaffen durch ihre zusätzlichen Anregungen Vollständigkeit. Dem steht ein Widersacher (Opposer) gegenüber, der kritisch hinterfragt, Ideen so auf den Prüfstand stellt und weiterentwickelt. Auch den Zuschauern (Bystander) kommt eine wichtige Rolle zu: Sie beobachten und zeigen eine Perspektive auf. In gut funktionierenden Beratungsteams ist jede der Rollen besetzt, gleichzeitig sind diese Rollen nicht zementiert und je nach Thema, Expertise, Tagesform etc. können die Rollen von unterschiedlichen Teammitgliedern eingenommen werden. Das bedeutet, dass du bei einem Thema, in dem du dich gut auskennst, auch ruhig mal zum Mover werden kannst.

Die Teamuhr nach Bruce Tuckman geht auf typische Phasen ein, die meist während eines Teamprozesses durchlaufen werden. In der Orientierungsphase (»Forming«) richtet man sich nach typischen Verhaltensregeln und ist eher förmlich und korrekt. Danach geht es in die Kampfphase (»Storming«), in der sich Strukturen innerhalb einer Gruppe herausbilden, was häufig auch zu Konflikten führt. Aus der Klärung dieser Konflikte entstehen in der Konsolidierungsphase (»Norming«) ungeschriebene Gesetze, die die interne Organisation von Teams klären und auch festlegen, wer dazugehört. In der Durchführungsphase (»Performing«) ist die volle Leistungsfähigkeit von Teams hergestellt – nachdem die Beziehungsebene geklärt ist, kann durch offenen Austausch von Informationen und mit vollem Vertrauen zusammengearbeitet werden. Hier ist für den Beratungsalltag vor allem wichtig, dass nicht eine der vorherigen Phasen fehlt und man so immer wieder über Strukturen innerhalb der Gruppe oder ungeschriebene Gesetze diskutiert. Es ist in Teamprozessen entscheidend, dass anfangs genug Zeit für Rollendefinitionen im Team und in teaminterne Prozesse investiert wird. Diese Zeit macht sich nachher doppelt bezahlt. Im Normallfall wird dein Projektleiter für ein gutes Setup sorgen. Aber es lohnt sich, wachsam zu sein, ob irgendwo Rollen unklar oder Prozesse nicht definiert sind, und in enger Kooperation mit dem Projektleiter nachzusteuern.

In jedem Case-Team gibt es sehr unterschiedliche Rollen und Konstellationen. Senior-Berater nehmen teils Projektleiter-Rollen ein, teils haben sie schon Führungsverantwortung für mehrere Jungberater, teils coachen sie einen Praktikanten. In jedem Fall haben sie breite Verantwortung für ein oder mehrere Module. Demgegenüber haben Praktikanten oder Neulinge meist einen Senior-Berater als Ansprechpartner, der sie als eine Art »großer Bruder« bei allen Fragen unterstützt. Diesen Ansprechpartner solltest du nutzen. Meist freut sich ein Senior-Berater darüber, selbst schon einmal Führungsverantwortung zu bekommen, und er wird dich bereitwillig und engagiert unterstützen. Als Neuling sind Fragen zudem ausdrücklich erlaubt. Man sollte sie also so lange stellen, wie man noch neu dabei ist. Außerdem ist es ratsam, sich einen oder mehrere erfahrene Kollegen als Vorbild zu nehmen und sich gezielt nachahmenswerte Verhaltensweisen abzuschauen. Dies macht einen guten Teil der steilen Lernkurve aus, die man bei Beratungen haben kann.

Letztendlich ist natürlich die entscheidende Frage für dich, wie du dich im Team positionieren möchtest. Es lohnt sich aus den oben genannten Gründen, diesem Thema am Anfang eines Projekts einige Gedanken zu widmen. Typische Entscheidungen, die du treffen musst:

- Strikte Trennung von Arbeit und Freizeit vs. Vermischung von beidem
- Stärker das Miteinander im Team betonend vs. stärker die eigene Leistung hervorhebend
- Eher den Kontakt zu anderen suchen vs. nur auf die eigene Arbeit konzentriert sein
- Eher der nette Kumpel vs. der unnahbare High-Performer

Auf Dauer solltest du eine passende Rolle für dich auf einem Projekt finden und selbst zu deiner Rolle und zu deinem »Typ« stehen. Denn wenn man sich dauerhaft verstellt und eine Rolle einnehmen möchte, die nicht zu einem passt, kostet das sehr viel Energie und treibt einen schnell in die Erschöpfung.

4.4 Aufbau einer vertrauensvollen Beziehung mit dem Kunden

Jeder Berater ist – egal ob Praktikant oder Senior-Partner – ein Dienstleister für den Kunden. Der Erfolg eines Projekts definiert sich am Ende vor allem dadurch, dass die Kunden zufrieden sind, sie das Projekt für wertschaffend halten und gerne wieder mit deiner Beratung zusammenarbeiten wollen. Selbst wenn du dich auf einem Projekt nicht so gut mit deinem Projektleiter verstehst – wenn der Kunde dich schätzt und du deine Arbeit gut machst, wird deine Leistung auf Dauer auch gewürdigt werden. Vor allem, wenn der Kunde dich auf dem Anschlussprojekt wieder dabeihaben möchte und gezielt anfordert.

Auf dem Weg zu einem erfolgreichen Projekt ist die Zusammenarbeit mit dem Kunden ebenfalls entscheidend wichtig. Der größte Experte für das entsprechende Unternehmen ist nun mal der Kunde selbst, insofern sind eine enge Zusammenarbeit und ein reger Informationsaustausch sehr wichtig.

Für dich als Beratungsneuling ist es z.B. oft sehr wichtig, Daten vom Kunden zu bekommen. Gerade Controller oder andere Kunden, die auf den Daten sitzen, empfinden Berater oft als arrogante Eindringlinge. Unten findest du eine Geschichte dazu, wie schnell es gehen kann, als ein solch arroganter Eindringling wahrgenommen zu werden.

Elevator Speech einmal anders – eine Beratergeschichte aus Kundensicht

Ein Kunde fährt im Aufzug zu seinem Büro im 10. Stockwerk – dem Headquarter eines Top-Produzenten im Industriegütersektor. Der Aufzug ist voll, neben ihm stehen zwei Berater, einer augenscheinlich sehr jung mit nagelneuem Aktenkoffer, der andere in den Dreißigern. Während der ersten fünf Stockwerke erzählt der jüngere Berater, wie aufgeregt er sei, da dies sein erster Tag im neuen Job und sein erster Kunde überhaupt wäre. Immerhin, er freut sich auf die Projektarbeit.

Ab dem 6. Stockwerk beginnt der ältere Berater, der bisher schmunzelnd und erfahren nickend den Ausführungen seines jungen Kollegen zuhörte, die Zustände im Büro des Kunden zu kommentieren. Es sei doch sehr ärgerlich, dass man als Berater keine Schlüsselkarte bekomme, sondern in den 10. Stock zum Empfang fahren müsse, um dann über Treppen wiederum in den 8. Stock zu gehen – völlig unsinnig. Darüber hinaus sei die Arbeit des Beraterteams doch wichtig genug, um dieses im 10. Stock bei den Vorstandsteams unterzubringen – eigentlich eine Beleidigung.

Nach und nach hat sich der Aufzug geleert, die Türen öffnen sich im 10. Stockwerk. Nun bemerken die beiden Berater, dass der Kunde als einziger noch da ist und im gleichen Stockwerk aussteigen möchte. Sie wollen ihn vorbeilassen, aber er meint leicht süffisant: »Gehen Sie nur, ich folge Ihnen.« Daraufhin werden die beiden rot, drehen sich um, ohne sich vorzustellen oder zu grüßen, und eilen im Laufschritt davon.

Da der Kunde einen zentralen Verantwortungsbereich leitet, der große Datenmengen verwaltet, wird das Beraterteam ihn früher oder später aufsuchen. »Auf die beiden freue ich mich schon«, denkt er sich.

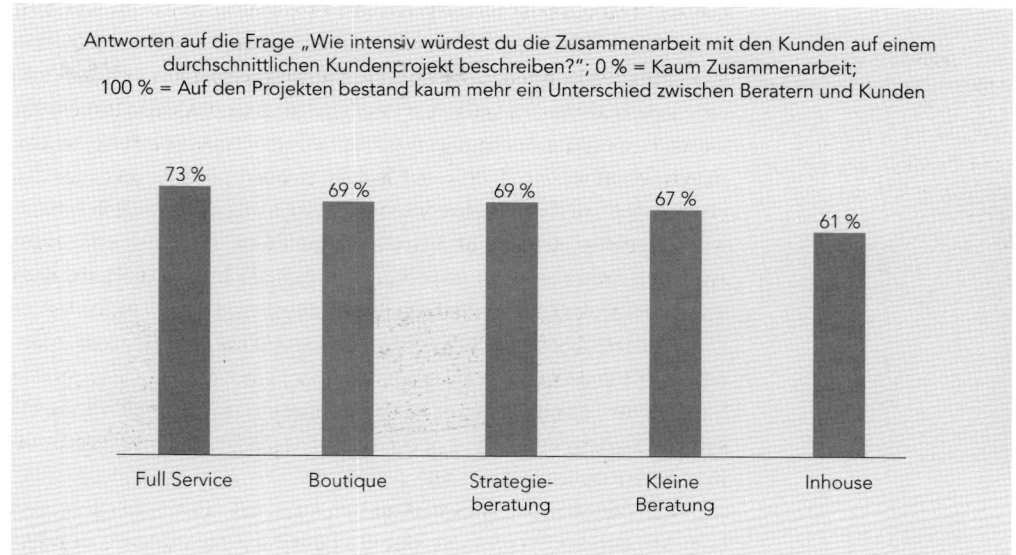

Antworten auf die Frage „Wie intensiv würdest du die Zusammenarbeit mit den Kunden auf einem durchschnittlichen Kundenprojekt beschreiben?"; 0 % = Kaum Zusammenarbeit; 100 % = Auf den Projekten bestand kaum mehr ein Unterschied zwischen Beratern und Kunden

Abbildung 10: Intensität Zusammenarbeit mit Kunden

Als Neuling hast du eine gute Chance, persönliche Beziehungen über die Firmengrenzen hinweg aufzubauen und so besser zum Ziel zu kommen, als das über offizielle Kanäle möglich gewesen wäre. In unserer Datenerhebung wurde die Intensität der Zusammenarbeit mit dem Kunden dementsprechend auch sehr hoch angegeben. Im Durchschnitt wurde auf einer Skala von »0 % = Kaum Zusammenarbeit« bis »100 % = Auf den Projekten bestand kaum mehr ein Unterschied zwischen Beratern und Kunden« ein durchschnittlicher Wert von 70 % erreicht. Dieser Wert war bei den Full-Service-Beratungen am höchsten, wo teils bei Projekten der Gedanke im Vordergrund steht, den Kunden schon allein aus kapazitativen Gründen zu unterstützen und eine zusätzliche Arbeitskraft zur Verfügung zu stellen. Interessanterweise wurde dieser Wert gerade bei den Inhouse-Beratungen am niedrigsten eingeschätzt – etwas kurios angesichts der Tatsache, dass Inhouse-Beratungen ja häufig rein formal Teil der Kundenorganisation sind. Erklärbar könnte dies dadurch sein, dass gerade Inhouse-Beratungen teils etwas damit zu kämpfen haben, beim Kunden als Unterstützung und nicht als interne Kontrollinstanz wahrgenommen zu werden.

Wie sich Kunden unterscheiden
Zunächst unterscheiden sich Kunden ganz objektiv durch ihre hierarchische Position in der Linienorganisation. Typischerweise nehmen vor allem Führungskräfte an Strategieprojekten teil. Fast in allen Unternehmen werden die Mitarbeiter auf der höchsten

Hierarchieebene Vorstände oder Geschäftsführer genannt. Die Mitarbeiter der nächsten Ebene werden zumeist Bereichsleiter genannt, darunter finden sich dann die Abteilungsleiter und dann die Gruppenleiter. Als Praktikant oder Einsteiger wird man bei größeren Unternehmen vor allem mit Gruppenleitern oder Abteilungsleitern zu tun haben. Je höher der Rang eines Kunden, desto professioneller sollte man sich verhalten, da ein seniorer Kunde das auch eher erwarten wird. Natürlich kann man bei entsprechendem Fingerspitzengefühl auch aus diesem Muster ausbrechen – mancher Vorstand wird sich vielleicht in der entsprechenden Situation sogar freuen, einen etwas lockereren Umgang mit Beratern zu pflegen, da er diesen Luxus in der eigenen Organisation nicht mehr hat.

Ein zweites objektives Unterscheidungsmerkmal ist die Rolle im Projekt. In Abbildung 11 findet sich eine beispielhafte Projektstruktur. Der Kundenprojektleiter ist typischerweise der Sparringspartner deines Projektleiters. Er bestimmt den Fokus des Projekts, bildet die Schnittstelle des Projekts in Richtung des Kundenvorstands und der Kundenorganisation und hat einen hohen Gesprächsanteil in den Projektmeetings. Typischerweise nimmt der Kundenprojektleiter hierarchisch eine hohe Position ein, zumeist handelt es sich um einen Bereichs- oder Abteilungsleiter. Die Mitarbeiter des Kunden, die in den einzelnen Modulen unterstützen, sind häufig deine direkten Sparringspartner. Hierarchisch handelt es sich häufig um Abteilungs- oder Gruppenleiter, teils aber auch um Mitarbeiter ohne Führungsverantwortung. Ihre Aufgabe ist es, aktiv Inhalte mit zu generieren und dir Informationen aus der Organisation zu beschaffen, z.B. durch vorhandene Präsentationen oder durch spezifische Ansprechpartner.

Zuletzt gibt es auch Personen, die nicht direkt im Projekt beteiligt sind, aber trotzdem in Projektphasen eine Rolle spielen. Zum Beispiel wird die Meinung der Führungskräfte zu einem bestimmten Thema häufig durch Interviews und Fragebögen ermittelt oder Controller müssen Daten für ein Projekt liefern.

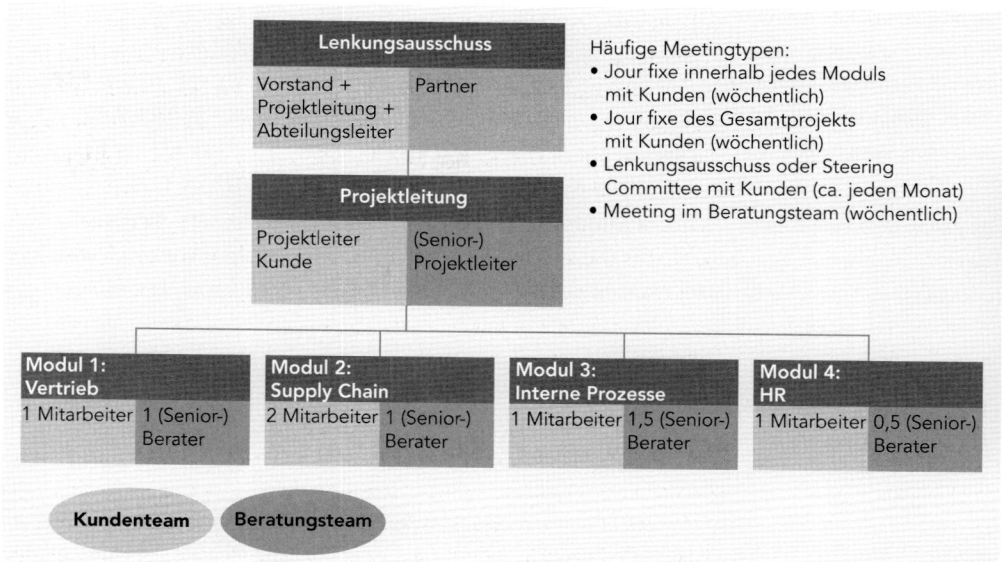

Abbildung 11: Beispielhafte Projektstruktur

Neben diesen harten Kriterien, nach denen sich Kunden unterscheiden, spielt natürlich auch die Firmen- und Gesprächskultur eine wichtige Rolle. In einer traditionsreichen Bank werden sich die Mitarbeiter anders verhalten als in einem modernen Konsumgüterunternehmen. Dies fängt bei der Kleidung an: So wird man in einer Bank blaue und graue Anzüge mit meist einfarbigen Hemden und einer dezenten Krawatte sehen, während in einem Konsumgüterunternehmen teils auch Jeans und Hemd oder Jeans und Sakko getragen werden. Es gibt in der Literatur zahlreiche unterschiedliche Modelle zur Unternehmenskultur. Typische Dimensionen, auf denen Unterschiede von Unternehmen erfasst werden, sind in der Abbildung auf der nächsten Seite erfasst.

	Strukturiert	Flexibel	
Mitarbeiter befolgen etablierte Prozesse und arbeiten mit klar definiertem Kollegenkreis zusammen. Kleine Gruppe ist mit der Entwicklung neuer Ideen betraut	**Strukturiert**	**Flexibel**	Mitarbeiter entwickeln häufig neue Ansätze bei der Ausführung ihrer Tätigkeiten und arbeiten mit einem sich oft ändernden Kollegenkreis. Neue Ideen kommen aus allen Teilen des Unternehmens
Es werden detaillierte Arbeitsanweisungen gegeben; Strategien und Ziele werden ausschließlich vom Senior Management entwickelt	**Kontrollierend**	**Delegierend**	Mitarbeitern werden Rahmenprinzipien kommuniziert, innerhalb derer sie nach eigenem Ermessen handeln; Strategien und Ziele werden von allen Ebenen mit beeinflusst
Es wird allgemein nicht zum Experimentieren ermutigt und Fehler werden nicht verziehen, auch wenn daraus gelernt wird	**Vorsichtig**	**Risikobereit**	Es wird allgemein zum Experimentieren ermutigt und Fehler werden verziehen, vorausgesetzt die Lehren daraus werden gezogen
Die meiste Zeit wird mit Brainstorming und dem Entwickeln neuer Ideen zugebracht und Mitarbeiter werden primär für die Entwicklung einer Idee honoriert	**Denken**	**Handeln**	Die meiste Zeit wird mit der Umsetzung von Plänen zugebracht und Mitarbeiter werden primär für die Umsetzung einer Idee honoriert
Fehler werden unter vier Augen angesprochen, und beim Geben/Empfangen von Feedback ist man versöhnlich, auch wenn dies bedeutet, nicht die ganze Wahrheit auszusprechen	**Diplomatisch**	**Direkt**	Fehler werden öffentlich angesprochen (ohne die verantwortliche Person bloßzustellen), und beim Geben/Empfangen von Feedback ist man vollkommen offen und ehrlich
Kollegen unterstützen sich gegenseitig nur bei dringenden Anfragen, und es herrscht aktive Konkurrenz unter Kollegen der gleichen Stufe	**Individuell**	**Kollaborativ**	Kollegen sind jederzeit hilfsbereit untereinander, und unter Kollegen der gleichen Stufe wird nicht bewusst konkurriert
Dem Unternehmen ist nicht wichtig, wie es von außen gesehen wird, und es reagiert kaum auf veränderte Kundenbedürfnisse und Bedrohungen durch den Wettbewerb	**Innen orientiert**	**Außen orientiert**	Dem Unternehmen ist es wichtig, wie es von der Öffentlichkeit/der Presse gesehen wird, und es reagiert schnell auf neue Kundenbedürfnisse und Bedrohungen durch den Wettbewerb

Abbildung 12: Dimensionen der Unternehmenskultur

Zu verstehen, wie ein Unternehmen »tickt«, kann bei der täglichen Beratungsarbeit entscheidend wichtig sein. Lösungsansätze und Verhaltensweisen, die bei dem einen Unternehmen erfolgreich sind, können bei dem anderen völlig deplatziert sein. Solche wichtigen Fragen gehen im Projektstress teilweise unter, sind aber eigentlich entscheidend für das Gelingen des Projekts. Ein guter Projektleiter und ein gutes Team werden dich dazu briefen. Sicherlich macht es auch einen guten Eindruck, hier aktiv nachzufragen.

Nicht nur Unternehmen unterscheiden sich bezüglich ihrer Kultur, auch innerhalb eines Unternehmens wirst du unterschiedliche Kundentypen finden. Kunden unterscheiden sich einerseits in ihrer Persönlichkeit. Es lohnt sich hier, ein waches Auge auf verschiedene Stile und Verhaltensweisen zu haben und sein Verhalten an das Gegenüber anzupassen. Wenn du einmal festgestellt hast, dass ein Bereichsleiter sehr ungeduldig ist und schnell zu Lösungen kommen will, solltest du beim nächsten Meeting nicht gleich wieder das Problem in aller Breite und Tiefe erläutern. Im Gegensatz dazu ist es dem Gruppenleiter im Controlling vielleicht sehr wichtig, die Datenerhebung in allen Details verstanden zu haben. Es ist nicht einfach, aber enorm wichtig, immer genau im Auge zu behalten, wer einem auf der anderen Seite des Tisches gegenübersitzt. Es gibt bestimmte Stereotypen, die dir in ähnlicher Art bei Kunden immer wieder begegnen können. Wir haben zusammengefasst, wie sich diese Kunden verhalten und wie du am besten damit umgehst:

Typ	Motivation und Verhalten	Strategien im Umgang
Ehrgeiziger Karrierist	• Fokus auf Selbstdarstellung • Instrumentalisiert Berater gerne • Sieht Berater als »Seinesgleichen« • Starkes Hierarchiedenken	• Loben hilft dabei, Vertrauen zu gewinnen • Teils Partner und Projektleiter hinzuziehen, um Wertschätzung zu zeigen • Bei Instrumentalisierung frühzeitig Grenzen aufzeigen
Ex-Berater	• Erwartet oft besonders viel • Möchte gerne nochmal etwas »Beratungsluft« schnuppern • Sieht Berater als »Seinesgleichen« • Starkes Hierarchiedenken	• Miteinbeziehen, wo möglich und sinnvoll • Wenn es angenehm ist, mal gemeinsam essen gehen • Auch mal klare Kommunikation, wenn nötig • Teils Partner und Projektleiter hinzuziehen, um Wertschätzung zu zeigen
Dampfplauderer mit Angst vor inhaltlichen Themen	• Beginnt Pseudodiskussionen, um ernsthafter Beschäftigung mit Fakten auszuweichen • Springt von einem Thema zum anderen	• Unterlagen klar und einfach gestalten • Genau und langsam erklären • Viel im Zwiegespräch klären

Typ	Motivation und Verhalten	Strategien im Umgang
Macher-Typ	Kritisch gegenüber Beratung, da sie in eigenen Entscheidungsraum eindringt Aktionismus: beginnt schon in Analysephase damit, die Umsetzung zu starten Teils Instrumentalisierung	Wertschätzung gegenüber Leistungen zeigen Klare Dokumentation von Absprachen Frühzeitig Grenzen setzen, um nicht als Luftnummer gesehen zu werden
Misstrauischer Controller	Möchte Daten nicht herausgeben, da sich das wie ein Kontrollverlust anfühlt Hat evtl. schon schlechte Erfahrungen mit anderen Beratern gemacht Legt großen Wert auf Korrektheit und Verlässlichkeit	Klar und genau erklären, was mit Daten gemacht werden soll Genau nachfragen, wie Daten zu verstehen sind, und dies dokumentieren Wenn möglich, ihm Auswertungen zeigen, bevor sie anderswo gezeigt werden
Bodenständiger	Ist neugierig auf die jungen Berater Möchte unterhalten werden Möchte spezifische Situation gewürdigt sehen	Viel Zeit in Small Talk investieren Genau nachfragen und in Historie des Unternehmens eintauchen
Blockierer	Mag Veränderungen überhaupt nicht Wehrt sich aktiv gegen alles, was neu ist	Vorteile des Neuen genau erklären Notwendigkeit der Veränderung deutlich machen Geduld haben

Kunden verstehen und für sich einnehmen

Meist sind gerade deine Sparringspartner auf Kundenebene, die sich anfangs gewöhnlich nicht auf Vorstandsebene bewegen, noch neugierig auf Berater und lernen dich gerne persönlich kennen. Im Zweifel ist es auch besser, jemanden persönlich kennenzulernen, statt immer nur E-Mails zu schreiben. Es lohnt sich also, zum Telefonhörer zu greifen oder sogar ein persönliches Gespräch zu vereinbaren.

Am Anfang steht wie immer die Vorbereitung. Vor dem ersten Gespräch solltest du die Ziele des Gesprächs für dich und den Kunden klargemacht und eine Agenda abgestimmt haben. Idealerweise hast du auch im Intranet oder auf Xing alle verfügbaren Informationen eingeholt oder – noch besser – du bist von deinem Team gebrieft worden.

Natürlich gibt es ganz unterschiedliche Typen von Kunden, und du weißt anfangs nicht, wen du vor dir hast. Insofern solltest du dich zu Beginn sehr korrekt verhalten. Dazu gehören Selbstverständlichkeiten, wie z.B. bei einem Telefonat vorher fragen, ob der Angerufene gerade Zeit hat, vor dem Hereinkommen zu klopfen und mit dem Hinsetzen zu warten, bis der Gastgeber dazu auffordert. Natürlich kann man auch einen schlechten Start wieder ausbügeln, trotzdem bleibt an dem Satz »You never get a second chance to make a first impression« viel

Wahres dran. Daher solltest du Klippen umschiffen und es auf alle Fälle vermeiden, dass der Kunde sich über solch eine Kleinigkeit ärgert.

Die oben erwähnte Agenda und die Ziele des Gesprächs sind wichtig. Gleichzeitig neigen gerade Beratungsneulinge mit dem dazugehörigen Nervositätsniveau dazu, sehr an dieser Agenda zu hängen und so die Chance zu verpassen, eine positive Beziehung zum Kunden aufzubauen. Oft will der Kunde erst die Beziehungsebene klären, bevor es zur Sachebene kommt. Außerdem will der Kunde nicht nur Mittel zum Zweck sein, sondern auch als Mensch wahrgenommen werden. Vielleicht hat er Sorgen in Verbindung mit dem Projekt und will diese artikulieren. Oder es bietet sich die Chance, über persönliche Gemeinsamkeiten zu reden, z.B. den Fußballschal, der beim Kunden im Büro hängt. Hier sollten Anknüpfungspunkte gesucht und gefunden werden. Nach dem Aufbau einer persönlichen Beziehung fällt es viel leichter, die Agenda effektiv zu verfolgen. Eine ganz wichtige Rolle kann dabei Humor spielen. Wenn man gemeinsam lacht, ist das sehr positiv, und es gibt wohl kaum ein besseres Vorzeichen für eine entspannte Beziehung zum Kunden. Natürlich gilt es insgesamt, einen Mittelweg zwischen Small Talk und Beziehungsaufbau auf der einen Seite und Zielorientierung auf der anderen Seite zu wahren (siehe hierzu auch Kapitel 8.2 *Erfolgreiche Selbstvermarktung*).

Um den Kunden zu verstehen, ist es immer wieder hilfreich, sich zu fragen: Wie nimmt mich eigentlich der Kunde wahr? Diese Frage kannst du auch ruhig mal direkter adressieren, indem du dir vom Kunden Feedback geben lässt. Du hast so die Chance, dein Verhalten noch rechtzeitig anzupassen. Neben deiner Persönlichkeit, die du sicherlich vom Kunden gespiegelt bekommst, bist du als Berater auch mit einigen Vorurteilen konfrontiert. Es lohnt sich, diese Vorurteile zu verstehen. Teils sollte man sie durch das eigene Verhalten entkräften, teils können sie durchaus auch hilfreich sein.

Neben diesen allgemeinen Hinweisen für die Interaktion mit den Kunden nachfolgend auch noch einige Tipps und Tricks für typische Situationen:

Schriftliche Kommunikation

- Anfangs unternehmensangepasst, aber eher förmlich: »Lieber Herr ...«, »Sehr geehrte Frau ...«
- Falls der Kunde lockerer ist, auf jeden Fall angleichen, nach dem ersten Treffen sonst auch selbst informeller werden: »Hallo Frau ...«, »Guten Tag, Herr ...«
- Nachdem man den Kunden kennt, auch was Persönliches unterbringen: »Ich wünsche Ihnen ein schönes Wochenende«
- Zur Strukturierung einer Mail kann die SKF hilfreich sein (siehe Kapitel 5.2 *Planung und Strukturierung deines Teilprojekts*)

- Situationsbeschreibung »Wo sind wir im Moment«
- Komplikation »Nun hat sich die Situation geändert«
- Frage »Was sollen wir nun tun?«
- Antwort »Wir müssen …«

Kundenmeetings
Siehe Kapitel 4.4 *Aufbau einer vertrauensvollen Beziehung mit dem Kunden*

Informelle Kundensituationen
- In der Kantine und beim Teamdinner Haltung wahren: nicht mit vollem Mund sprechen, beim Alkohol Maß halten, keine Ellenbogen auf den Tisch
- Trotzdem nicht zu steif sein, an Kunden anpassen
- Beim Reisen gilt die schlechtere Firmen-Policy, also sollte man z.B. nicht Businessclass fliegen, wenn der Kunde Economyclass fliegt.
- Man sollte sich an die Welt des Kunden anpassen, also nicht bei einer Restrukturierung mit dem Cabrio vorfahren oder mit extravaganter Kleidung erscheinen.

Was in der Beziehung mit dem Kunden schwierig sein kann
Die oben genannten Tipps und Tricks sollten dir dabei helfen, eine gute Beziehung zu deinen Kunden aufzubauen. Natürlich klappt dies nicht immer im gleichen Maße. Wie bei allen menschlichen Interaktionen gibt es Konstellationen, die gut funktionieren, genauso aber auch welche, die schlecht funktionieren. Hier liegt aber auch ganz klar ein Potenzial von Teams: Je nachdem wie gut man mit bestimmten Kunden zurechtkommt, kann man die Aufteilung im Team auch darauf anpassen. Trotzdem wollen wir dir nicht verschweigen, dass es in Projekten auch zu einigen typischen Problemen kommt.

Viele Menschen haben grundsätzlich Angst vor Veränderung, wie sie ein Projekt mit sich bringen kann. Es gibt ein inneres Beharrungsvermögen, den Status quo beizubehalten, da man diesen kennt und ihn einer ungewissen Zukunft vorzieht. Diese ungewisse Zukunft kann Ängste hervorrufen, Ängste vor mehr Arbeit und Arbeitsverdichtung, vielleicht sogar um den eigenen Arbeitsplatz oder um den Arbeitsplatz von befreundeten Kollegen. Dazu kommt, dass Menschen in den Mustern denken, die sie kennen, und neue Lösungen somit häufig auch nicht logisch finden werden. Zuletzt bedeutet eine Veränderung häufig auch mehr Anstrengung. Widerstände müssen überwunden werden – neue Routinen müssen sich bilden. Ein gutes Bild hierzu ist das einer hoch bewachsenen Wiese: Selbst wenn man eine Abkürzung fernab von den ausgetretenen Pfaden findet, wird dieser Weg zunächst zusätzliche Anstrengungen beinhalten, da dort ja das Gras noch sehr hoch wächst.

Um Angst vor Veränderung zu überwinden, gilt es zunächst, den Kunden genau zu verstehen und ihm die Möglichkeit zu geben, sich zu artikulieren. Einwände wird man vor allem dann gut entkräften können, wenn man auf sie vorbereitet ist. Außerdem erhöht es die Akzeptanz einer Lösung ungemein, wenn die mitwirkenden Personen schon früh am Prozess beteiligt wurden. Dann sollte das positive Potenzial einer Veränderung deutlich gemacht werden – eine Anstrengung wird nur dann unternommen, wenn auch das Ziel klar ist. Ein Mittel, um Veränderungen zu erreichen, kann auch Wiederholung sein. Vielleicht lehnt ein Kunde eine Lösungsmöglichkeit anfangs ab. Wenn es die richtige Lösung ist, sollte dich das aber nicht davon abhalten, diese noch einmal zu präsentieren. Die Macht der Wiederholung ist nicht zu unterschätzen.

Überhaupt ist es wichtig, dem Kunden nicht immer nur nach dem Mund zu reden. Sein Geld ist man vor allem dann wert, wenn man den Kunden fordert und weiterbringt. Es gilt also durchaus, eine Diskussionskultur zu pflegen und auch mal klare, sachliche Statements abzugeben. Natürlich sollte ein Neueinsteiger damit noch deutlich vorsichtiger sein als ein Projektleiter oder Senior-Berater.

Insider-Tipp

Gerade wenn der Kunde bezüglich des Arbeitsmodus unrealistische Vorstellungen hegt, ist es wichtig, diese frühzeitig zu klären. Kunden arbeiten abends fast immer weniger lange als Berater, dafür aber eher am Wochenende. Das liegt meist einfach daran, dass Berater in der Woche ohnehin unterwegs sind und dann lieber alles »wegarbeiten«. Das sollte man Kunden, die Mails am Wochenende schreiben und Terminanfragen für montags 9 Uhr oder am Freitag einstellen, möglichst schnell klarmachen. Ich gebe hier den Kunden von Tag 1 an Kontra und vermeide damit, dass sie sich überhaupt erst angewöhnen, mich schon montags so früh zu beanspruchen, oder dass sie glauben, ich arbeite auch am Wochenende.

Wenn es innerhalb von Projekten zu Konflikten kommt (z.B. jemand will wichtige Daten nicht herausgeben oder sabotiert auf andere Art und Weise das Projekt), sollte man diese zunächst in kleinem Kreis (möglichst zu zweit) diskutieren, um eine Eskalation zu vermeiden. Angesichts des engen Zeitplans kann es manchmal in Projekten aber durchaus nötig sein, Widerstände durch Eskalation zum Kundenprojektleiter oder Vorstand zu überwinden. Diese Maßnahme sollte jedoch nur in enger Abstimmung mit dem eigenen Projektleiter erfolgen. Man verliert dadurch meist an Wohlwollen, Vertrauen und Sympathie, angesichts des engen Zeitrahmens von Beratungsprojekten ist dies trotzdem manchmal nötig. Bevor man zur Eskalation an Vorgesetzte greift, sind jedoch die anderen niedrigschwelligen Maßnahmen zu ergreifen, die es gibt, um jemanden dazu zu bringen, etwas zu tun.

Den Einstieg meistern

Als ich auf einem Projekt bei einem Pharmaunternehmen kam, merkte ich gleich: Hier stimmt etwas nicht. Der Projektleiter und auch der andere Berater auf dem Projekt sahen total fertig aus und starrten mit blutunterlaufenen Augen auf den Bildschirm. Ich erfuhr dann, dass sie das ganze Wochenende durchgearbeitet hatten, am Samstag sogar bis 4 Uhr nachts. Zum Glück fand der Partner auf dem Projekt diese Zustände ebenso unhaltbar wie ich und kam noch am gleichen Tag aus Übersee angereist, um das Gespräch mit dem Kunden zu suchen. In der Folge wurde auf dem Projekt dann nicht mehr an Wochenenden gearbeitet und ich habe dies auch sonst äußerst selten erlebt.

(Senior-Berater, Strategische Managementberatung)

Checkliste: Generelle Tipps für den Umgang mit dem Kunden

Aufgaben	Erledigt
Nimm dir genug Zeit dafür, eine persönliche Beziehung aufzubauen. Dies ist häufig ein Schlüssel zum Erfolg, da ein offener Dialog mit dem Kunden manchmal eine enorme Zeitersparnis sein kann.	☐
Vergiss nicht, dich dem Kunden auch kurz persönlich vorzustellen. Er möchte wissen, mit wem er es zu tun hat.	☐
Gib dem Kunden schnell eine Möglichkeit dazu, vor seinem Chef glänzen zu können – »he looks good, you look good«.	☐
Das Telefon oder noch besser der persönliche Kontakt sind manch-mal weit besser geeignet als zahlreiche E-Mails. Hier solltest du keine Berührungsängste haben. E-Mails können eskalieren und haben die Eigenschaft, sich selbstständig zu machen und womöglich große CC-Runden nach sich zu ziehen.	☐
»Vertrauen kommt zu Fuß und fährt mit dem Bus.« Versorge deine Kundenansprechpartner mit Informationen und halte sie darüber informiert, was gerade im Projekt passiert. Wenn du Daten von ihnen bekommen hast, besprich auch die Auswertungen mit ihnen.	☐

5. Eigenes Teilprojekt managen

5.1 Typische Phasen eines Projekts

»Ich arbeite gerade an einem spannenden Projekt.« Diesen Satz hört man mittlerweile so häufig, dass man sich des Eindrucks kaum erwehren kann, irgendwie sei alles Projekt und jeder mit Projektarbeit beschäftigt. Klingt ja auch viel spannender als zu sagen: »Ich mache eigentlich jeden Tag mehr oder weniger dasselbe, nämlich den Laden am Laufen halten.« Aber worin besteht der Unterschied zwischen Projektarbeit und Tagesgeschäft? Auch im Tagesgeschäft muss eine Vielzahl an Entscheidungen getroffen und Neues ausprobiert werden, doch im Kern zielt alles darauf ab, den bestehenden Betrieb aufrechtzuerhalten. Ein Projekt beginnt dort, wo die Normalität und der geregelte Ablauf zeitweise aus dem Gleichgewicht geraten sind oder ein Anspruch entstanden ist, die Abläufe noch zu verbessern. Komplexe Probleme, weitreichende Entscheidungen oder tief greifende Veränderungsprozesse sind die Themen, um die Projekte kreisen. Wichtig ist, dass das, was gewissermaßen eine Störung im Betriebsablauf ist, irgendwann behoben wird, damit wieder Routine einkehrt. Ein Projekt ist daher eine abgrenzbare und zeitlich befristete Aufgabe, die für das Unternehmen oftmals eine außergewöhnliche Herausforderung darstellt.

Beratungsgeschäft als Projektgeschäft bedeutet für dich zunächst einmal, dass du den Großteil deiner Zeit als Berater »auf« Projekten verbringen wirst – in wechselnden Teams, die entsprechend den Projektanforderungen immer wieder neu zusammengestellt werden, mit neuen Aufgabenstellungen und Problemen konfrontiert. Dabei wird ein Gesamtprojekt üblicherweise auf Teilprojekte oder Module heruntergebrochen, die dann an die Mitglieder des Teams verteilt werden. Die Aufteilung kann inhaltlichen Kriterien folgen, wie z.B. die Unterteilung eines Wachstumsprojekts in ein Modul zur Abschätzung der Marktentwicklung und in ein Modul zur Bewertung der Investitionsoptionen. Oftmals orientiert sich eine Projektstruktur aber auch an der Organisationsstruktur des Kunden. So kann es bei einem Projekt zur Senkung der Kosten durchaus sinnvoll sein, die Erarbeitung von Einsparpotenzialen verschiedener Unternehmensbereiche wie Produktion, Einkauf und Vertrieb, Administration etc. zu Modulen zusammenzufassen.

Als Neueinsteiger oder Praktikant wirst du meist von Beginn an ein eigenes Teilprojekt verantworten. Aber keine Sorge, der Projektleiter achtet in der Regel darauf, dass du nicht das kniffligste Modul abbekommst, sondern eher solche Aufgaben, bei denen der Erwartungs- und

Zeitdruck nicht allzu hoch ist. Im Idealfall ist das richtige Beraterarbeit, aber in einem geschützten Raum und mit viel Unterstützung durch den Projektleiter. So eine Schonfrist ist für jeden Neueinsteiger eine wichtige Bewährungsphase. Wer den Projektleiter überzeugen kann, bekommt schnell verantwortungsvollere Aufgaben zugeteilt.

Um die Herausforderung deines ersten eigenen Teilprojekts zu bewältigen, ist es hilfreich, sich vor Augen zu halten, dass sich jedes Projekt in sechs Phasen unterteilen lässt, ganz gleich ob lupenreines Strategieprojekt oder langlaufendes Implementierungsprojekt. Weil dein Teilprojekt im Prinzip nichts anderes ist, als ein kleines Projekt innerhalb des Gesamtprojekts, kannst du dich an diesen Phasen orientieren, um dich und deine Arbeit zu strukturieren.

Phase 1: Auftragsklärung

Im ersten Schritt geht es darum, genau zu verstehen, was erreicht werden soll. Worin besteht das Problem und was muss im Rahmen des Projekts geschehen, damit der Kunde das Problem als gelöst betrachtet? Wenn der Kunde ein Projekt zur Vertriebsoptimierung startet, dann ist es unerlässlich zu verstehen, was er als Verbesserung der Vertriebsperformance betrachtet und in welchen Kennzahlen er die Verbesserung messbar machen möchte. Es gibt immer wieder Kunden, die keine genaue Vorstellung davon haben, welches Ziel sie mit dem Projekt verfolgen. Die Aufgabe deines Teams besteht darin, diese Ziele gemeinsam mit den Kunden festzulegen. Klingt simpel, ist aber vor allem dann schwierig, wenn es mehrere Ziele zu erreichen gilt, die miteinander in Widerspruch stehen. Eine Zentralisierung des Einkaufs, um Preise besser verhandeln zu können, lässt sich nur schwer mit der Absicht vereinbaren, flexibel auf lokale Bedürfnisse reagieren zu können. Viele Beratungsprojekte entpuppen sich im Nachhinein gerade deshalb als Misserfolg, weil Projektziel und -umfang nicht klar definiert wurden.

Für dich bedeutet das, dass du gleich zu Beginn mit dem Projektleiter klären solltest, was die Ziele deines Moduls sind. Dabei ist wichtig, dass du danach ganz konkret benennen kannst, was die Deliverables sind und was erfüllt sein muss, damit diese Ziele erreicht sind. Es kann aber auch sein, dass Ziele noch nicht richtig feststehen und du sie gemeinsam mit dem Kunden erst einmal klären musst.

Gerade junge Berater wollen sich beweisen und machen dadurch oft den Fehler, sich sofort in die Lösungssuche zu stürzen, anstatt zunächst zu verstehen, was ihr Auftrag ist. Lösungsreflex heißt dieses Verhalten in der Psychologie und es führt in der Beratung nicht selten dazu, dass in Nachtschichten das nachgeholt werden muss, was in der Auftragsklärung unterlassen wurde. Zu Beginn macht es Sinn, dass du Hypothesen aufstellst und Fragen stellst – zunächst an den Projektleiter, aber auch an den Kunden gerichtet (siehe hierzu auch Kapitel 5.2, *Planung und Strukturierung deines Teilprojekts*).

Phase 2: Schwerpunktsetzung und Arbeitsplanung

Sind Projektziel und -auftrag geklärt, sollten dein Projektteam und du entscheiden, welche Themen angegangen werden müssen, um das Ziel zu erreichen. In dieser Phase geht es jedoch auch um die Anpassung und Validierung der Projekt-Vorgehensweise (*Approach*).

Der Kunde ist z.B. ein Tourismuskonzern und möchte wissen, ob er in das Marktsegment der Kreuzfahrten einsteigen soll. Zur Planung der Projektschwerpunkte muss festgestellt werden, welche Faktoren die Zielvariable, in diesem Fall die Attraktivität eines Markteintritts in das Segment Kreuzfahrten, beeinflussen. Anschaffungs- und Unterhaltskosten für Schiffe, Wettbewerber im Markt, finanzielle Situation des Kunden – das wären nur einige mögliche Schwerpunktsetzungen, um die Kernfrage zu beantworten. Es geht nicht darum, eine vollständige Situationsbeschreibung abzuliefern. Das käme dem gleich, was im Beraterjargon als »boiling the ocean« bezeichnet wird. Die Kunst besteht darin zu entscheiden, welche Informationen wirklich notwendig sind, um zu einem Ergebnis zu kommen. Hierbei hilft dir das Kapitel 5.3 *Effizientes Arbeiten*.

Als Nächstes erfolgt die Planung der konkreten Arbeitsschritte, die notwendig sind, um diese Ziele zu erreichen. Dabei bietet es sich an, Oberziele auf kleinere und besser handhabbare Unterziele herunterzubrechen. Dazu wird in der Regel ein Projektplan erstellt. In diesen werden neben den konkreten Aufgaben auch Zuständigkeiten und Fristen eingetragen. Es gibt viele Projektleiter, denen eine detaillierte Projektplanung zu mühsam ist und die daher Aufgaben eher ad hoc an das Team verteilen. Als Begründung werden Ausreden angeführt wie keine Zeit oder mangelnde Flexibilität durch zu viel Planung. Wir haben dazu eine klare Meinung: Ein Projekt ist immer nur so gut, wie die Projektplanung. Diese Planung ist Ausdruck unserer Professionalität als Berater.

Deshalb unser Appell an dich: Mach es gleich von Anfang an richtig und erstelle einen Arbeitsplan für dein Modul. Das hilft dir, Schwerpunkte zu setzen, und garantiert, dass das, was du tust, auch wirklich dazu dient, das Ziel deines Moduls zu erreichen. Das stellst du am besten sicher, indem du versuchst, dein Modulziel zu konkretisieren. Es gibt eine große Gefahr, sich auf die Aufgaben und Aktivitäten zu konzentrieren, die man gut kann, und nicht auf diejenigen, die für das Projekt relevant sind. Da baut der zahlenverliebte Jungberater überkomplexe Marktmodelle samt liebevoll programmierter Makros, wo eine grobe Abschätzung gereicht hätte. Den dringend notwendigen Termin mit dem Marketingleiter schiebt er dafür lieber noch ein wenig vor sich her; er kann halt nicht so gut mit Menschen. Ein guter Arbeitsplan zwingt dich, Prioritäten zu setzen, und er dient als Grundlage für die Abstimmung mit deinem Projektleiter.

In Kapitel 5.2 *Planung und Strukturierung deines Teilprojekts* zeigen wir dir, wie man einen Arbeitsplan erstellt.

Phase 3: Datenauswertung

Aus den gewählten Schwerpunkten können konkrete Fragestellungen und Hypothesen abgeleitet werden. Bleiben wir bei dem Beispiel der Kreuzfahrten und gehen davon aus, das Projektteam hegt die Annahme, dies sei ein Wachstumsmarkt. In der Analysephase muss das Team nun versuchen, diese Annahme zu belegen oder zu falsifizieren. Dazu wird es Daten extern erheben und auf Daten des Kunden zurückgreifen, um zu einer Quantifizierung zu gelangen. Die Analysen stellen das Fundament der Beratertätigkeit dar, denn sie zeigen auf, wie die Dinge zusammenhängen. Aus dem Verständnis der Zusammenhänge werden dann die Lösungsvorschläge abgeleitet. Auch bei Projekten, die eher darauf abzielen, einen Prozess zu managen als Antworten zu finden, müssen Daten erhoben und ausgewertet werden. Zum Beispiel: Zwei Banken fusionieren und nun müssen die Doppelkunden, also die Kunden, die ein Konto bei beiden Banken haben, herausgefiltert und einem Kundenberater zugeordnet werden. Auch in diesem Fall ist eine saubere Analyse der Daten das Fundament für den Projekterfolg.

Häufig kann am Anfang deiner Laufbahn als Berater der Schwerpunkt deiner Tätigkeit die Datenauswertung sein. Die erste Herausforderung liegt dabei häufig schon in der Beschaffung von Input. Es ist selten der Fall, dass dir genau die Daten vorliegen, die du zur Überprüfung der eigenen Hypothesen bräuchtest. Eine gewisse Portion Findigkeit und Ideenreichtum sind gefragt, denn das Letzte, was dein Projektleiter von dir hören will, ist, dass dir die Daten fehlen, um eine konkrete Aussage treffen zu können. Du solltest also nicht nur vorhandenen Input korrekt analysieren können, sondern auch in der Lage sein, intelligente Möglichkeiten zu finden, Datenlücken durch Annahmen oder weitere Analysen zu schließen.

Insider-Tipp

Um an Daten zu kommen, gibt es verschiedene Möglichkeiten – natürlich abhängig davon, welche Daten du suchst. Zunächst einmal solltest du herausfinden, ob Daten öffentlich verfügbar sind oder eher nicht. Eine gute öffentliche Datenquelle ist beispielsweise Destatis. Zum Suchen von Brancheninfos und Unternehmensdaten bieten sich verschiedene Anbieter wie Monitor an oder sonstige Datenbanken, zu denen du normalerweise über deine Firma Zugang haben solltest. Bevor du einen 5.000 Euro teuren Report kaufst und hieraus nur eine Zahl brauchst, solltest du aber vorher mit deinem Projektleiter sprechen. Vielleicht kannst du die benötigte Zahl auch irgendwie anders abschätzen? Und falls du z.B. eine Benchmark erstellen sollst, lohnt es sich auch immer, das Firmennetzwerk anzuzapfen. Bevor du aber E-Mails an ausschweifende Verteiler versendest, sprich mal mit deinem Projektleiter. Im Zweifel kann er dir sagen, wer der richtige Kontakt ist und über welche (vertraulichen) Daten er verfügt.

Gerade wenn junge Kollegen auf ihrem ersten Projekt sind, wollen sie natürlich erst einmal alles richtig machen und zeigen, was sie können. Wir hatten einen Jungberater, der aus einem simpel gedachten Business Case, der eine leichte Marktabschätzung sein sollte, einen mega Aufriss gemacht hat und viel zu kompliziert gedacht hatte, obwohl an der Stelle eine einfache Extrapolierung der Zahlen ausgereicht hätte. Diesem Kollegen muss man erst einmal mitgeben, dass Beratung nicht unbedingt immer Rocket Science sein muss – die Lösung kann simpler sein als gedacht.

(Projektleiter, Inhouse-Beratung)

Ist die Analyse abgeschlossen, machen junge Berater häufig den Fehler, keine Schlussfolgerungen aus dem Ergebnis ihrer Analyse zu ziehen. Getting to the so what (siehe auch Kapitel 5.8) – so nennt man in der Beratung die Fähigkeit zu erkennen, was die Konsequenzen und Implikationen der Analyseergebnisse für den Kunden sind. Hier zeigt sich schnell, wer wirklich ein guter Berater ist und wer letztlich nur zur Datenanalyse taugt. Excel löst Gleichungen, aber keine Probleme.

Phase 4: Lösungsfindung

Das »so what« ist der Übergang von der Analyse zur Lösungsfindung. In dieser Phase des Projekts geht es darum, konkrete Empfehlungen zu entwickeln und dem Kunden Handlungsoptionen aufzuzeigen. Anders als in der Wissenschaft bleibt der Berater nicht bei der Erkenntnis oder der Einsicht stehen, sondern leitet daraus Antworten und Maßnahmen ab. Bei der Lösungsfindung muss man sich ein Urteil zutrauen. Der Berater muss zu der Überzeugung gelangen, dass der von ihm gefundene Weg den Kunden zur Lösung führt, und er muss den Kunden davon überzeugen können. Vertrauen in das eigene Urteil und Überzeugungsfähigkeit gehen hier Hand in Hand. So wichtig das Vertrauen in die eigene Lösung ist, so verhängnisvoll kann es werden, wenn es zu voreiligen Schlüssen verleitet. Oftmals werden nämlich die Neben- und Folgewirkungen der vorgeschlagenen Handlungsoptionen nur unzureichend berücksichtigt. Natürlich lassen sich schnell Kosten im Vertrieb einsparen, wenn der Fuhrpark um eine Modellklasse herabgestuft wird. Dass der Vertriebsmitarbeiter, der zuvor noch einen Passat hatte und der sich nun mit all seinen Musterkoffern in einen Golf zwängen muss, keine Lust mehr hat, lange Strecken zu fahren, zeigt sich spätestens dann, wenn der Umsatz mit Kunden in den Randbereichen der Vertriebsgebiete zurückgeht. So wird dann aus der Lösung von gestern schnell das Problem von morgen.

Wenn du eine gründliche Auftragsklärung durchgeführt hast, dann weißt du, auf welche Fragen dein Modul eine Antwort geben muss. Am Anfang wird niemand von dir die Lösung für das Gesamtprojekt verlangen, aber deine Antwort ist ein Beitrag zur Gesamtlösung. Im weiteren Projektverlauf solltest du aber auch Flexibilität zeigen, auf neue Erkenntnisse reagieren zu können, und deine Vorgehensweise falls erforderlich entsprechend anpassen! Die Meetings im Team sind erst einmal eine gute Bühne, um sich zu profilieren und die eigenen Ideen zu präsentieren. Mit der Zeit entwickelt sich dann auch ein Gespür dafür, wann ein Lösungsansatz so weit gediehen ist, dass eine Diskussion mit dem Kunden sinnvoll sein kann.

Insider-Tipp

Was auf Projekten immer wieder der Fall sein wird ist, dass du ein Update zu deinem Modul geben musst. Sei es dem Kunden gegenüber oder aber teamintern. Überlege dir hierfür schon vorher: Was ist die Message, die ich rüberbringen will? Die folgenden Leitfragen unterstützen dich bei der Vorbereitung:

- Welche offenen Punkte wurden seit letzter Woche geschlossen?
- Was sind neue Themen?
- Welche Themen sind relevant für die Anderen? Wo gibt es Abhängigkeiten?
- Sehe ich irgendwelche Risiken/Herausforderungen?
- Wo brauche ich ggf. Unterstützung?

Phase 5: Ergebnispräsentation

Gute Lösungen zu finden, ist eine Sache, den Kunden von der Richtigkeit dieser Lösung zu überzeugen, eine andere. Deshalb solltest du auch großen Wert auf ansprechende und professionelle Präsentationen legen. Hier wirkt der Inhalt auch über die Verpackung und im Umkehrschluss gilt, dass gute Konzepte, die schlecht präsentiert werden, beim Kunden schnell auf Skepsis und Ablehnung stoßen. Natürlich gibt es auch die Präsentationen, die blenden wollen und die hinter einer schillernden Fassade versuchen zu verschleiern, dass sie inhaltsleer und mittelmäßig sind. Das ist schlechtes Handwerk, ändert aber nichts an der Richtigkeit der Erkenntnis, dass ein wichtiger Aspekt der Professionalität von Beratung darin liegt, komplexe Sachverhalte anschaulich und überzeugend darstellen zu können.

Die Ergebnisse deines Moduls wirst du mit großer Sicherheit auf ein paar PowerPoint-Folien zusammenfassen, als Beitrag zur Gesamtpräsentation. Natürlich wird dein Projektleiter tausend Änderungswünsche haben und am Ende werden deine Folien ganz anders aussehen als diejenigen, die du zu Beginn mal entworfen hast. Das ging jedem Berater am Anfang so und viele haben auch Jahre später noch große Probleme mit Slidewriting und Storylining (mehr dazu in Kapitel 6.1 *Unterlagen erstellen*). Am besten fängst du möglichst früh damit an, Ergebnisse und Ansätze deiner Arbeit auf eine Folie zu bringen. Mit der Zeit ist man als Berater darauf gepolt, von Anfang an im »Querformat« zu denken. Das zwingt dich zum einen, output-orientiert zu denken, und zum anderen hast du etwas Konkretes, um es mit deinem Projektleiter zu besprechen.

Phase 6: Projektdokumentation

Stell dir vor, du würdest jeden Morgen aufwachen und hättest alles vergessen, was am Vortag geschehen ist. Damit Beratungsunternehmen nicht auf dieselbe Art auf der Stelle treten, ist es für sie enorm wichtig, Ergebnisse und Erkenntnisse aus der Projektarbeit zu dokumentieren und nachfolgenden Projektteams zugänglich zu machen – natürlich müssen Kundendaten zunächst anonymisiert werden. Für diese Art von Wissensmanagement hat jedes Unternehmen eigene Regeln definiert, was in welcher Form wo abgelegt werden soll. Diese Regeln zu kennen ist für dich am Anfang auch deshalb wichtig, weil es dir hilft, auf den Erfahrungsschatz deiner Firma zuzugreifen. Das Rad muss nicht auf jedem Projekt neu erfunden werden und es gab ganz sicher schon einen Berater vor dir, der sich über genau das Problem den Kopf zerbrochen hat, an dem du gerade sitzt.

Zudem sollten alle Ergebnisse für den Kunden ausreichend dokumentiert sein. Hierzu bietet es sich auch an, von vornherein z.B. ein Shared-Folder-System einzurichten, in dem alle wesentlichen Ergebnisse und Meetingunterlagen abgelegt werden. So hat der Kunde auch schon während des Projekts Zugriff auf relevante Dokumente.

Auftrags-klärung	Arbeits-planung	Daten-auswertung	Lösungs-findung	Ergebnis-präsentation	Projekt-dokumentation
• Was ist das Problem des Kunden? • Was muss im Rahmen des Projekts geschehen, damit der Kunde das Problem als gelöst betrachtet?	• Welche Themen und Bereiche müssen angegangen werden, um das Problem zu lösen? • Wo sollte der Schwerpunkt liegen und was ist »nice to have«? • Welche Zeitplanung ist hierfür realistisch?	• Welche Daten benötige ich und wo bekomme ich diese her? • Wie kann ich die Daten sinnvoll nutzen und auswerten?	• Was sind konkrete Empfehlungen und welche Handlungsoptionen gibt es für den Kunden? • Was sind Konsequenzen der Optionen?	• Wie kann ich meine Ergebnisse in eine sinnvolle Story verpacken? • Wo muss ich den Kunden abholen? • Was will ich mit der Präsentation erreichen?	• Welche Dokumente benötigt der Kunde weiterhin? • Welche Unterlagen und Analysen sollten (anonymisiert) für die eigene Firma dokumentiert werden?

Abbildung 13: Projektvorgehen und relevante Leitfragen je Phase

5.2 Planung und Strukturierung deines Teilprojekts

Ein Projekt besteht typischerweise aus mehreren Teilprojekten oder Modulen. Diese wiederum setzen sich jeweils zusammen aus Arbeitspaketen, die wiederum aus Aufgaben bestehen. Als Einsteiger wirst du zuerst einzelne Arbeitspakete bearbeiten. Je nach Kundensituation wirst du recht schnell auch die Verantwortung für ein Modul/Teilprojekt übernehmen. Im weiteren Verlauf bezieht sich dieses Kapitel auf die Strukturierung von Modulen/Teilprojekten. Im Rahmen deines Moduls wirst du sehr wahrscheinlich viel Zeit mit Kundenterminen, inhaltlichen Analysen und mit der Aufbereitung von PowerPoint-Folien verbringen. Im Schnitt verbringen Berater mit diesen drei Tätigkeiten ca. 50 % ihrer Zeit (siehe auch Abbildung 14).

Wie schon in der Einleitung von diesem Kapitel erwähnt, ist eine effiziente Abarbeitung mit möglichst wenigen Überraschungen nur mit einem gut durchdachten Arbeitsplan möglich. Ein Arbeitsplan hilft dabei, einen Überblick zu erlangen, wie viel Kapazität notwendig ist, welche Abhängigkeiten zwischen Aufgaben bestehen und welche Fähigkeiten gefordert sind.

Antworten auf die Frage »Wie verteilt sich deine Arbeitszeit auf eine durchschnittliche Woche?«:

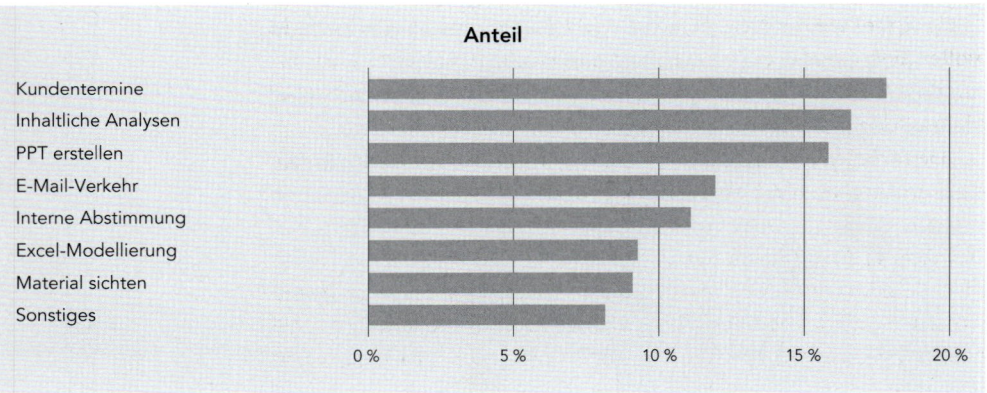

Abbildung 14: Übersicht über die häufigsten Tätigkeiten als Berater. Im Schnitt verbringen Berater ca. 18 % ihrer Zeit in Kundenterminen. Sonstige Tätigkeiten beinhalten u.a. Administratives, Steuerung jüngerer Kollegen und Wahrnehmung interner Aufgaben.

Ohne einen durchdachten Arbeitsplan können u.a. folgende Dinge passieren:
- Der Ansatz zur Lösungsfindung funktioniert nicht – z.B. könnten schon alle Schritte für eine Auslagerung von Aufgaben in eine Service-Gesellschaft geplant sein. Erst dann kommt der Modulbearbeiter auf die Idee, die gesetzliche Machbarkeit zu prüfen, und erhält ein negatives Ergebnis. In einem Arbeitsplan wäre diese Tätigkeit (hoffentlich) zuallererst geplant gewesen und die Ausarbeitung der Auslagerung erst danach.
- Die Lösungsfindung dauert wesentlich länger als notwendig – die Reihenfolge der einzelnen Arbeitsschritte ist nicht optimal – z.B.

soll das Bonussystem eines Kunden überarbeitet werden. Der Berater erarbeitet ein neues System. Dann befasst er sich mit der Frage, wie das mit den IT-Systemen des Kunden umsetzbar ist. Hierzu braucht er einen Zugang, den er erst noch beantragen muss. Nicht selten dauert es zwei Wochen, bis ein neuer Zugang verwendet werden kann.

- Unnötige Nutzung von Kapazitäten durch Nichtbeachtung von Abhängigkeiten zwischen Arbeitspaketen, z.B. ein Modul erarbeitet Kostensenkungsmaßnahmen, ein weiteres erarbeitet eine neue Organisationsstruktur – beide Module brauchen Zugriff auf HR-Daten. Ist das Vorgehen in den Modulen nicht gut geplant, kann es schnell zu Doppelarbeiten kommen.

Gleichzeitig muss das Projektteam flexibel auf neue Erkenntnisse und veränderte Rahmenbedingungen während des Projekts reagieren können. Dies bedeutet, dass der Projektleiter nach Projektstart abwägen muss, wie mit neuen Aufgaben umgegangen werden soll. In der Regel werden bestehende Aufgaben depriorisiert oder nicht in voller Tiefe oder in vollem Umfang ausgeführt. Idealerweise ist das mit dem Kunden abgestimmt. Klappt dies nicht, bedeutet das häufig Mehrarbeit für das Team.

Diese Beispiele zeigen, wie wichtig die Planung auch für die eigenen Aufgaben und das eigene Modul ist.

Das Teilprojekt strukturieren

Eine Definition von Effektivität lautet, die richtige Frage zu beantworten; Effizienz bedeutet, die gewählte Fragestellung mit möglichst wenigen Ressourcen zu lösen. Ein gut durchdachter Arbeitsplan hilft bei beidem.

Fangen wir zunächst mit der Frage nach der Effektivität an: Welche ist die beste Fragestellung? Ein einfaches, aber sehr nützliches Modell zur Zielformulierung ist »Situation, Komplikation, Fragestellung« oder kurz SKF.

Ein Beispiel einer **Situation**: Ein Pharma-Kunde hat in den letzten Jahren große Gewinne erwirtschaftet, da das Unternehmen eine Reihe erfolgreicher patentierter Medikamente am Markt hat. Nun erwartet das Unternehmen sinkende Umsätze. **Komplikation**: Die Forschungspipeline für neue patentierbare Projekte ist leer, da mehrere Forschungsprojekte fehlgeschlagen sind. **Fragestellung**: Wie kann das Unternehmen innerhalb eines Jahres die Gewinne für die nächsten 5–10 Jahre sicherstellen?

Dies war tatsächlich eine Fragestellung eines meiner Beratungsprojekte. Der nächste Schritt ist nun, die Fragestellung in Arbeitspakete zu unterteilen. Bei manchen Fragestellungen ist klar, wie die Lösung lautet und wie sie erarbeitet werden kann. Das ist z.B. bei der

Bewertung eines Unternehmens der Fall, da das Vorgehen sich meist recht ähnelt unabhängig von der Kundensituation. Aber wie kommst du zu den Arbeitspaketen?

Angenommen, wir würden 100 Menschen fragen, was unserem Pharma-Unternehmen helfen würde, so würden wir eine Vielzahl von Lösungsvorschlägen erhalten. Würden wir jeden Vorschlag bewerten, könnten wir eine von den genannten Lösungen als optimal identifizieren. Allerdings, um diese Antworten alle zu bewerten (Machbarkeit, Erfolgswahrscheinlichkeit, Risiko-Analyse, Kultureller Fit etc.), wären Unmengen von Beratern notwendig und die Kosten würden explodieren. Es ist also schlichtweg nicht durchführbar, alle Lösungen zu bewerten. Was nun? In der Informationstheorie ist dieses Problem in aller Ausführlichkeit beschrieben - Lösungsfindungsalgorithmen gibt es in allen möglichen Varianten, mal mit der Garantie, eine optimale Lösung zu finden (sollte eine solche existieren), mal ohne (z.B. Tiefensuche, Gauß-Newton-Verfahren).

Fest steht jedoch: Jede Lösung muss bewertet werden, um mit Sicherheit eine optimale Lösung zu identifizieren. Denn, würden wir die Bewertung einer Lösung weglassen, wüssten wir nicht, wie gut sie ist.

Wir müssen also den möglichen Lösungsraum reduzieren, um mit den gegebenen Ressourcen auszukommen. Oder anders ausgedrückt, im Projekt können wir aus Zeitgründen nicht alle Lösungen finden und bewerten. Welches der beste Ansatz zur Lösungsraumreduktion ist, lässt sich nicht grundsätzlich beantworten, jedenfalls nicht aus theoretischer Sicht.

Es hat sich allerdings bewährt, Erfahrung oder Intuition als Kriterium zur Reduktion des Lösungsraums zu verwenden. In unserem Fall könnten wir die Erfahrung gemacht haben, dass

- eine gut gefüllte Pipeline mit hoher Wahrscheinlichkeit zu guten Gewinnen in der Zukunft führt, eine Pipeline zu füllen aber sehr viel Zeit braucht,
- es am Markt Unternehmen mit einer gut und adäquat gefüllten Pipeline gibt,
- einige dieser Unternehmen käuflich zu erwerben sind,
- ein Unternehmen wie unser Kunde einen Merger gut bewältigen könnte.

Aus diesen Erfahrungen lässt sich nun eine Hypothese für eine mögliche Lösung der Fragestellung ableiten.

Hypothese: Die Gewinne für die nächsten 5-10 Jahre können durch eine Akquisition eines geeigneten Unternehmens sichergestellt werden.

Ein paar Kommentare zum hypothesenbasierten Arbeiten. Hypothesen sollten

- widerlegbar sein (falsifizierbar),
- spezifisch sein (nicht zu allgemein gehalten),
- idealerweise im Treiberbaum abgebildet werden können.

Hypothesen sind noch keine Lösungen – sie sollten daher nur sehr vorsichtig Richtung Kunden kommuniziert werden. Denn sie können sich als falsch herausstellen (was allerdings erstaunlich selten der Fall ist). Ist das der Fall, sollte eine neue Hypothese formuliert werden. Hierbei fließen natürlich die bisherigen Projektergebnisse mit ein.

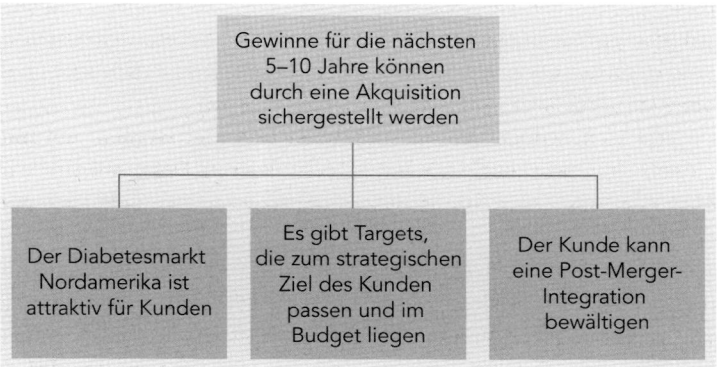

Abbildung 15: Hypothesenbaum. Die Haupthypothese gilt es im Projekt zu belegen. Dazu werden die Hypothesen auf den unteren Ebenen in Form von Arbeitspaketen oder Modulen im Projektverlauf analysiert.

Der der Hypothese zugrunde liegende Pfad im Treiberbaum kann nun im Projekt strukturiert untersucht werden. Hierzu können wir nun einen Arbeitsplan erstellen.

Ein Arbeitsplan sollte mindestens enthalten:
- Arbeitspaket
- Verantwortliche Person für die Umsetzung
- Deadline

Weitere Informationen können sein:
- Abhängigkeiten zu anderen Arbeitspaketen
- Startdatum des Arbeitspakets
- Notwendige Analysen und Ergebnisbeschreibung
- Mehrere Ebenen von Aufgaben, die sich zu Arbeitspaketen zusammenfassen lassen
- Fortschritt
- Kommentare

In unserem Fall könnte das Projekt also in folgende Arbeitspakete oder Module zerlegt werden:

- Evaluation des Diabetesmarkts in Nordamerika
- Target-Suche und -Bewertung
- Evaluation von Post-Merger-Integration(PMI)-Anforderungen und PMI-Fähigkeiten

Die einzelnen Module können nun in Modulplänen erfasst werden. Bei der Ausarbeitung der Modulpläne sollte stets das Gesamtprojekt berücksichtigt werden. Hier hilft es z.B., das Proposal zu lesen und zu verifizieren, ob das Modulziel optimal zum Gesamtziel beiträgt.

Ist der Modulplan erstellt, sollte zunächst überprüft werden, ob dieser mit den geplanten Ressourcen umsetzbar ist: Ist genug Zeit vorhanden, ist das notwendige Know-how im Modulteam vorhanden? Sind diese Punkte klar, sollte der Plan mit dem Projektleiter und ggf. mit dem Kunden abgestimmt werden (auch regelmäßig während des Projekts) – das minimiert unnötige Arbeit »für die Tonne«.

Tabelle 4: Ein Projektplan enthält typischerweise Tätigkeit, Start und Endzeitpunkt und den Verantwortlichen für diese Aktivität

Module und Aktivitäten	Beginn	Ende	Verant-wortlich	% erledigt	Bemerkung
Evaluation des Diabetes-marktes in Nordamerika					
Ermittlung Marktgröße, Wachstum und Profitabilität	05.09.16	10.09.16			
Ermittlung Eintrittsbarrieren	12.09.16	17.09.16			
…	…	…			
Target-Suche und -Bewertung					
Übersicht aller Player im Zielfokus	26.09.16	08.10.16			
Erstellung Shortlist	10.10.16	11.10.16			
Evaluation der Top-3-Player	12.10.16	29.10.16			
…	…	…			
Evaluation von PMI-Anforderungen und -Fähigkeiten					
Erstellung Anforderungskatalog PMI	07.11.16	10.11.16			
…	…	…			

5.3 Effizientes Arbeiten

Im vorherigen Kapitel wurde beschrieben, wie ein strukturierter Projekt- oder Modulplan erstellt werden kann. In diesem Teil geht es nun darum, den Projektplan möglichst effizient umzusetzen. Bevor wir in die Details einsteigen, zuvor noch ein paar allgemeine Kommentare.

Der Berateralltag ist dadurch geprägt, dass sehr viele verschiedenartige Themen bearbeitet werden müssen. So muss neben den größeren Themen aus dem Modul eine Unzahl von E-Mails und Telefonaten bewältigt werden, und liegen lassen ist meist keine Option. Darüber hinaus sind Projekte meist so verkauft, dass nicht genug Zeit vorhanden ist, alle Themen in einer gefühlt ausreichenden Tiefe zu bearbeiten. Nicht hilfreich sind hierbei die hohen Tagessätze, zu denen Berater meist tätig sind. Dies führt dazu, dass jede Minute genutzt wird. Gerne nutzen Berater die Taxifahrt zum Büro oder den Gang zum Mittagessen für ein kurzes Telefonat. Bei einigen führt es sogar dazu, dass sie ein schlechtes Gewissen bekommen, sobald sie eine Pause einlegen. Andere Kollegen haben regelmäßig Schwierigkeiten, am Wochenende zu entspannen – der gemütliche Samstagsnachmittagseinkaufsbummel wird dann schnell mal zu einem Wettrennen von Geschäft zu Geschäft entlang super optimierter Routen. So sehr dieses schnelle und verdichtete Arbeiten im Privatleben störend sein kann – im Berateralltag ist es notwendig.

Es stellt sich also die Frage, wie Berater ihren Arbeitsalltag so effizient wie möglich gestalten können, um den an sie gestellten Anforderungen gerecht zu werden.

Arbeitsstrukturen schaffen

Eine gute Arbeitsstruktur unterstützt das effiziente Arbeiten maßgeblich. Hier ein paar Tipps zur Organisation.

Strukturiertes E-Mail-Ablagesystem

- Für jedes Projekt eine neue Ordnerstruktur anlegen
- Die Wahl der Ordner sollte möglichst MECE (engl. für »mutually exclusive and collectively exhaustive«) sein, also überlappungsfrei und vollumfänglich, sodass beim Lesen der Ordner klar ist, in welchen Ordner eine neu einzusortierende E-Mail gehört.
- Nicht mehr als zehn Ordner auf einer Ebene, nicht mehr als fünf Ebenen
- Struktur sollte zum Arbeitsablauf passen

Insider-Tipp

Ein Beispiel meiner Ablage:
- 10 Projektmanagement: Hier speichere ich alles Organisatorische zum Projekt.
- 20 Know-how: Hier liegen bei mir Informationen zum Projekt, z.B. das Proposal, Hintergrundinformationen zu der Industrie des Kunden, interne Kundendokumente etc.
- 30 Meetings: Hier liegen alle Unterlagen zu Meetings, sortiert nach Datum.
- 40–50 Themen: Hier liegen projektspezifische Themen.
- 60 Projektergebnisse: Hier liegen meine Ergebnisse aus der Projektarbeit, aber auch die Ergebnisse der anderen Module des Projekts.

Es empfiehlt sich, die Grundzüge des Datei-Ablagesystems von der E-Mail-Struktur zu übernehmen. Ich arbeite z.B. seit zehn Jahren mit der obigen Struktur und komme damit sehr gut zurecht. Auch wenn ich in alten Projekten Dateien suche, finde ich sie meist sehr schnell.

Insider-Tipp

Sollte die Software keine alten Versionen von Dateien automatisch speichern, so empfiehlt es sich, in jedem Ordner einen Unterordner »Versionen« zu führen, in dem alte Versionen gespeichert sind. Ich speichere ca. jede Stunde eine neue Version, weil ich keine Lust habe, bei Datenverlust länger als eine Stunde doppelt zu arbeiten. Es hilft, sprechende Dateinamen zu wählen, die den Inhalt des jeweiligen Dokuments gut wiedergeben. Des Weiteren habe ich stets das Datum mit aufgenommen. Bei einigen Beratungen haben sich auch das Kürzel des Autors oder sein Büro als Teile des Dateinamens etabliert.
Hilfreich ist auch, Autorecovery zu aktivieren und auf eine Frequenz von zehn Minuten zu stellen. Des Weiteren gehen auch leicht Daten verloren, wenn Anhänge aus E-Mails geöffnet, aber nicht an einem geeigneten Ort gespeichert werden.

Aufgaben effizient bearbeiten

Wie schon oben angedeutet, ist es im Berateralltag nicht möglich, die Zeit für Aufgaben zu verwenden, die gefühlt für eine ordentliche Bearbeitung notwendig wäre. Daher ist es wichtig, Prioritäten zu setzen und diszipliniert an den Aufgaben zu arbeiten, die die höchste Priorität haben. Um diese Aufgaben zu identifizieren und nachzuverfolgen, hilft eine To-do-Liste.

To-do-Listen

Aufgaben oder To-dos kommen über verschiedene Kanäle zum Berater, sei es als kurze Bitte vom Projektleiter am Telefon, aus Meetings oder per E-Mail. Wichtig ist zunächst eines, und dies wird auch von senioren Kollegen immer wieder nicht gut gehandhabt: Alle Aufgaben sollten an genau einer Stelle gesammelt werden. Es ist unerheblich, ob es sich dabei um die Task-Funktion von Outlook, einen Zettel, eine Mitschrift im Buch, eine App wie Wunderlist oder eine Datei auf dem Computer handelt.

Sind die Aufgaben gesammelt, kann das Priorisieren losgehen. Eine bewährte Methode ist die Bewertung jeder Aufgabe nach Dringlichkeit und Wichtigkeit.

- Wichtige und dringliche Aufgaben: Diese sollten sofort erledigt werden.
- Wichtige und nicht dringliche Aufgaben: Diese sollten in den Kalender zur Abarbeitung eingetragen werden.
- Nicht wichtige und dringliche Aufgaben: Diese sollten nach Möglichkeit an Praktikanten oder AssistentInnen delegiert werden.
- Nicht wichtige und nicht dringliche Aufgaben: Diese sollten auf der Liste bleiben, bis sie delegiert oder so depriorisiert sind, dass sie gar nicht mehr umgesetzt abgearbeitet werden.

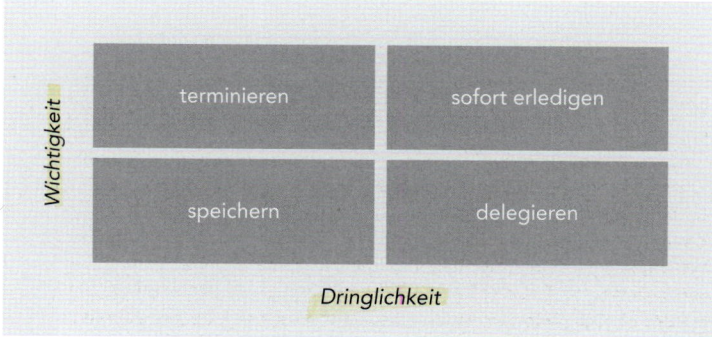

Abbildung 16: Aufgaben sollten nach Dringlichkeit und Wichtigkeit priorisiert werden

Eine Aktualisierung der To-do-Liste sollte einmal am Tag stattfinden, um den Überblick zu behalten. Aufgaben, die du aus der To-do-Liste in deinen Kalender übertragen hast, die du dann aber nicht bearbeitest, müssen wieder zurück auf die To-do-Liste oder im Kalender neu terminiert werden, damit du sie nicht vergisst.

Zusätzlich zu der täglichen Detailplanung empfiehlt sich, jede Woche grob vorzuplanen. Das mache ich entweder Sonntagabend oder Montagmorgen.

Bist du voll ausgelastet und dein Projektleiter wendet sich mit weiteren Aufgaben an dich, so ist es wichtig, dass du die Aufgaben nicht einfach annimmst. Denn darunter leidet zunächst dein Schlafpensum und damit die Qualität deiner Arbeit – und auf lange Sicht auch deine Gesundheit. Gerade bei größeren Projekten hat dein Projektleiter nicht immer im Blick, wie stark du ausgelastet bist. Eine Variante des Pushbacks sind gute Argumente, warum diese zusätzliche Aufgabe nicht von dir gemacht werden sollte oder gar nicht gebraucht wird. Eine Alternative ist es, mit deinem Projektleiter auszumachen, was

Insider-Tipp

In meiner Rolle als Projektleiter habe ich von meinen Teammitgliedern jeden Montag eine sogenannte *Wochenmail* eingefordert mit folgenden Inhalten:
- Wichtige Aufgaben der jeweiligen Woche
- Wichtigste Termine
- Kritische Themen
- Gesprächsbedarf

Das hat den Vorteil, dass die Teammitglieder auch ihre Wochen vorplanen. Außerdem gehen diese E-Mails an alle Teammitglieder und so ist jeder informiert über die Aktivitäten im Team.

du dafür von deinen anderen Aufgaben weglassen kannst. Insgesamt empfiehlt es sich, deinen Projektleiter gut über deine Auslastung zu informieren.

Abbildung 17 enthält eine Übersicht über typische Fehler von Berufseinsteigern. Priorisierung, unzureichende Struktur bei der Arbeit und Zeitmanagement werden sehr häufig genannt.

Abbildung 17: Häufige Fehler von Neueinsteigern in der Beratung

Ist geklärt, welche Aufgaben in welcher Reihenfolge abgearbeitet werden, geht es darum, sich diesen mit ausreichender Zeit zu widmen. Aber wie viel Zeit sollte auf welche Aufgabe verwendet werden? Hier hilft der »80-20-Ansatz«. Denn typischerweise kann in 20 % der Zeit, die für ein perfektes Ergebnis notwendig wäre, ein Ergebnis mit 80 % Qualität erzielt werden. Sollte aufgrund des Projekthintergrunds ein genaueres Ergebnis notwendig sein, kannst du immer noch nachschärfen. Das ist ein sehr wichtiger Punkt, denn würdest du alle Aufgaben mit 100 % Qualität abliefern, hättest du keine Zeit mehr zu schlafen. Die Kunst ist es, die 20 % zu identifizieren, die nicht notwendig sind. Hier wirst du am Anfang deiner Karriere sicherlich ab und an straucheln.

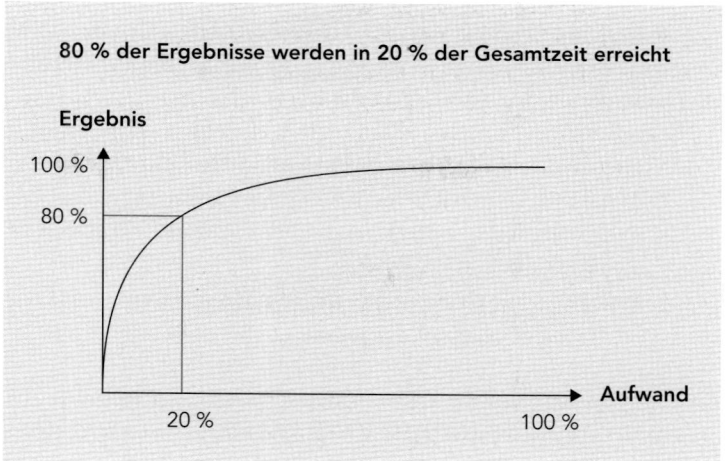

80 % der Ergebnisse werden in 20 % der Gesamtzeit erreicht

Ergebnis

100 %

80 %

20 %   100 %

Aufwand

Abbildung 18: Bei vielen Aufgaben lassen sich 80 % eines optimalen Ergebnisses mit 20 % der Zeit erarbeiten

Bei Aufgaben, die viel Konzentration erfordern, bietet es sich an, dass du dir selbst Ruhe schaffst, z.B.:

- Ausschalten der Vibration und der Benachrichtigungen von E-Mails auf dem Handy
- Outlook schließen oder die Pop-ups bei E-Mail-Eingang ausstellen (Optionen -> E-Mail)
- Einen ruhigen Raum suchen
- Mit diesen Aufgaben morgens oder nach einer Pause beginnen

Des Weiteren kann einiges an Arbeit erledigt werden, während du reist, also im Taxi, in der Bahn oder im Flieger. Diese Aufgaben bieten sich dafür an:

- Telefonieren
- E-Mails oder To-do-Liste aufräumen
- Die nächsten Tage planen
- Unterlagen lesen

Sehr vorsichtig solltest du an allen öffentlichen Plätzen mit vertraulichen Themen umgehen. Hierzu gehören Kundenunterlagen, aber auch Telefonate, bei denen Namen, Kunden und/oder Projektinhalte erwähnt bzw. besprochen werden.

Genauso, wie es nur eine To-do-Liste geben sollte, solltest du alle Termine in einen Kalender eintragen. Fast alle Beratungen arbeiten mit Outlook. Die Verwendung von Remindern und Flags erleichtert das Arbeiten enorm.

Insider-Tipp

Wenn du an öffentlichen Plätzen mit Kollegen über den Kunden oder das Projekt sprichst, bietet es sich an, Kürzel für Kunden und Firmen zu verwenden.

5.4 Grundsätzliches zum Arbeiten mit Daten

Ein Großteil des Beratergeschäfts ist datengetrieben. Eine Ausnahme hiervon bilden z.B. Change-Beratungen, die sich auf die Entwicklung und Veränderung von Führungsverhalten spezialisieren.

Datenbasiertes Arbeiten funktioniert in etwa so:

1. Eingabedaten erheben und mit dem Kunden abstimmen
2. Annahmen treffen und mit dem Kunden abstimmen
3. Analyseergebnis mittels logischer Schlüsse ermitteln – die Hauptarbeit in Projekten
4. Bedeutung für das Geschäft des Kunden ableiten – wird von jungen Beratern gerne vergessen

Aber warum arbeiten die meisten Berater eigentlich so gerne mit Daten? Der Hauptgrund ist die sehr weit verbreitete Akzeptanz dieses Vorgehens, d.h. es gibt kundenseitig in der Regel kaum Widerstände. Das liegt daran, dass sie durch die Shareholder dazu angehalten werden, das Unternehmen nach harten Kennzahlen (z.B. Umsatz oder EBIT) zu steuern. Oft werden daher Entscheidungen rational bzw. datenbasiert getroffen. Dieses Vorgehen vereinfacht auch die Diskussionen mit dem Kunden sehr. Denn mit dem Kunden muss nur noch die Validität der Daten und Annahmen diskutiert werden. Die meisten Kunden glauben, dass eine Beratung korrekte Analysen und Schlüsse hieraus zieht. Bei Kundenbeziehungen mit viel Vertrauen werden auch diese Diskussionen nur spärlich geführt. Das Ergebnis der Analysen wird als korrekt angenommen und der Hauptteil der Gespräche dreht sich um die Bedeutung für das Geschäft des Kunden. Nachteilig ist dieser Ansatz, wenn die Daten nicht ausreichend Informationen für die Begründung einer Hypothese enthalten. Dann fußt der Hauptteil der Argumentation auf Annahmen, und die könnten falsch sein – und damit auch das Ergebnis der Analyse und die Ableitung der Bedeutung für den Kunden. Es empfiehlt sich also eine Überprüfung, in welchem Umfang das Ergebnis von den getroffenen Annahmen abhängt und wie sicher du dir bist, dass diese korrekt sind.

WARSTORY

Ich hatte ein Projekt bei einem Pharma-Hersteller. In unserem ersten inhaltlichen Meeting präsentierte ich eine Analyse, die nicht korrekt war. Dies hat der Kunde sehr schnell bemerkt. Ich habe die nächsten zwei Monate dafür gebraucht, das Vertrauen des Kunden zurückzugewinnen. Er hat jede meiner Analysen genauestens geprüft und ich musste zu jedem Detail Rede und Antwort stehen. Das hat mir viele Nachtschichten beschert. Ich empfehle dir, bei jedem neuen Projekt in den ersten zwei Wochen besonders hart zu arbeiten, um 100 % korrekte Analysen zu präsentieren. Und das gilt für die ersten inhaltlichen Gespräche mit dem Kunden, aber in gleichem Maße auch für die ersten Gespräche mit deinem Projektleiter und Partner. Es empfiehlt sich, dass du deine Ergebnisse erst mit einem anderen Teammitglied besprichst.

(Senior-Berater, Strategische Managementberatung)

5.5 Daten erheben

Einsteiger werden in ihren ersten Projekten häufig mit Aufgaben betraut, bei denen Daten aus verschiedenen Quellen zu sammeln, Informationen zu verknüpfen und Insights zu extrahieren sind. Diese besprichst du dann mit deinem Projektleiter und ggf. auch mit dem Kunden. Dir steht eine Vielzahl von Datenquellen zur Verfügung. Wichtig ist, dass du, bevor du startest und Daten suchst, dir 100 % klar bist, was du benötigst. Denn sonst verursachst du allen möglichen unnötigen Mehraufwand.

Typischerweise stehen dir diese Datenquellen zur Verfügung:

- Dein Kunde: Dein Kunde hat typischerweise eine Menge an relevanten Daten. Diese kannst du auf verschiedenen Wegen anfragen:

    1. Kundengespräch: Ein Kundengespräch bietet sich an, wenn dein Gesprächspartner die benötigten Daten vorliegen hat oder einfach organisieren kann. Die Vorteile bestehen darin, dass du die Daten in der Regel zügig bekommst, manchmal sogar per E-Mail während des Gesprächs, und dass du parallel die Kundenbeziehung aufbauen kannst. Zudem lassen sich im Gespräch Vorbehalte z.B. bezüglich Vertraulichkeit der Daten aufheben. Sehr hilfreich ist es, wenn der Kundenprojektleiter im Vorfeld eine E-Mail an alle beteiligten Kunden versandt hat mit der Bitte um Unterstützung des Beraterteams.

    2. Belief Audits: Ein Belief Audit bietet sich an, um Meinungen zu einem Thema auf Kundenseite zu erheben. Sollen beispielsweise Prozesse überarbeitet werden, so könnten Kunden in Einzelgesprächen oder per E-Mail befragt werden, was derzeit an Prozessen nicht gut läuft. Dies kann anonym erfolgen. In vielen Situationen liefern Belief Audits sehr wertvolle Insights zu Problemursachen oder Lösungsansätzen.

    3. Fokusgruppeninterviews: Sie sind Belief Audits sehr ähnlich. Allerdings erfolgt die Datenerhebung nicht in Einzelabfragen, sondern in einer moderierten Gruppensituation. Der Vorteil: Die Teilnehmer können von den Aussagen

der anderen Teilnehmer inspiriert werden – es kann eine Dynamik entstehen. Auf der anderen Seite kommt vielleicht nicht alles an die Oberfläche, was in Einzelgesprächen der Fall gewesen wäre.

- Finanzreports und sonstige Firmenveröffentlichungen: Diese Informationen sind meist im Internet zu finden. Größere Beratungen haben auch interne Datenbanken, in denen du schnell fündig wirst. Grundsätzlich bietet es sich an, die wichtigsten Kennzahlen (Umsatz, Gewinn, Anzahl Mitarbeiter, Namen und Aussehen der Vorstände) jederzeit parat zu haben, um in Gesprächen als kompetenter Ansprechpartner zu wirken.
- Presseartikel: Diese gibt es über Google Alerts oder intern über Drittanbieter (z.B. Reuters). Auch hier gilt: Informiere dich gut über das Tagesgeschehen in Bezug auf deinen Kunden. Manche Themen beschäftigen die Kunden sehr und du tust dir einen großen Gefallen, wenn du mit dem Kunden über Themen sprechen kannst, die ihm wichtig sind.
- Branchen-, Industrie-, Firmen-Reports: Diese Reports bieten sich immer dann an, wenn auf Kundenseite und intern nicht ausreichend Informationen vorliegen. Die auf dem Markt erhältlichen Reports schwanken sehr in ihrer Qualität und im Preis. Wie bei allen anderen Quellen ist es unerlässlich, dass du dir eine eigene Meinung bildest und die Daten nicht ungeprüft übernimmst. Hilfreich ist auch ein Austausch mit Kollegen.
- Internes Fachteam: Besonders die großen Häuser haben für die meisten Industrien und Funktionen interne Teams, die Daten vorliegen haben. Diese reichen von Branchenvergleichen über typische Margen bis hin zu Prozessübersichten. Die Teams sind für junge Berater wichtig und können die eine oder andere Nachtrecherche ersparen. Wichtig ist, dass du gut planst. Denn die Teams bekommen eine Vielzahl an Anfragen und brauchen meist etwas Vorlauf.
- Interne Bibliothek: Eine Bibliothek gibt es eigentlich in jeder Beratung. Nur diese zu finden, ist nicht immer ganz so einfach. Bei vielen Themen findest du im Netz schneller eine Antwort.
- Wikipedia: Zum Nachschlagen von Fachbegriffen
- Eigenes Netzwerk und Netzwerk der Teamkollegen
- Knowledge Database: Je größer die Beratung, desto mehr findest du im Intranet. Hier sind Informationen zu abgeschlossenen Projekten zu finden. Natürlich sind jegliche Informationen, die einen Rückschluss auf den Kunden zulassen, entfernt. Nutz das Intranet ausgiebig, hier sind viele Informationen, die du für deine Projekte gut verwenden kannst.
- Externe Experteninterviews: Diese recht teuren Gespräche sind sehr sinnvoll, wenn du wichtige Details einer Branche verstehen

oder quantifizieren möchtest, aber deine Beratung in diesem Bereich keine Erfahrung hat.

Hast du einmal die Daten beisammen, ist es wichtig, dass du dir eine eigene Meinung bildest und diese gut begründen kannst. Achte darauf, dass du die Quellen der Daten sehr sauber dokumentierst, um spätere Fragen beantworten zu können. Ein kleiner Tipp aus der Praxis: Erstelle immer Kopien von den Originaldaten, sodass du nie in den Rohdaten arbeitest. Geht mal etwas schief, sind die Daten weg oder du weißt nicht mehr, was dir zugeliefert wurde und was von dir stammt.

5.6 Das Arbeiten mit Excel

Excel gehört zu der Gruppe der Tabellenkalkulationsprogramme. Der Unterschied zu anderen Datenverarbeitungsprogrammen liegt darin, dass sowohl die Eingabewerte als auch die Ergebnisse der Berechnungen jederzeit sichtbar sind. Sie sind auf einem fast beliebig großen Blatt, dem sogenannten *Tabellenblatt*, abgelegt. Im Vergleich hierzu funktionieren Matlab, SQL, Alteryx, Access oder ein Taschenrechner anders.

Bei der Verwendung des Taschenrechners tippt der Nutzer die Eingabedaten (Zahlen) zusammen mit der mathematischen Verknüpfung ein und drückt auf Ergebnis. In diesem Moment sind die Eingabedaten in der Regel nicht mehr sichtbar, dafür das Ergebnis. Excel kann für dieselbe Rechenaufgabe genutzt werden. Die Eingabedaten werden an eine beliebige Stelle in dem Tabellenblatt eingetragen. Nun wird an einer weiteren freien Stelle die mathematische Verknüpfung eingetragen und in dieser wird auf die Eingabedaten referenziert. Das geht über die Position der Eingabedaten. Drückt der Anwender Enter, steht in der Zelle das Ergebnis, genau wie beim Taschenrechner. Der Unterschied ist, dass alle Eingabedaten noch sichtbar sind. Die mathematische Verknüpfung ist im Tabellenblatt nicht direkt sichtbar, kann aber jederzeit eingesehen und verändert werden.

Was ist nun also der Vorteil: Hast du schon einmal versucht, die komplette P&L (Profit- und Loss-Statement, also Gewinn- und Verlustrechnung) eines Konzerns auf einem Taschenrechner zu modellieren, das Ergebnis auf einen Blick darzustellen und zu sehen, was sich am Gewinn ändert, wenn ein Parameter des Modells, z.B. das Wachstum in China, sich verändert? Genau für so einen Fall bietet sich Excel an. In SQL und Access ließe sich die P&L auch modellieren und die Ergebnisse wären selbstverständlich dieselben. Allerdings ist die Darstellungsform der Eingabedaten und Ergebnisse nicht so plastisch. Möchtest du z.B. bei SQL den Gewinn des Unternehmens sehen, musst du hierzu erst die entsprechenden Daten abrufen. Bei

Excel schaust du einfach in dem Tabellenblatt an der entsprechenden Stelle nach.

Die Tabellenblätter in Excel sind indiziert, d.h. jede Zelle hat eine eindeutige Adresse. Die Zelle links oben hat die Adresse A1, die rechts daneben B1, und die unter A1 hat die Adresse A2. Diese Adressen sind wichtig für die Referenzierung in Formeln. Wenn du in A1 23 und in B1 10 eintippst, kannst du die Summe dieser Werte wie folgt bilden: Trage in C1 diese Formel ein: »=A1+B1«. Sobald du Return drückst, verschwindet die Formel und in C1 steht das Ergebnis aus der Summe von A1 und B1.

Steht in A1 »Beratung« und in B2 »macht Spaß«, so kannst du in C1 die Formel »=A1 & B2« eintragen und erhältst als Ergebnis »Beratungmacht Spaß«. Das fehlende Leerzeichen erhältst du so: »=A1 & " " & B2«.

Excel wird im Berateralltag standardmäßig für alle Berechnungen, Modellierungen und Abschätzungen verwendet. Typische Use Cases sind:

- P&L und Bilanzmodellierung
  - Wachstumsstrategien
  - Pricing
  - Nachfragemodellierung
  - Kundensegmentierung
- Kosteneffizienz
  - Synergie-Berechnungen (z.B. bei Zusammenlegung von Werken oder PMI)
  - Kostenanalyse
  - Skalenkurven
- Marktanalysen
  - Marktgröße, -wachstum und -profitabilität
  - Portfolioanalyse
- Bewertungen
  - Von Business Lines oder ganzen Unternehmen

Wie schon oben beschrieben, kommt auf vielen Beratungsfällen Excel fast täglich zum Einsatz, auch wenn keine Modelle von zentraler Bedeutung implementiert sind, sondern einfach für die schnellen kleinen Abschätzungen und Berechnungen. Die Ergebnisse einfacher Berechnungen als auch komplexer Modelle werden in der Regel in PowerPoint übertragen, um sie besser präsentieren zu können.

Es folgt eine Übersicht über die wichtigsten Excel-Befehle. Falls du Excel von Grund auf lernen möchtest, bietet sich ein Online-Tutorial an (z.B. www.youtube.com/user/AThehos/playlists oder www.youtube.com/user/bjele123).

In Excel formatieren

Excel bietet wie Word und PowerPoint sehr umfangreiche Möglichkeiten zur Formatierung an. Hierzu gehören Schriftart und -größe, Schrift- und Zellenfarbe, Rahmen (unter Menu Start). Des Weiteren können strukturierte Inhalte wie Daten oder Währungen sehr umfangreich formatiert werden (Rechtsklick auf Zelle -> Zellen formatieren). Darüber hinaus bietet Excel die Möglichkeit, die Formatierung von Zellen abhängig vom Zelleninhalt zu gestalten (Menu Start -> Bedingte Formatierung). So können z.B. in einer P&L Verluste in roter Schrift dargestellt werden. Ändern sich Modellannahmen und wird ein Verlust zu einem Gewinn, verschwindet die rote Einfärbung automatisch.

Um Überschriften in Tabellen hervorzuheben oder jede zweite Spalte oder Zeile einzufärben, gibt es vorgefertigte Designs, die sehr schnell anwendbar sind (Menu Start -> Als Tabelle formatieren). Besonders bei großen Tabellen bietet es sich an, die Kopfzeile und/ oder die erste Spalte immer sichtbar zu haben, auch wenn du weiter nach unten oder rechts in die Tabelle scrollst. Hierzu kannst du den Befehl FENSTER EINFRIEREN (Menu Ansicht) verwenden.

Insider-Tipp

Manche Firmen verwenden ein eigenes Layout. Dieses kannst du z.B. in einem Excel-Training erfragen.

Im Projekt überzeugen

Excel-Daten filtern und sortieren

Häufig wirst du große Tabellen verwenden, in denen du dir nur eine Auswahl von Zeilen anschauen willst. Stell dir z.B. ein Portfolio eines Kunden vor, in dem du die Umsätze nach Produktgruppen siehst. In jeder Zeile steht eine Produktgruppe mit verschiedenen Eigenschaften, z.B. ob die Produktgruppe aus Stahl oder Eisen ist. Eine Spalte enthält den Umsatz. Nun willst du den Umsatz von all den Produktgruppen aus Stahl ansehen. Hierzu kannst du den sogenannten *Filter* (Menu Daten) verwenden. Markiere die oberste Zeile, klick auf Daten -> Filtern. Dann suche die Spalte mit dem Material, klick auf den Filter und klick »Stahl«. Nun siehst du nur Produktgruppen aus Stahl. Den soeben beschriebenen Filter kannst du auch dazu verwenden, die Zeilen der Tabelle zu sortieren, z.B. nach Umsatz. Wenn du nun wissen möchtest, wie viel Umsatz die Produkte mit Stahl in Summe erzielen, gibt es viele Möglichkeiten, dies zu berechnen. Hier die drei wichtigsten Ansätze:

- TEILERGEBNIS: Diese Formel berechnet die Summe (oder andere mathematische Formeln) eines sichtbaren oder ausgewählten Bereichs. In unserem Fall schreibst du unter die Umsatzspalte »=Teilergebnis(9; <Spalte Umsatz>)«. Nun wähle nur die Stahlprodukte aus und die Formel zeigt dir die Summe der Umsätze für Stahlprodukte.
- SUMMEWENN: Diese Formel arbeitet ohne die Filter. Wenn du die Formel so verwendest »=Summewenn(<Spalte Stahl>;

»Stahl«; ‹Spalte Umsatz›)« – also suche alle Zeilen mit Stahl und summiere die Umsätze –, erhältst du dasselbe Ergebnis.

- Pivottabellen: Pivottabellen sind eines der wichtigsten Werkzeuge in Excel für dich als Berater. Im einfachsten Fall ist eine Pivottabelle ein Histogramm: Es zählt Einträge in einer Tabelle, die vorgegebenen Eigenschaften (z.B. Material=Stahl) genügen. Natürlich kann eine Pivottabelle die Einträge nicht nur zählen, sondern auch die Summe bilden über andere Spalten der Auswahl. Um eine Pivottabelle anzulegen, markierst du die Tabelle, wählst unter Einfügen Pivottabelle und klickst auf ok. Excel legt die Pivottabelle an. Dann ziehst du rechts im Menu »Material« in das Feld Zeilenbeschriftungen und »Umsatz« in das Feld Werte. Nun kannst du in der Pivottabelle ablesen, wie viel Umsatz die Produkte mit Stahl in Summe ausmachen.

Daten aus Tabellen an anderer Stelle verwenden

Typischerweise finden sich sämtliche Eingabedaten auf vom Modell separierten Tabellenblättern. So ist zu jederzeit ersichtlich, welche Daten z.B. vom Kunden geliefert wurden und was daraus berechnet wurde. Möchtest du nun im Modell auf die Eingangsdaten zugreifen, so gibt es hierzu zwei gängige Methoden:

- SVERWEIS: Der Befehl SVERWEIS sucht in einer vergebenen Spalte einer Tabelle nach einem vergebenen Wert. Somit wird eine Reihe der Tabelle spezifiziert. Nun sucht der Befehl in dieser Reihe das n-te (vorgegebene) Element aus und gibt es zurück. Wüsste ich, dass der Umsatz in der zweiten Spalte steht, so könnte ich den Umsatz von dem Produkt »Stahlträger« so finden: »=SVERWEIS(»Stahlträger«; ‹Eingabetabelle›; 2; 0)«. Die 2 steht für die zweite Spalte und die 0 dafür, dass der Befehl nach exakt dem Wort »Stahlträger« sucht. Hier wird auch ersichtlich, dass nicht links von der vorgegebenen Spalte gesucht werden kann. WVERWEIS ist identisch, sucht allerdings durch eine vorgegebene Zeile.
- VERGLEICH/INDEX: Die Kombination aus diesen zwei Befehlen ist noch etwas mächtiger als SVERWEIS. Zunächst wird die Position eines zu suchenden Elementes mit dem Befehl VERGLEICH bestimmt. Im nächsten Schritt wird die Position dazu verwendet, aus z.B. anderen Spalten der gleichen Tabelle Informationen auszulesen. Ein Vorteil von diesen Befehlen ist, dass z.B. beim Suchen in Spalten die Daten auch links von der vorgegebenen Spalte liegen können.

Standardmäßig berechnet Excel die Inhalte von Zellen, die von anderen Zellen abhängig sind automatisch, sobald etwas an der Tabelle verändert wird.

Insider-Tipp

Pass auf, denn manche Kollegen oder Kunden stellen die automatische Neuberechnung aus. Ein Grund hierfür sind die längeren Wartezeiten während der Aktualisierung bei sehr komplexen Modellen. Manuell kannst du die Neuberechnung anstoßen durch F9. Wieder auf automatisch umstellen kannst du unter Datei -> Optionen -> Formeln -> Arbeitsmappenberechnung.

Mit Bedingungen arbeiten

Bedingungen kommen in Modellierungen recht häufig vor. Die wichtigsten Befehle sind WENN, UND, ODER. Ein Beispiel ist »=WENN(UND(A1>0;A2>0);A1+A2;0)«. Dieser Befehl addiert die Inhalte der Zellen A1 und A2 dann und nur dann, wenn sowohl die Inhalte von A1 und A2 echt positiv sind. Achtung: Es handelt sich bei ODER um die mathematisch-logische Variante und nicht die umgangssprachliche »entweder oder«. Sobald eine der ODER-Bedingungen wahr ist, ist das gesamte Ergebnis der Funktion wahr.

Textbearbeitung

Es gibt einige wichtige Befehle zum Bearbeiten von Texten:

- **&:** Dieser Befehl dient, wie oben kurz beschrieben, dazu, Texte aneinanderzuhängen (Achtung: Leerzeichen nicht vergessen).
- **LINKS + FINDEN:** Nehmen wir den Text »Türklinke«, der sich in Zelle A1 befindet. Wenn wir das Wort »Tür« extrahieren möchten, können wir die ersten drei Zeichen von LINKS nehmen. Der Befehl dazu lautet »=LINKS(A1; 3)«. Wenn wir nicht zählen wollen, können wir das »r« auch suchen lassen. Der kombinierte Befehl lautet dann »=LINKS(A1; FINDEN(»r«; A1))«.
- **RECHTS:** Genauso wie LINKS, nur wird von hinten nach vorne gezählt und extrahiert.
- **TEIL:** Mit diesem Befehl kann ein Textstück aus der Mitte eines Textes extrahiert werden, z.B. »=TEIL(A1;5;4)« liefert 4 Zeichen ab dem 5. Zeichen, also »links«.

Zielwertsuche

Die Zielwertsuche (Menu Daten->Was-wäre-wenn-Analyse) ist ein super praktischer Algorithmus, der so lange einen Parameter verstellt, bis eine abhängige Variabel einen vorgegebenen Wert erreicht. Ich habe diese Funktion häufig benutzt, selbst wenn ich den gesuchten Wert auch hätte ausrechnen können. Stell dir vor, du hättest einen kompletten Business Case modelliert. Nun kommt der Projektleiter und fragt dich, bei welchem Marktwachstum die Rendite der Investoren >10 % ist. Das wäre nicht so einfach zu berechnen. Mit der Zielwertsuche würdest du die Rendite vorgeben mit 10 % und als Stellparameter das Marktwachstum. Nach ein paar Sekunden hast du die Antwort. Aber Achtung: Je nachdem wie komplex deine Modelle sind, gibt es mehrere Lösungen, denn nicht alle Zusammenhänge sind linear oder quadratischer Natur.

Import von Textdateien

Immer wieder kommt es vor, dass du strukturierte Textdateien importieren musst, weil Kunden die Daten so liefern. Excel geht davon aus, dass die Textdatei eine Tabelle enthält. Wähle Datei -> Öffnen und beim

Dateityp »Textdateien« aus. Wenn du die Textdatei öffnest, startet Excel einen Dialog, in dem du festlegen kannst,

- ob es zwischen den Spalteninhalten in der Textdatei einen festen Abstand oder ob es ein Trennzeichen zwischen den Spalteninhalten gibt, z.B. ein Semikolon,
- welches Format jede einzelne Spalte hat, z.B. Datum oder Text.

Textimporte sind recht fehleranfällig. Du tust gut daran, den Import sehr sorgfältig zu prüfen!

VBA und Verwendung von Makros

Excel hat ein Programmier-Interface: VBA oder Visual Basic Application. Mit VBA kannst du alles das automatisieren, was du sonst per Hand mit einem Excel-Sheet machst, z.B. Zeilen einfügen, Pivottabellen erstellen, Daten sortieren etc. Das macht natürlich nur Sinn, wenn du das Excel-Sheet sonst immer auf die gleiche Art und Weise händisch nutzt, z.B. bei der Erstellung eines Monatsreports, bei dem jeden Monat Daten eingelesen, diese mit den Funktionen des Excel-Sheets aufbereitet und in Grafiken dargestellt werden. Diese sonst manuellen Schritte können in VBA programmiert werden und die Reporterstellung vereinfacht sich jeden Monat erheblich. Falls du nicht gut programmieren kannst, bietet sich die Aufzeichnung eines Makros an. Wie mit einer Kamera werden deine Tastatureingaben und Menüaufrufe aufgezeichnet. Diese kannst du dann später wieder abrufen. Mit einem Klick durchläuft Excel automatisch die gespeicherten Aktionen. Aufgezeichnete Makros werden als VBA-Programmcode gespeichert. Diesen kannst du dann bei Bedarf anpassen. Um ein Makro aufzuzeichnen, brauchst du das Menu Entwicklertools, das standardmäßig nicht eingeblendet ist. Um es einzublenden, wähle Menu Datei -> Optionen -> Menüband anpassen -> Entwicklertools. Im nun eingeblendeten Menu Entwicklertools wählst du Makro aufzeichnen aus. Für den Aufnahmestopp wählst du Aufzeichnung beenden und zum Abrufen Makros -> Ausführen.

Tabelle 5: Übersicht Excel-Formeln

Thema	Formel	Verwendung
Formatierung	Start -> Bedingte Formatierung	Zellen automatisch in Abhängigkeit des Inhalts formatieren
Formatierung	Start -> Als Tabelle formatieren	Tabellen automatisch formatieren
Filtern und Sortieren	Daten -> Filtern	Gleichartige Zeilen einer Tabelle anzeigen
Filtern und Sortieren	TEILERGEBNIS	Summe eines per Filter ausgewählten Bereichs einer Tabelle

Thema	Formel	Verwendung
Filtern und Sortieren	SUMMEWENN	Summe aller Elemente, die einem Kriterium entsprechen
Filtern und Sortieren	Einfügen -> Pivottabelle	Zählen, Summieren, Multiplizieren etc. von Elementen einer Tabelle nach vorgegebenen Ordnungskriterien
Referenzieren	SVERWEIS / WVERWEIS	Daten aus einer Tabelle an anderer Stelle verwenden
Referenzieren	VERGLEICH / MATCH	Daten aus einer Tabelle an anderer Stelle verwenden – flexibler als SVERWEIS
Bedingungen	WENN / UND / ODER	Formel ausführen, wenn angegebene Bedingung erfüllt ist
Textbearbeitung	&	Zwei Texte zu einem zusammenfügen
Textbearbeitung	LINKS / RECHTS / TEIL	Teile eines Texts extrahieren
Zielwertsuche	Daten -> Was-wäre-wenn-Analyse -> Zielwertsuche	Stellt Parameter so ein, dass eine abhängige Variable einen vorgegebenen Wert hat
Textimport	Datei -> Öffnen -> Dateityp Textdateien	Import strukturierter Textdateien
Makros	Datei -> Entwicklertools -> Makro aufzeichnen	Wiederkehrende Arbeiten mit einem Excel-Sheet automatisieren

Es gibt eine Vielzahl von Zusatzmodulen (z.B. Statistische Funktionen) und Interfaces (z.B. SQL). Bevor du etwas neu erfindest, nimm dir ein paar Minuten für eine Internetrecherche, um ggf. über die Verwendung vorgefertigter Module Zeit zu sparen.

5.7 Modelle in Excel erstellen

Ein klassisches Tool, das Berater häufig benutzen und für das sie bekannt sind, ist ein Modell, das meist in Excel »gebaut« wird. Die praktische Relevanz von quantitativen Arbeiten auf Projektergebnisse ist durchaus hoch – »money makes the world go round« (siehe Warstory). Es ist empfehlenswert, sich gerade am Anfang seiner Beraterzeit Kompetenzen in diesem Feld aufzubauen, da später die Erwartung besteht, dass man mit Modellen umgehen kann.

WARSTORY

Mein drittes Projekt war 2008 eine Pre-Due Diligence für einen Hedgefonds (Unternehmensbewertung vor dem eigentlichen Bieterverfahren, ohne Einblick in unternehmensinterne Daten). Vor der Finanzkrise waren Hedgefonds-Manager praktisch ausschließlich durch Deals incentiviert, entsprechend hatten die Manager auch damals großes Interesse daran, den Deal zu machen. Sie wollten von uns eigentlich nur ein »Ok, macht den Deal« hören.

Insgesamt war es ein sehr stressiges Projekt, da es auch nur drei Wochen dauern sollte. Ich war für das umfangreiche Modell zuständig. Dieses entwarf ich so, dass es mithilfe von think-cell-Daten direkt in die entsprechenden Slides updaten konnte.

Da unsere Wachstumserwartungen nicht so positiv waren wie die der durch persönliches Gewinnstreben motivierten Hedgefonds-Manager, kamen wir zu einer deutlich moderateren Unternehmens-bewertung, als von ihnen intendiert. Darüber waren die Manager nicht sehr erfreut und ließen uns jede Analyse nochmal auf links drehen – ich war daher sehr froh über das automatische Updaten der think-cell-Charts.

Wir sind bei unserer Empfehlung geblieben und der Hedgefonds hat das Unternehmen nicht gekauft. Im Nachhinein waren auch die Manager des Hedgefonds sehr glücklich, dass sie nicht kurz vor der Finanz- und Wirtschaftskrise noch einmal so richtig opti-mistisch eingekauft hatten. Auch wenn das Projekt das stressigste und anstrengendste meiner Beratungskarriere war, blicke ich sehr positiv darauf zurück, weil ich bei diesem Projekt sehr klar und unmittelbar sehen konnte, was für eine große Wirkung meine Arbeit hatte. (Projektleiter, Strategieberatung)

Ein Modell ist eine vereinfachte Darstellung der Realität. Es macht Vorhersagen über zukünftige Entwicklungen auf der Basis bestimmter Annahmen und möglicher Entscheidungen. Es dient dazu, zukünftige Entwicklungen (z.B. zukünftige Umsätze bei einem Business Case) vorwegzunehmen oder die Auswirkung von möglichen Entschei-dungsalternativen zu simulieren (z.B. die Aufteilung der Kunden bei einer Kundensegmentierung nach bestimmten Kriterien). Nach-folgend findest du einige Beispiele von Sachverhalten, die häufig in Modellen erfasst werden:

- Unternehmensbewertung: Berechnung des Unternehmens-wertes durch das Abdiskontieren zukünftiger Cashflows (Dis-counted-Cashflow-Analyse). Dabei Berücksichtigung unter-schiedlicher Szenarien (Best, Medium, Worst Case)
- Markteintrittsanalyse: Simulation der zukünftigen Profitabilität unter Berücksichtigung unterschiedlicher Markteintrittsstra-tegien
- Business Case: Zukünftige Geschäfts- und Umsatzentwicklung eines Unternehmens basierend auf unterschiedlichen Szenarien für die wirtschaftliche Entwicklung
- HR-Daten-/Workforce Planning: Simulation zukünftiger Mit-arbeiterzahlen auf Basis von Szenarien für unterschiedliche

Ausprägungen der Parameter Austrittshäufigkeit, neue Rekrutierungen etc.

- Kundendaten/Kundensegmentierung: Größe der Kundensegmente auf der Basis von unterschiedlichen Segmentierungskriterien
- Marktgrößenabschätzung: Abschätzung der Gesamtgröße eines Marktes

Es gibt solche Modelle in ganz unterschiedlichen Ausprägungen: Das geht bei skizzenhaften, wenig elaborierten Analysen los, die schnell für eine überschlagshafte und für andere nur begrenzt nachvollziehbare Rechnung in Excel gebraucht werden, und hört bei elaborierten Modellen auf, die das Kernergebnis eines ganzen Projekts und dementsprechend komplex sind. In Abbildung 19 findest du eine grobe Übersicht über typische Arten von Modellierung.

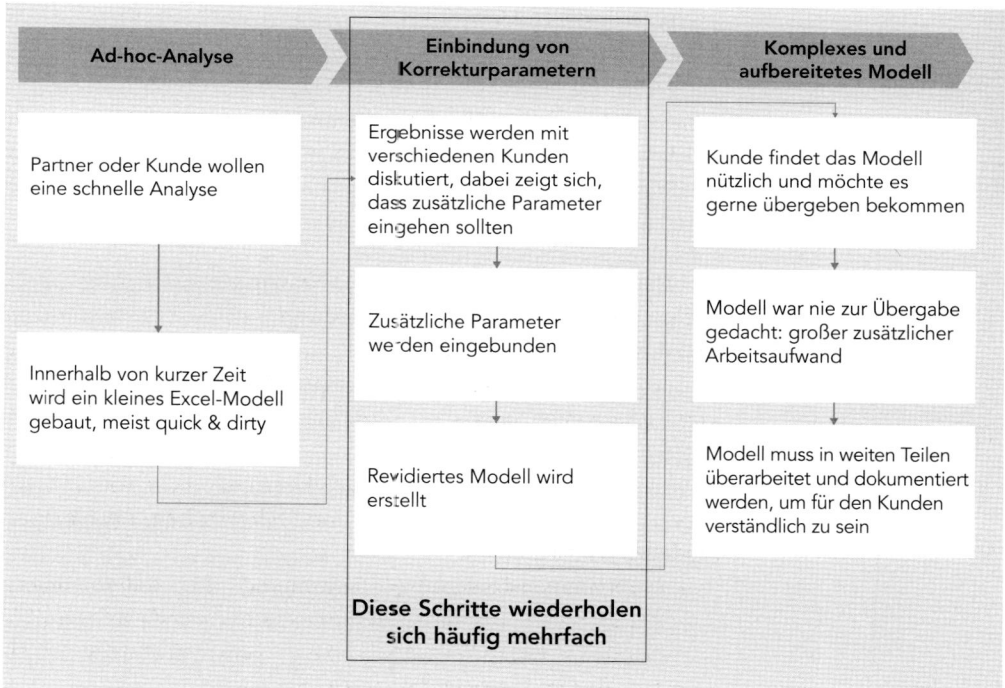

Abbildung 19: Iterativer Prozess zur Genese von Modellen innerhalb von Projekten

Häufig ist der Prozess hin zu einem Modell iterativ – es ist anfangs noch gar nicht genau klar, wie umfangreich das Modell wird und was genau darin enthalten ist. Dies wird häufig zusammen mit dem Kunden und dem Partner erarbeitet. Entsprechend wichtig ist es, dass du selbst möglichst viel Ordnung und Struktur in diesen Prozess bringst und das Modell so angelegt hast, dass es gut um zusätzliche Funktionen oder Datenebenen zu erweitern ist.

Erstellung eines Modells

Abhängig von der oben beschriebenen Unterschiedlichkeit von Tiefe und Umfang von Modellen sind natürlich auch die Tipps in unterschiedlichem Ausmaß richtig und wichtig. Sie sind eher für den Fall formuliert, dass du ein umfangreiches und elaboriertes Modell generierst. Trotzdem gelten sie auch für Quick-and-Dirty-Analysen sinngemäß, also in abgeschwächter Form.

Top-down-Vorgehen: Von deinen Ergebnisformaten zu deinem Input

Wie schon in den vorangehenden Kapiteln erläutert, arbeitet man in der Beratung top-down-orientiert. Um zu klären, was du für ein Modell brauchst, musst du erst wissen, welche Fragen du mit dem Modell überhaupt beantworten möchtest. Das Top-down-Vorgehen bei der Modellerstellung ist erst einmal etwas kontraintuitiv, da wir alle dazu neigen, die vorhandenen Daten zu nutzen, um daraus irgendetwas zu »basteln«. Was bringt es dir jedoch, wenn du alle Daten nutzt, aber die eigentlich relevanten Fragen nicht beantwortest? Du solltest also auf jeden Fall den anderen Weg gehen und genau überlegen, welche Fragen du beantworten möchtest. Im Hinterkopf wird bei dir sicherlich auch der Gedanke daran eine Rolle spielen, welche Daten du hast und welche du bekommen kannst, aber das sollte erst einmal nicht im Vordergrund stehen.

Widerstehe also dem Drang, sofort Excel zu öffnen, und schreibe dir zunächst einmal auf, was deine Kernfragen sind und wie du sie beantworten möchtest. Von diesen Kernfragen kannst du im nächsten Schritt dann ableiten, durch welche Daten du sie beantworten kannst und welche Outputdaten zu welchen Ergebnisgrößen das Modell folglich liefern muss (siehe Warstory am Anfang des Kapitels).

Gebe dich nicht damit zufrieden, die Ergebnisformate grob und qualitativ zu erfassen. Schreibe dir genau auf, wie deine Ergebnisse aussehen könnten. Im Idealfall entwirfst du schon die schematischen Präsentationsfolien mit den Ergebnissen deiner Analysen und musst dann am Ende nur noch die Daten einfüllen. Du kannst so nicht nur viel zusätzliche Arbeit vermeiden, es zeigt auch, wie strukturiert du vorgehst, wenn du diese Analysen deinem Kunden und Projektleiter schickst und sie auch schon mit ihnen vorbesprichst.

Wenn du so genau definiert hast, wie dein Output aussieht, kannst du dich nun darum kümmern, was du an Input brauchst, um zu diesem Output zu kommen. Um den Weg vom Input zum Output zu definieren, empfiehlt es sich, einen Treiberbaum aufzustellen (siehe Abbildung 20). In einem Treiberbaum wird die Rechenlogik des Modells zusammengefasst. Es wird dabei klar, welche genauen Daten du für das Modell brauchst. Bei der Erstellung eines Treiberbaums ist

Insider-Tipp

Wer sich vorher die Struktur von Excel-Modellen genau überlegt, indem er sie zunächst auf Papier erstellt, erspart sich später oft hektische und aufwendige Überarbeitungen.

es wichtig, keine unnötige Komplexität in das Thema zu bringen. Es geht weniger darum, in jedem Detail vollständig zu sein, als darum, ein klares Bild vom zukünftigen Modell zu entwickeln. Dazu gehört auch, dass du versuchst, Strukturen immer zu »spiegeln«, also für leicht unterschiedliche Sachverhalte trotzdem eine gemeinsame, symmetrisch aufgebaute Logik zu finden. Meistens gibt es verschiedene Rechenwege, um zu dem definierten Output zu kommen. Überlege hier genau, wie die beste Reihenfolge der Rechenschritte im Treiberbaum ist, um eine einfache und zu der Ausgangsfrage passende Struktur zu erhalten. Nehmen wir z.B. an, du hättest im Treiberbaum als zusätzliche Komplexität noch verschiedene Länder. Hier könntest du den Gewinn über alle Länder summieren, dann die Kosten über alle Länder summieren und dann den Gewinn errechnen. Wenn dich nun aber später jemand fragt, wie der Gewinn in Land XY ist, musst du eine Ad-hoc-Analyse machen, die dich zusätzliche Zeit kostet. Besser wäre es, du hättest gleich Gewinn und Kosten für jedes Land auf die gleiche Art ermittelt (gespiegelte Struktur) und erst im zweiten Schritt das Ergebnis über die Länder aufsummiert.

Diese symmetrische Struktur findet sich nachher auch im Excel wieder - es lohnt sich also sehr, hier etwas Zeit zu investieren, um später viel Zeit zu sparen.

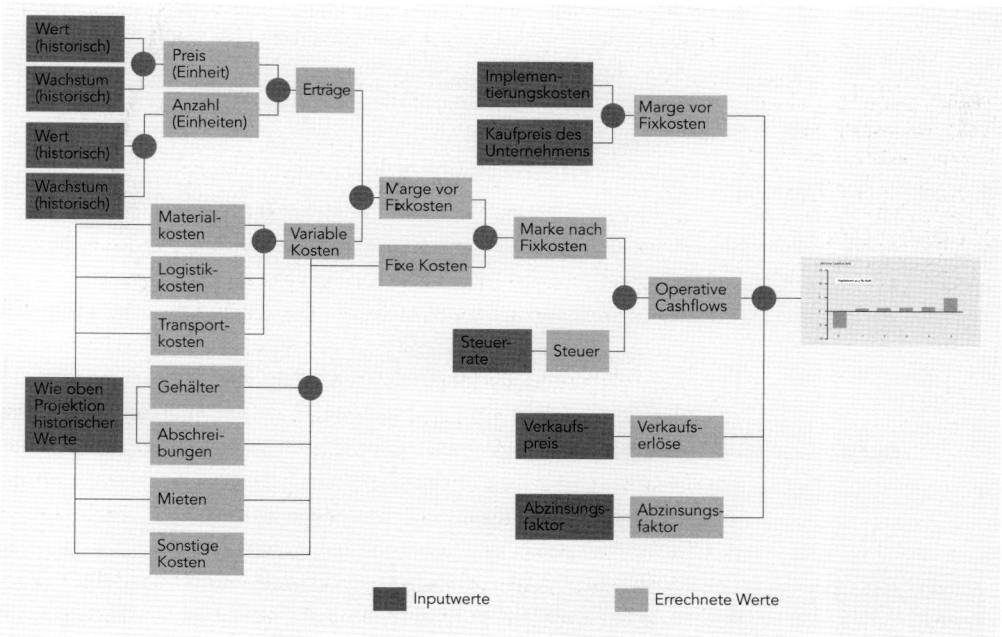

Abbildung 20: Exemplarischer Treiberbaum bei einer Unternehmensbewertung. Anfängliches Investment, operative Cashflows und Verkaufserlöse werden über die Jahre hinweg dargestellt. Dann werden sie mittels des Abzinsungsfaktors auf das heutige Jahr hochgerechnet.

111

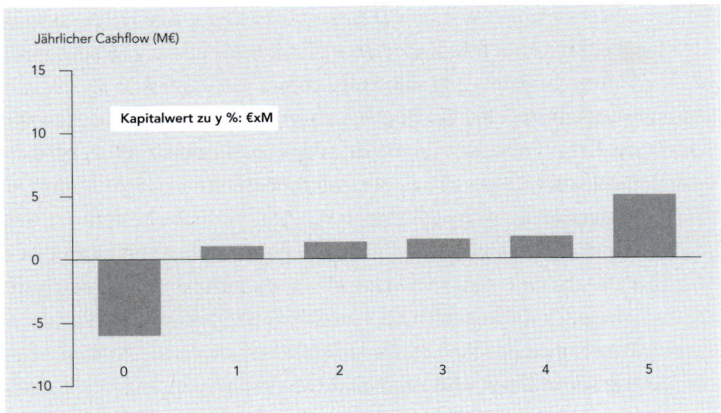

Abbildung 21: Ergebnis Unternehmensbewertung

Erstelle dein Modell anhand der vorher definierten Struktur in Excel

Wenn du dir vorher genug Zeit genommen hast, sollte sich die Struktur des Modells sehr gut ableiten lassen. Es gilt nun zu überlegen, wie viele und welche Tabs du in deinem Excel brauchst. Diese fügst du dann auch als leere Tabs in dein Excel ein, bevor du anfängst, sie zu füllen. Typischerweise wirst du folgende Tabs haben: Input, Calc und Output sowie leere Separator-Tabs (siehe Abbildung 22). Annahmen, Kalkulationen und die Zusammenfassung stehen immer auf unterschiedlichen Tabs. Diese Reihenfolge erleichtert es dir, dein Modell mit anderen Personen zu diskutieren und es weiterzugeben. Bevor du überhaupt Daten in dein Modell einträgst, solltest du dir über die einzelnen Tabs klar sein und sie in dein Excel eintragen.

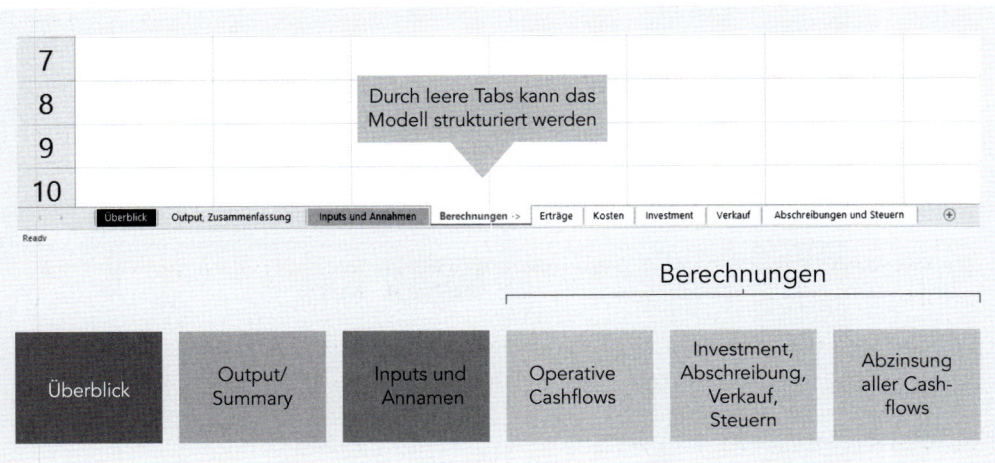

Abbildung 22: Tabs in Excel-Tabelle

Erläuterungen Abbildung 22:

1. Überblick: Tab mit einem Gesamtüberblick über Kernoutputs und -inputs; Tab-Struktur mit einer Erklärung des Modells, woher die Daten kommen etc. Dieses Tab ist nicht nur wichtig, wenn du das Excel-Modell weitergibst, sondern auch, wenn du es in einem Jahr noch einmal öffnest, weil doch noch eine Frage dazukommt (Das wird passieren!).
2. Output/Summary: Mindestens ein Tab für deinen Output. Dieser Tab sollte genau dem entsprechen, was du in Power-Point brauchst. Du kannst hier also idealerweise einfach die Tabelle deiner Grafik (z.B. aus think-cell) reinkopieren, die du vorher schematisch als Outputformat entworfen hast.
3. Inputs und Annahmen: Mindestens ein Tab für deinen Input. Wenn vorhanden auch Tabs mit Rohdaten und bearbeiteten Daten, um jeden Schritt nachvollziehbar zu machen. Hier sollte auf jeden Fall auch eine exakte Dokumentation der Datenquelle beinhaltet sein.
4. Berechnungen: Einige Tabs für deine Rechnungen. Idealerweise sind die Tabs für die Rechnungen dazwischen gespiegelt, also z.B. eine Mini-P&L für jedes der Länder, Produkte etc.

Checkliste: Worauf man beim Aufbau eines Excel-Modells achten sollte

Aufgaben	Erledigt
Vermeide es, tatsächliche Werte (Hard Coding) statt Formeln zu benutzen. Dein Modell wird so weniger nachvollziehbar, weniger flexibel und fehleranfällig. Dies kann vor allem dann gefährlich sein, wenn du dein Input veränderst, ohne daran zu denken, dass sich die Werte nicht neu »ziehen«, weil sie irgendwo im Modell hart codiert sind.	☐
Mache dein Modell durch eine klare Struktur nachvollziehbar und investiere zusätzlich ein paar Minuten, um zu kommentieren und das Modell nachvollziehbar zu halten.	☐
Vereinfache komplizierte Formeln. Auch wenn du vielleicht Spaß daran hast und gut darin bist, sind solche Formeln fehleranfällig und verringern die Nachvollziehbarkeit für Dritte. Also lieber auf mehrere Zellen aufteilen.	☐
Speichere oft zwischen und überlege dir ein gutes Versionenmanagement. Du solltest besonders in der Lage sein, auch ein halbes Jahr später die richtige Excel-Version zur richtigen Ergebnispräsentation zu finden.	☐
Benutze spezifische Farben für Inputvariablen, berechnete Variablen und Output kongruent im gesamten Modell.	☐
Die optische Aufbereitung sollte klar, aber nicht zu aufwendig sein: Benutze ein klares, einfaches Colour Coding, verwende sprechende Spalten- und Zeilenköpfe und dokumentiere an den richtigen Stellen. Hier ist aber nicht die Masse entscheidend, sondern die Qualität, damit der Leser auch die Chance hat, das Ganze in absehbarer Zeit zu verarbeiten.	☐
Erkläre das Modell einem Peer oder Teamkollegen.	☐

Verbessere die Genauigkeit deines Modells

Die Erfahrung zeigt: Meist bleibt es als Berater nicht dabei, dass man sich in Ruhe etwas überlegt, das dann entwirft, danach abgibt und alle sind zufrieden. Zum Glück, denn sonst wäre der Beruf auch deutlich langweiliger und das Ergebnis weniger gut. Es wird Anregungen und Wünsche von verschiedenen Seiten geben: Zunächst hat der Projektleiter neue Ideen, wie man die Analysen etwas genauer aufziehen kann, dann kommt der Kundenprojektleiter daher und hat Ideen, woher man noch genauere Daten bekommen kann, kurz bevor der Partner im wöchentlichen internen Meeting die ganze Analyse noch einmal von einer ganz anderen Seite aufziehen möchte, indem er ganz neue Daten inkludieren möchte. Dies mag manchmal zu leichter Frustration führen, weil man Dinge mehrfach tut, fast immer macht es das Ergebnis jedoch besser, weil Projektleiter, Partner und Kunde eben durchaus gute Ideen haben.

Wenn du die vorherigen Tipps berücksichtigt hast, ist dein Modell ja übersichtlich und flexibel aufgebaut und ermöglicht daher die nötigen Anpassungen. Das Vorgehen unterscheidet sich dabei nicht von den oben gegebenen Empfehlungen: Beim Treiberbaum beginnend ändert man systematisch und bedacht auch das Excel-Modell.

WARSTORY

Als ich mein erstes Modell gebaut habe und der Projektleiter von mir hören wollte, wie ich denn nun vorankomme und wie es so aussieht, habe ich Excel aufgemacht und wollte es ihm zeigen. Da ist er ein wenig ungehalten geworden und hat sehr bestimmt klargemacht, dass er in kein Excel reinschauen, sondern nur eine aggregierte Sicht auf einem Slide sehen will – er hätte seit Jahren kein Excel mehr aufgemacht. Auf meinem nächsten Fall war das dann ganz anders. Der Partner kam zu mir und hat sich am Bildschirm einmal komplett durch das Excel durchführen lassen und wollte auch einzelne Formeln anschauen etc. Stimme dich am besten vorher mit demjenigen zu Formatpräferenzen ab, mit dem du dein Modell besprechen willst.   (Senior-Berater, Strategieberatung)

Solange die Outputformate richtig gewählt und mit deinen Stakeholdern abgesprochen waren, werden Verbesserungen meist bei den Inputparametern stattfinden. Häufig ergeben sich bei den folgenden drei Themen Verbesserungsansätze:

- Verbesserung der Datenqualität oder der zukünftigen Entwicklung: Hier werden häufig zusätzliche Szenarien oder genauere Annahmen gefordert.

- Spezifischere Inputparameter, die weniger aggregiert und gemittelt werden: Da du richtigerweise nicht zu viel Zeit mit der ersten Analyse verloren hast, sind dort einige vereinfachende Aggregationen (z.B. bei Wachstumsraten nicht spezifisch für unterschiedliche Produkte) vorgenommen worden. Diese werden dann häufig weiter detailliert.
- Ergänzung von Sensitivitätsanalysen bezüglich Inputvariablen, die Transparenz darüber erzeugen, wie stark Annahmen bei Inputvariablen das Output verändern

Finde Fehler im Modell – bevor andere sie finden

Fehler sind menschlich – aber besser, du findest sie selbst und nicht jemand anders. Denn wie man so schön sagt: »Vertrauen ist ein langsam wachsendes Holz.« Du kämpfst hart dafür, beim Projektleiter, Partner und Kunden einen guten Eindruck zu machen. Gerade weil ein Excel-Modell intransparent für sie ist, zählt vor allem der Eindruck, den sie von der Qualität deiner Arbeit bekommen. Insofern solltest du vor allem und zuerst eins tun: *»Prüfe deine Ergebnisse sehr genau auf Plausibilität und suche Fehler in der Darstellung deiner Ergebnisse.«*

Daher nimm dir auf jeden Fall Zeit dazu, deine Ergebnisse auszudrucken, sie in Ruhe und mit einem kritischen Blick durchzuschauen und auf Plausibilität zu prüfen, indem du mit Papier und Bleistift überschlägst, ob das alles so stimmen kann (im Beratersprech auch »Sanity Check« genannt). Genau das wird dein Projektleiter nämlich auch tun. Am Ende des Tages zählt vor allem das, was man sieht, und das ist meist nicht so sehr das Modell selbst, sondern die Ergebnisse.

Trotzdem ist es natürlich auch sehr wichtig, dass in deinem Modell keine Fehler enthalten sind. Sonst besserst du nachher nur noch Fehler aus und dann will dein Projektleiter doch mal das Modell sehen …

Checkliste: Wie du dein Modell prüfst

Aufgaben	Erledigt
Plausibilisiere deine Werte immer wieder, indem du mit Papier, Bleistift und Taschenrechner grobe Näherungsrechnungen vornimmst.	☐
Mache dir anhand des Treiberbaums klar, welche Inputgrößen entscheidende Treiber für das Gesamtergebnis sind, und verwende hier besondere Sorgfalt, z.B. Abzinsungsfaktor bei Unternehmensbewertungen, Wachstumsannahmen in allen Modellen.	☐
Nutze Verifikationsmechanismen, z.B. indem du Teilsummen zusammenzählst und mit der Gesamtsumme verprobst.	☐
Benutze bedingte Formatierung (Conditional Formatting), damit dir auffällige Werte besser ins Auge fallen.	☐

Aufgaben	Erledigt
Benutze paralleles Design in unterschiedlichen Zeilen, Spalten und Sheets, so kannst du eine Stichprobe genau untersuchen und weißt dann, dass der Rest auch korrekt ist.	☐
Benutze Excel-Tools, um Verweise zu prüfen: Mit F2 siehst du die Referenzen einer Zelle farblich markiert. Wenn du das Kreuz bei »Allow editing directly in cells« in den Excel Advanced Options unter Editing entfernst, kannst du durch einen Doppelklick in die erste Referenz der Zelle springen. Mit F5 + Enter gelangst du wieder zu der Zelle zurück.	☐

5.8 Getting to the so what

Die Rolle junger Berater hört nicht mit der Fertigstellung der Analysen auf. Dies zu verstehen und umzusetzen, ist der größte Entwicklungsschritt für viele Uniabsolventen. Auch die allerschönste Analyse bleibt wertlos, wenn im Anschluss nicht klar argumentiert wird, in welchem Ausmaß sie für den Kunden relevant ist, welche Bedeutung die Ergebnisse haben, welche Implikationen sich für den Kunden ableiten und was er konkret als Nächstes tun sollte. Gleichzeitig ist dies eine Phase, in der sich der Unterschied zwischen einem guten und schlechten Berater besonders klar zeigt. Denn so wichtig die Herausarbeitung des »so what« ist, so schwer ist sie auch.

Im Folgenden haben wir dir einen Fragenkatalog zusammengestellt. Die Antwort auf die folgenden Fragen kann dich in vielen Fällen zu einem soliden »so what« führen.

- Verständnis der Relevanz
  - Wie viel Prozent der Gesamtkosten/Gesamtumsätze sind möglicherweise betroffen?
  - Welche Teile des Unternehmens sind betroffen?
  - Welche Funktionen/Personen?
- Ableitung von Handlungsoptionen
  - Welche Handlungsoptionen lassen sich aus den Ergebnissen ableiten?
  - Welche Argumente sprechen für/gegen die jeweiligen Handlungsoptionen?
  - Welche Chancen und Risiken sind erkennbar?
- Ermittlung der Auswirkungen
  - Welche Auswirkungen haben die Handlungsoptionen auf Geschäfte, Organisation und Mitarbeiter des Kundenunternehmens?

Insider-Tipp

Der wichtigste Punkt ist, so zu planen, dass du noch genug Zeit hast, über das »so what« nachzudenken, bevor du die Ergebnisse in Meetings präsentierst. Das hört sich einfach an, ist es aber erfahrungsgemäß nicht. Mir hat es immer geholfen, vom Termin rückwärts zu planen und sehr streng darauf zu achten, meine Analysetätigkeiten rechtzeitig zu beenden, auch wenn ich noch nicht alles analysieren konnte, was ich mir vorgenommen hatte.

- Ableitung konkreter Empfehlungen
  - Mit all deiner Erfahrung und deinem Vorwissen: Welche Handlungsoptionen würdest du deinem Kunden empfehlen und warum?
  - Was ist notwendig, um die Handlungsoptionen Realität werden zu lassen?
- Challenge der Erkenntnisse
  - Welche Einwände sind von Kundenseite zu erwarten?
  - Welche Schwachstellen gibt es in der Argumentation?
  - Hast du vielleicht etwas übersehen?

Bei all diesen Schritten hilft auch die Diskussion mit deinen Teammitgliedern. Sprich sie hierzu aktiv an. Erst wenn du diese Fragen beantwortet hast, solltest du einen Kundentermin zur Durchsprache der Analyseergebnisse anberaumen.

6. Im Gesamtprojektkontext überzeugen

6.1 Unterlagen erstellen

Eine Präsentation ist die Darstellung von Gedanken, Analysen und Ideen und beantwortet die Fragen nach Wirkung und Nutzen der behandelten Sache. Ziel ist es, das Denken und Handeln des Kunden auf Basis der vermittelten Informationen zu beeinflussen. Aber Achtung vor nichtssagenden Beraterfolien, die man aus den Klischees kennt. Das Erstellen von Unterlagen mag nach einem sowohl offensichtlichen als auch langweiligen Punkt klingen. Slides – wenn auch oft verpönt bzw. belächelt – bleiben das Kernergebnis eines jeden Projekts und damit bleibt auch PowerPoint das Hauptwerkzeug, mit dem sich jeder Berater auseinandersetzen muss.

Es geht um die Vermittlung von *Inhalten* und die anschauliche Darstellung dieser Inhalte in einer angemessenen *Form*, z.B. mithilfe grafischer Elemente und eben nicht nur als Text – und schon gar nicht als Fließtext. In der Beratung dienen Präsentationen zum einen als unterstützendes Mittel bei Vorträgen. Doch so häufig gibt es reine Frontalbeschallungen des Kunden gar nicht. Oftmals werden Präsentationen als Grundlage für Diskussionen genutzt oder für den Abgleich von vorläufigen Ergebnissen. Nach Projektabschluss werden normalerweise sämtliche Ergebnisse in einer Präsentation dokumentiert, die nicht unbedingt vorgestellt wird, sondern als »Lektüre« an den Kunden geht.

Berater nutzen Folien nicht nur zur Darstellung von Inhalten, sondern *denken* auch auf Slides und konzipieren damit ihre Ideen.

Der Inhalt

Um den Inhalt einer Präsentation zu bestimmen, sollten drei Dimensionen berücksichtigt werden – entlang der drei »Z«: Ziel, Zuhörer und Zusammenhänge.

Ziel

Bevor du anfängst, deine Präsentation zu erstellen, beantworte dir die folgenden Fragen, um dein Ziel für dich zu definieren:

- Ist es das Ziel zu informieren oder zu überzeugen und damit den Kunden zum Handeln zu motivieren?
- Was sind die Kerninformationen und Aussagen, die transportiert werden sollen? Geht es primär darum, den Prozess (wie sind wir vorgegangen) darzustellen, Erkenntnisse (Person A hat Fieber) vorzustellen, Schlussfolgerungen (Person B hat die Grippe) zu

ziehen oder Empfehlungen (nimm Aspirin) auszusprechen? Hierfür gilt Folgendes zur Orientierung: Bei einem eher abgeneigten Kunden fange mit den Erkenntnissen an. Bei einem Kunden, mit dem man ein gutes Verhältnis hat, kann es auch Sinn machen, mit den Empfehlungen zu beginnen. Generell gilt, dass man keine Zeit auf (langweilige) Fakten verschwenden sollte – diese kann man im Back-up haben und bei Bedarf darauf zurückgreifen.

- Was muss eintreten, damit man sagen kann, dass die Präsentation ein Erfolg war – aus der eigenen Sicht, aus Sicht des Projektleiters und aus Sicht des Kunden?

Zielgruppe/Zuhörer

Des Weiteren sollte überlegt werden, wer die Zielgruppe der Präsentation ist. Oft kannst du auch einfach deinen Projektleiter fragen, wer die Zuhörer einer Präsentation sind. Als Nächstes solltest du in die Schuhe deines Kunden schlüpfen: Was interessiert ihn? Welche Fragen hat er? Was erwartet er? Differenzierungskriterien, an denen du dich orientieren kannst:

- Welche Hierarchieebene hat meine Zielgruppe? Ist sie mehr an Details interessiert oder präferiert sie eine hohe Flughöhe und damit ein höheres Abstraktionslevel?
- Welche Einstellung haben die Zuhörer zu dem Thema? Gibt es kritische Themen, die die Zuhörer betreffen könnten?
- Wo ist der Zuhörer abzuholen? Wie viel Hintergrundwissen benötigt er?

Zusammenhänge darstellen

Anfangs ist ein Jungberater oft überfordert damit, seine Ideen und Analysen in eine ansprechende Präsentation zu bringen. Generell sollte eine Präsentation in gewissen Zügen immer eine Geschichte erzählen. Hierzu empfehlen wir dir die Darstellung und Erläuterung von Projektergebnissen im Pyramidenprinzip:

1. Die Hauptaussage der Präsentation (die »Spitze« der Pyramide) soll direkt zu Beginn die Schlüsselfrage deiner Zielgruppe beantworten.
2. Alle Argumente stützen diese Hauptaussage. Das heißt jedes Argument einer Ebene der Pyramide fasst immer die Argumente der nächst tieferen Ebene zusammen.
3. Die Argumente sind auf jedem Level MECE (»mutually exclusive and collectively exhaustive«). »Mutually exclusive«, d.h. frei von Überlappungen und Überschneidungen. »Collectively exhaustive«, d.h. berücksichtigt alle erdenklichen Möglichkeiten bzw. hat eine Begründung dafür, dass manche Dinge diskutiert, während andere ausgeblendet werden.

4. Die Argumente sind parallel aufgebaut und befinden sich auf der gleichen Ebene, z.B. hinsichtlich des Detailgrades und des Inhalts (verwechsle deine Argumente z.B. nicht mit Maßnahmen).

5. Die Argumente sind in einer logischen Gruppierung strukturiert. Dies kann durch *deduktive* oder *induktive* Gruppen erfolgen. In deduktiven Gruppen erfolgt die Begründung der übergeordneten Hauptaussage durch eine logische Schlussfolgerung (z.B. die Kernaussage C kommt zustande, da die Situation A zu B führt, was wiederum zu C führt). In induktiven Gruppen werden einzelne, losgelöste Argumente herangezogen, die die übergeordnete Kernaussage stützen sollen (z.B. die Kernaussage C begründet sich in Argument A und Argument B).

6. In einer Gruppe, sei es deduktiv oder induktiv, sollten nie mehr als sieben Argumente gefasst sein – füge ansonsten eine weitere Gruppe an Argumenten hinzu.

Oft bietet es sich an, in einem sogenannten *Storyboard* zu arbeiten. Ein Storyboard ist eine visuelle Darstellung des logischen Flows eines Projekts. Oder einfacher gesagt: Ein Storyboard sind aneinandergereihte Folien, die bis auf Titel und grobe Illustration leer sind.

Insider-Tipp

Als ersten Schritt sollte man die Story auf Papier aufschreiben – das spart Zeit und auf Papier lässt es sich oft besser und kreativer überlegen, bevor man gleich in PowerPoint tippelt. Teile hierfür dein Papier in neun Kästen – jeder Kasten entspricht einem Slide. Überlege dir dann die Story nur anhand von Überschriften. Zusätzlich solltest du dir für jedes Slide überlegen, wie man es darstellen könnte. Und denk dran – je Slide nur eine Message.

Division XY seit Dez. 2015 mit deutlichem Kostenanstieg	Identifizierte Kostentreiber sind vor allem A und B	Detaillierte Analyse von A zeigt, dass ...
Detaillierte Analyse von B zeigt, dass ...	Auf Basis Analyse 2 Handlungsoptionen abgeleitet	Deep Dive Option 1
Deep Dive Option 2	Option 2 empfohlen, da ...	Nächste Schritte ...

Abbildung 23: Beispiel eines handgeschriebenen Storyboards (illustrativ)

Das Storyboard gibt dir während des Projekts Orientierung darüber, wohin die Reise (das Projekt) geht. Es hilft dir also auch dabei zu entscheiden, ob die Analyse, die du gerade machst, wirklich für das große Ganze des Projekts benötigt wird. Wenn man gleich zu Beginn ein Endziel im Kopf hat, hilft es dir auch dabei, für dich zu definieren, welche Daten du benötigst und welche Analysen erforderlich sind. Zudem hilft dir das Storyboard in der Zusammenarbeit mit deinen Teamkollegen und Kunden. Es erzeugt ein gemeinsames Verständnis dafür, was die zu liefernden Projektergebnisse sind (*Deliverables*) und was von dir und deiner Arbeit erwartet wird. Sei jedoch auch nicht zu festgefahren: Du solltest das Storyboard natürlich weiterhin flexibel halten – es sollte weiterentwickelt werden in dem Maße, in dem sich auch dein Denken und deine Erkenntnisse weiterentwickeln.

Auf der Ebene von Einzel-Slides solltest du dir bewusst sein, dass ein gut gemachtes Slide die Ergebnisse der Analyse auf einen Blick zur Geltung bringt, während ein schlecht gemachtes Slide die Botschaft und den Zuhörer verwirrt. Deshalb solltest du folgende Punkte beachten:

1. Klare Botschaft: Der Leser oder Zuhörer sollte die Botschaft auch ohne viel mündliche Erklärung verstehen. Die Sprache auf den Slides sollte leicht verständlich sein. Zudem sollte alles dem Hauptziel der Präsentation dienen und nicht durch irgendwelche Nebensächlichkeiten ablenken.
2. Simple Botschaft: Je Slide sollte maximal eine neue Idee, ein neues Konzept oder eine neue Analyse vorgestellt werden – also maximal eine Botschaft pro Slide.
3. Schlagkräftige Botschaft: Ein gutes Slide kommuniziert Erkenntnisse und erzeugt im besten Fall einen Aha-Effekt. Dies kann nicht jedes Slide. Jedes Slide sollte aber in der Lage sein, etwaige Implikationen zu erklären, d.h. Daten sollten nicht einfach nur aufgezeigt werden, sondern ihre Auswirkung sollte interpretiert werden.

Die Form

Der Aufbau einer Folie ist grundsätzlich standardisiert. Zunächst gibt es einen Titel, der als *Action Title* die Hauptaussage des Slides wiedergibt. Ein Titel sollte also nicht auf den Prozess eingehen (z.B. »Wir haben die Analyse XY durchgeführt«), sondern vielmehr auf das Ergebnis (z.B. »Der Umsatz in Division X ist seit Anfang 2015 wieder positiv«). Dann folgt zumeist ein Untertitel, der in ein, zwei Stichworten beschreibt, was der *Body* der Folie zeigt (z.B. Umsatzanalyse Division X). Der Body wiederum kann aus einem Text, einer Grafik oder einem Mix aus beidem bestehen. Bei Text sollte die Schriftgröße niemals kleiner als 12pt sein. Bei Grafiken ist es ein beliebter Fehler, die dazugehörige Legende zu vergessen. Des Weiteren sollten Quelle und Fußnummern sowie ggf. Fußnoten nicht fehlen.

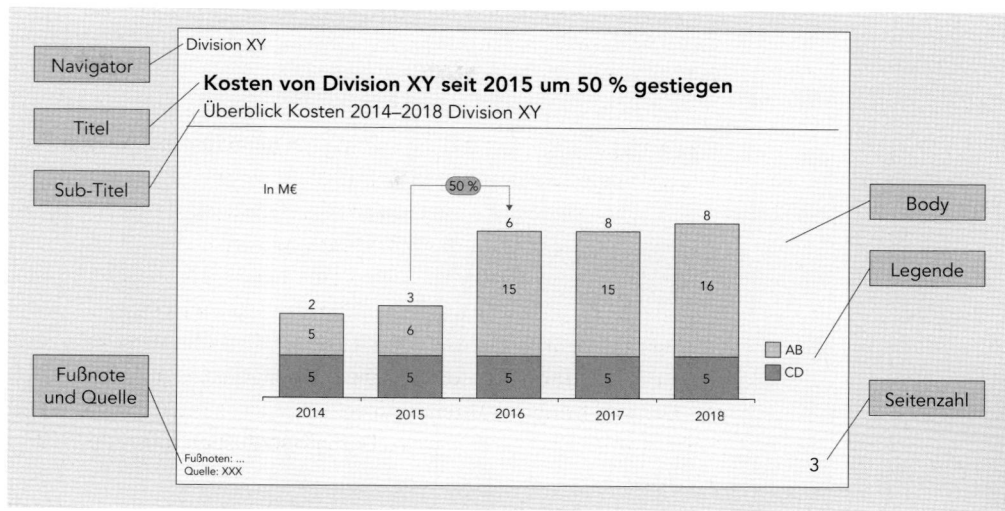

Abbildung 24: Typisches Slide und dessen Bestandteile

Teilweise arbeiten Berater im Kundenformat (hierfür solltest du dir die Schriftarten und Master von deinem Kunden besorgen), teilweise im spezifischen Format ihrer Beratung. Stimme dich hierzu mit dem Kunden ab, was er an der Stelle wünscht.

Zur Darstellung deiner Botschaften hast du verschiedenste Möglichkeiten. Zunächst einmal gilt: Bei quantitativen Informationen solltest du ein datengetriebenes Schaubild nutzen, bei qualitativen Informationen hingegen ein strukturgetriebenes Schaubild.

Datengetriebene Schaubilder (Beispiele)

Je nachdem ob der Zusammenhang, den du darstellen willst, z.B. vielmehr der Umsatz über die Zeit ist (Zeitreihen) oder eine relative Verteilung des Umsatzes (Zusammensetzung), gibt es verschiedene Darstellungsoptionen. Bei datengetriebenen Schaubildern reicht das Spektrum von rein beschreibenden bis hin zu erklärenden Grafiken.

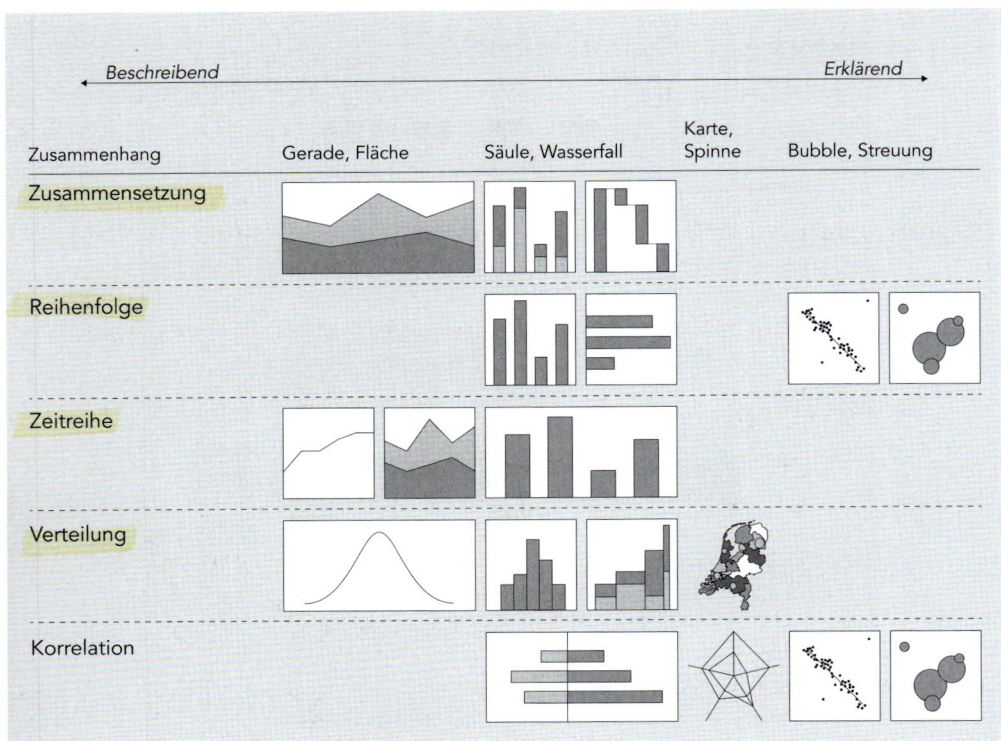

Abbildung 25: Beispiele für strukturgetriebene Schaubilder

Je nachdem ob du z.B. einen Prozess, einen Zusammenhang, eine Bewertung, Selektion oder Argumentation darstellen möchtest, gibt es eine Vielzahl an möglichen Darstellungsformen. Die Abbildung vermittelt dir beispielhaft eine Idee davon, wie groß das Spektrum an der Stelle ist.

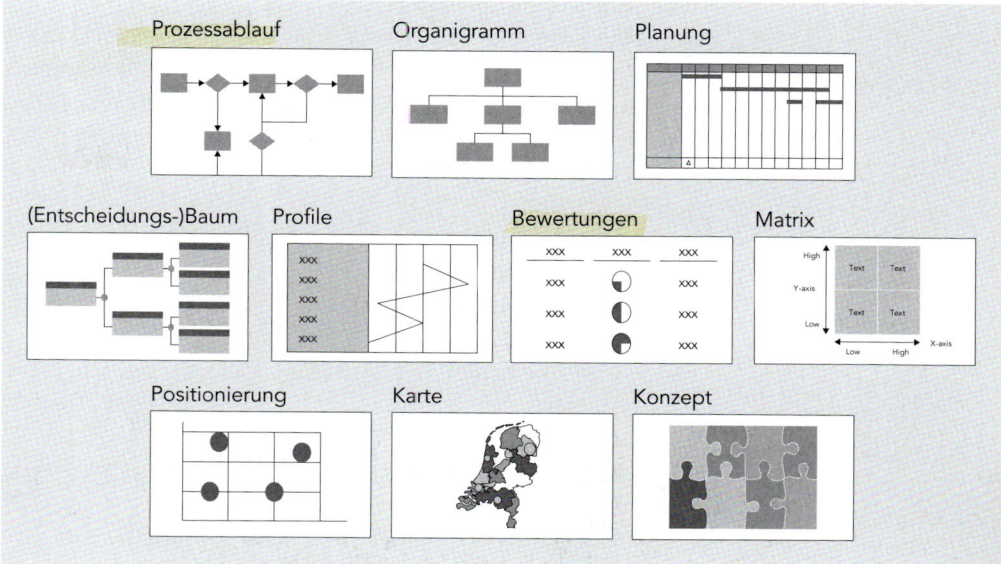

Abbildung 26: Übersicht zur Erstellung von Unterlagen

Effiziente Nutzung von PowerPoint

Damit du mit PowerPoint – dem Hauptwerkzeug eines Beraters – effizient umgehen kannst, haben wir im Folgenden gängige Tipps und Tricks von Beratern gesammelt:

1. Erstelle eigene Vorlagen von Objekten, die du häufig brauchst, damit du nicht immer wieder das Rad von Neuem erfinden musst – dies können Textelemente, Strukturen, Bilder oder Grafen sein. Teilweise stellen Beratungen diese Elemente auch im Rahmen einer Bibliothek oder über direkte Add-ins bei PowerPoint zur Verfügung.

2. Erstelle dir deine eigene Sammlung an »Killerslides«. Das sind Folien, die sowohl inhaltlich als auch formattechnisch und designmäßig überzeugen. Sollte dir mal eine Idee fehlen, wie du dein Ergebnis darstellen möchtest, bieten dir diese »Killerslides« sicherlich eine Anregung.

3. Besorge dir think-cell. Das Tool wird dein Leben bei der Erstellung von Grafen sehr erleichtern. Zudem erstellt think-cell Schaubilder, die einfach schöner anzusehen sind als die Grafen, die du mithilfe von PowerPoint erstellen kannst.

4. Wähle in PowerPoint die Voreinstellung 4:3 oder 16:9 (je nach Kunde), damit deine Präsentation auch projektortauglich ist – sonst läufst du Gefahr, dass sich deine Folien verziehen.

5. Personalisiere dir eine eigene Toolbar mit häufig genutzten Befehlen.

Prüfung der Qualität der Präsentation

Zum Schluss solltest du deine Präsentation hinsichtlich ihrer Qualität prüfen. Zunächst einmal ist eine Rechtschreibprüfung durchzuführen und nach doppelten Leerzeichen zu suchen. Zudem sollte man Folien mehrfach lesen und hinsichtlich der folgenden drei Punkte mit den dazugehörigen Fragen überprüfen:

1. Vollständig:
   - Ist deine Storyline überzeugend? Gibt es einen roten Faden (»horizontale Logik«)?
   - Enthält jeder Titel eine Aussage (Action Title)?
   - Ist die Folie im Gesamtdeck konsistent?
   - Was könnte der Kunde fragen? Worauf habe ich keine Antwort?
2. Richtig:
   - Passen Titel und Grafik auf jeder Folie zusammen (»vertikale Logik«)?
   - Transportiert die Folie eine relevante Erkenntnis?
   - Stimmen die Schlüsse, die aus den Daten gezogen werden?
   - Sind die Daten glaubhaft?
3. Fehlerfrei:
   - Sind die Grafiken korrekt und vollständig beschriftet (u.a. X- und Y-Achse)?
   - Sind im Text zugeordnete Fußnoten vorhanden?
   - Entspricht der Titel dem Inhalt in seiner Quantität (z.B. beliebter Fehler: auf der Folie steht »Auf Basis der Analyse leiten wir fünf Empfehlungen ab«, es sind aber nur vier Empfehlungen gelistet)?
   - Befinden sich Seitenzahlen auf der Folie?
   - Habe ich die Rechtschreibung geprüft?
   - Sind alle Kundennamen richtig geschrieben?

Zusätzliche Tipps

- Vermeide »überkandidelte« Grafiken – manchmal ist weniger mehr. Verzichte daher auf unnötige Animationen, 3-D-Grafiken etc.
- Überladene Slides sind unangebracht – welchen Text und welche Grafiken benötigst du wirklich und wo kannst du ggf. kürzen bzw. drauf verzichten?
- Kommt die Kernbotschaft klar rüber und vermittelt dein Slide auch wirklich nur eine Botschaft?
- Welche Fragen könnte der Kunde haben, wenn er das Slide sieht? Habe ich hierzu überall eine Antwort parat?
- Sanity Checks von Zahlen: Überprüfe beispielsweise händisch übertragene Zahlen noch einmal mit dem Taschenrechner.
- Präsentationsmodus: Schau dir das Slide noch einmal im Präsentationsmodus an statt nur in Bearbeitung.
- Häufig hilft es, die Präsentation einmal auszudrucken, statt sie sich nur auf dem Bildschirm deines Laptops anzuschauen. Auf Papier sehen die Augen (vor allem müde Augen) oft mehr.

6.2 Meetings durchführen

Einen Großteil ihrer Zeit verbringen Berater in Meetings mit dem Kunden – sei es in Einzelgesprächen, in regelmäßigen Sitzungen oder in Workshops. Das hat mehrere Gründe. Zum einen ist es besonders in der Anfangsphase wichtig, alle notwendigen Informationen zur erfolgreichen Bearbeitung des Projekts zu erlangen und Sachverhalte zu klären. Dies geht häufig nur in Gesprächen, da viele dieser Informationen nicht schriftlich vorliegen. Zum anderen ist der Beziehungsaufbau zum Kundenteam enorm wichtig. Denn die Beziehung entscheidet maßgeblich über die Qualität der Zusammenarbeit.

Im Laufe des Projekts sollte der Projektfortschritt eng mit dem Kunden abgestimmt werden. Ganz wichtig: Hinter dem Begriff »Kunde« stehen Menschen. Die größten Erfolgschancen hat ein Projekt, wenn es zwischen den Projektbeteiligten eine Vertrauensbasis gibt. Um diese herzustellen, sind vor allem persönliche Gespräche und Meetings, in denen ein offener Austausch möglich ist, grundlegende Bausteine.

Tabelle 6: Verschiedene Arten von Meetings

Meeting	Geeignet für
One-on-One-Kundengespräch	Kennenlernen, Informationsbeschaffung, Entscheidungen einholen, Informieren
Strukturiertes Interview	Übersicht über ein Thema erlangen, Informationen zum gleichen Thema von mehreren Personen zusammenführen
Workshop/Arbeitsmeeting mit mehreren Teilnehmern	Brainstorming, Prozess aufnehmen oder definieren, Vorgehen planen
Jour fixe	Stand des Projekts besprechen, Lösungen für Probleme finden, Entscheidungen treffen
Lenkungsausschuss/ Steering Committee	Managementebene über Projektstand informieren, Entscheidungen einholen

Alle oben genannten Meetings können als Präsenzmeetings, als Telefon- oder Videokonferenz oder eine Mischung aller abgehalten werden.

Berater nehmen in Meetings unterschiedliche Rollen wahr. Zum einen ist die klassische Beraterrolle zu nennen. In dieser Rolle diskutiert der Berater Inhalte mit dem Kunden auf Augenhöhe und äußert sich inhaltlich zu den besprochenen Themen. In der Moderatorenrolle ist er verantwortlich für die Steuerung der Diskussion sowie die Zusammenfassung und Strukturierung des Gesagten. Moderatoren sollten ihre Meinung nicht kundtun, um die Neutralität in der Gruppe zu wahren. In der dritten Rolle kann der Berater als Präsentator agieren. Hier stellt er Inhalte vor und hat den Hauptredeanteil. Als Letztes ist noch die Rolle des Protokollanten zu nennen. In dieser Rolle hat der Berater typischerweise keinen Redeanteil. Er schreibt Inhalte, Entscheidungen und verteilte Aufgabenpakete strukturiert mit und stellt das Protokoll den Teilnehmern im Nachgang zur Verfügung. Es gibt zwei wichtige Arten von Protokollen: das Verlaufsprotokoll, in dem jeder Wortbeitrag inhaltlich festgehalten ist, und – deutlich häufiger verwendet – das Ergebnisprotokoll, in dem nur die Ergebnisse der Diskussion festgehalten werden. Oft werden Entscheidungen und Arbeitsaufträge auch als »Kommentierungen« in dem besprochenen Deck festgehalten und als »After-Meeting-Version« versendet. Das spart Zeit.

Junge Berater bekommen häufig die Protokollantenrolle zugewiesen, da diese zu einem Großteil aus Fleißarbeit besteht und die erfahrenen Berater mehr Zeit für die Teilnahme an der Diskussion in dem Meeting haben. Es empfiehlt sich, bereits vor dem Meeting ein Template anzufertigen, in dem alle erwarteten Teilnehmer aufgeführt sind und in dem der Meetingname und das Datum bereits enthalten sind. So kann der Stresslevel im Meeting selbst minimiert werden, da sich der Protokollant voll auf das Geschehen konzentrieren kann. Aber Achtung: Protokolle können auch eine Steuerfunktion haben – sprich daher die ersten Male die finale Version vor Versand mit deinem Projektleiter durch.

Insider-Tipp

Mir hat es immer geholfen, das Protokoll-Template im Vorfeld auszudrucken und meine Aufzeichnungen handschriftlich zu erfassen, da ich so schneller und leiser bin als mit dem PC. Zudem konnte ich die Teilnehmer voreintragen, die in der Outlook-Einladung aufgelistet waren.

Im Projekt überzeugen

WARSTORY

Ich habe in einem Lean-Projekt einen »Workshop der Zusammenarbeit« moderiert. Diesen Workshop hatte ich akribisch vorbereitet – jede Minute im Detail geplant, alle Templates vorbereitet und mir sogar im Vorfeld für das »beste Team« eine Flasche Champagner als Preis organisiert. Ungefähr nach der Hälfte des Workshops meldet sich ein Senior-Manager und sagt, er bedanke sich für die prima Vorbereitung, aber er würde gerne den Rest des Workshops darauf verwenden, über ein Thema zu diskutieren, das ihn sehr beschäftige. Einstimmiges Nicken im Raum. Ich habe dem Vorschlag zugestimmt. Also habe ich eine weitere Stunde »Free Flow« moderiert, was teilweise nicht einfach war, weil das Thema doch recht emotional war.   *(Projektleiter, Strategieberatung)*

Der wichtigste Erfolgsfaktor für ein Meeting ist die gründliche Vorbereitung. Einige Punkte sollten vor jedem Meeting – unabhängig davon, ob es ein One-on-One-Gespräch oder ein großer Workshop ist – festgelegt werden. Hierzu zählen das Meetingziel, die Teilnehmerliste und welche Art von Meeting am hilfreichsten für die Zielerreichung ist. Des Weiteren sollten Werkzeuge für die verschiedenen Meetingphasen bereits vorher ausgewählt sein. Eine Übersicht enthält die folgende Infobox. Allerdings schützt auch die beste Vorbereitung nicht vor ungeplanten Situationen. Mit diesen umzugehen, wirst du mit der Zeit lernen.

Entscheidungen, die vor jedem Meeting getroffen werden sollten

- Ziele: Welches Ziel wird in dem Meeting verfolgt: Information, Entscheidungsfindung, kreative Lösungsfindung, Prozessoptimierung, Projektplanung etc.?
- Teilnehmer: Welcher Personenkreis ist für die Zielerreichung wichtig? Welche persönliche Agenda verfolgen die Teilnehmer? Welche Erwartungen oder Ängste bringen sie mit? Wie kann damit umgegangen werden? Und welche Agenda verfolgen sie aus ihrer Funktion im Unternehmen heraus?
- Meetingart: Welches Meeting eignet sich: Workshop, Präsentation, informelles Kaffeetrinken, One on One etc.?
- Werkzeuge: Welche Werkzeuge sind zur Zielerreichung notwendig: Präsentation am Bildschirm (wo stehe ich, wo schaue ich hin), ggf. auch ausgedruckte Präsentation, Split Screen mit Notizen, Metaplankarten und -wand, Flipchart?
- Rollen: Welcher Teilnehmer soll welche Rolle einnehmen: Moderator, Time Keeper, Protokollant etc.?
- Briefing Package: Welche Informationen brauchen die Teilnehmer, um sich für das Meeting zu engagieren oder sich im Vorfeld vorzubereiten?
- Räumlichkeiten: Welcher Raum eignet sich für das geplante Meeting?

Aufgaben, die vor jedem Meeting erledigt werden sollten

- Einen gemeinsamen Termin finden, u.U. über die Assistenz des Auftraggebers
- Raum und ggf. Catering buchen: ebenfalls über die Assistenz
- Agenda für Meeting erstellen
- Einladungen versenden
- Das Briefing Package erstellen und versenden
- Werkzeuge vorbereiten
- Präsentationen und Templates vorbereiten (Wie sollen Ergebnisse festgehalten werden?)
- Flipchart, Marker, Moderationskoffer etc. organisieren

Sind alle Entscheidungen getroffen, kann die Vorbereitung des Meetings beginnen (siehe folgender Kasten).

Dinge, die direkt vor Beginn des Meetings überprüft werden sollten

- Sind alle Hilfsmittel vor Ort?
- Bei Präsentationen: Funktioniert der Projektor?
- Outlook aus oder ganz offline gehen
- Ausdrucke griffbereit haben, falls der Projektor ausfällt
- Ist das Catering so wie bestellt angekommen?
- Ist der Raum gut gelüftet?
- Habe ich genug Visitenkarten dabei?

Vor dem eigentlichen Termin ist es wichtig, rechtzeitig vor Ort zu sein, um noch einige Punkte zu kontrollieren und den Ablauf mental durchzugehen. Ist der Raum gut vorbereitet, kann das Meeting losgehen. Einen guten Eindruck macht es, wenn jeder Teilnehmer persönlich begrüßt wird. Nach einer kurzen Vorstellungsrunde können Ziele und Vorgehen des Meetings vorgestellt werden. Nun geht es darum, die einzelnen geplanten Blöcke des Meetings zu managen. Häufig verwendete Werkzeuge sind Präsentationen, Ice Breaker, Brainstorming und Methoden zur Entscheidungsfindung (siehe auch folgende Infobox).

Im letzten Schritt eines Meetings ist es wichtig, klar zu formulieren, was erreicht wurde und welche Punkte noch offen sind. Im Meeting verteilte Aufgaben werden nochmals zusammengefasst (was, bis wann, wer ist verantwortlich, wer erhält Ergebnis) und nächste Schritte besprochen. Auch der nächste Termin kann bereits festgelegt werden.

Im Nachgang zu Meetings sind in der Regel auch noch einige Aufgaben zu erledigen. Meetingergebnisse werden aufgearbeitet, Aufgaben und Deadlines schriftlich zusammengefasst. Diese Informationen werden zeitnah an die Teilnehmer versendet. Relevante Ergebnisse und andere Insights sollten intern mit dem Team geteilt werden.

Nach wichtigen Meetings ist es hilfreich, sich ein paar Minuten Zeit zu nehmen, um zu reflektieren, was gut oder nicht so gut lief, und daraus Schlüsse zu ziehen für das nächste Meeting.

Auch empfiehlt es sich, sich gegenseitig Feedback zu geben.

In Meetings werden zu unterschiedlichen Zwecken verschiedene Werkzeuge eingesetzt

- Präsentation: Das mit Abstand wichtigste und am häufigsten eingesetzte Werkzeug wird dazu verwendet, Informationen mitzuteilen. Meistens geht es natürlich um aktuelle Projektergebnisse.
- Ice Breaker: Sie dienen dazu, die Hemmschwelle zu senken und sind besonders dann geeignet, wenn die Teilnehmer sich nicht kennen oder eine für das Meeting zu formale Atmosphäre herrscht. Zum Beispiel stellt sich jeder Teilnehmer mit drei Aussagen über sich selbst vor. Zwei davon sind wahr, eine Aussage ist eine Lüge. Die anderen Teilnehmer raten, welche eine Lüge ist. In einem Einzelgespräch kann Small Talk die Funktion des Ice Breakers übernehmen. Eine gute Übersicht über tagesaktuelle Themen zu haben, schadet nicht.

- Brainstorming: Dieses Werkzeug hilft, ein Thema von allen erdenklichen Seiten zu durchleuchten oder um Strategien oder Lösungen zu finden. Gut umgesetzt, kann ein Brainstorming erstaunliche Ergebnisse hervorbringen. Jeder Teilnehmer darf frei äußern, was ihm zu dem Thema einfällt. Das Gehörte führt bei den anderen Teilnehmenden zu Assoziationen und neuen Gedankengängen, die wiederum frei geäußert werden. Alle Beiträge werden schriftlich, z.B. an einem Flipchart, erfasst. Wichtig ist, dass alle Teilnehmer konzentriert beim Thema bleiben. Kritik wird generell nicht geübt. Ist d e kreative Phase abgeschlossen, werden die Aufzeichnungen strukturiert und weitere Schritte besprochen.
- Entscheidungsfindung: Sollen Entscheidungen getroffen werden, bietet sich eine offene Diskussion über Vor- und Nachteile möglicher Entscheidungen an. Die Diskussion kann ggf. durch entsprechende Slides im Vorfeld vorbereitet werden. Wird eine Entscheidung getroffen, ist es wichtig, diese für alle Teilnehmer schriftlich oder mündlich zu wiederholen, um Missverständnissen vorzubeugen.

6.3 In Meetings und Präsentationen überzeugen

Seit Tversky und Kahneman in den 70er-Jahren die angestaubte Lehre vom Homo oeconomicus (rational entscheidender Mensch) in die Geschichtsbücher verbannten und einen Nobelpreis dafür bekamen, ist endgültig klar: Menschen sind keine rationalen Entscheider. Für die Arbeit in der Beratung heißt das: Es gewinnt nicht die beste Idee, sondern die einigermaßen plausible Idee, die am überzeugendsten vorgetragen wurde. Grundsätzlich ist heute wohl jedem klar, dass der Mensch nicht rational entscheidet.

Trotzdem gehörst wahrscheinlich gerade du zu der »Risiko-gruppe« der Menschen, die in ihrem Studium gelernt haben, dass Argumente und Ideen zählen, und die manchmal unterschätzen, wie wichtig der ganze Rest ist. Zum Glück sitzen dir auch immer wieder Menschen gegenüber, die ähnlich intellektuell sind wie du selbst, und die versuchen, Dinge rational und sachlich zu betrachten, und somit auch recht empfänglich für deine rationalen Argumente sind. Stell dir einmal vor, du gehst mit einem Bruch zum Arzt. Dieser ent-puppt sich als ein nervöses Nervenbündel, der ständig schüchtern vor sich hinredet und immer wieder betont, wie unsicher er über seine eigene Diagnose ist. Würdest du dich gut aufgehoben fühlen? Sicher nicht. Tatsächlich würdest du lieber zu dem Arzt gehen, der selbstbe-wusst durch den Gang schwebt und dir im Brustton der Überzeugung vermittelt, wie alles wieder gut wird. Das Ganze geht noch weiter: Untersuchungen zum Placeboeffekt zeigen, dass dein Glaube an die Kompetenz des Arztes bei vielen Erkrankungen wichtiger ist als Medikamente - methodisch gut gemachte Studien zeigen häufig, wie lächerlich gering oder sogar negativ die Wirkung von Medikamenten ist, wenn man den Placeboeffekt herausrechnet.

Es ist recht wahrscheinlich, dass diese Ergebnisse zumindest zum Teil auf die Beratung übertragbar sind. In deiner neuen Rolle als Arzt für Unternehmen musst du also lernen, deinen Kunden zu überzeugen und ihm ein sicheres Gefühl zu geben. Du bist nun nicht mehr an der Universität – jetzt bist du ein Experte, der auch so auftreten sollte. Natürlich bringst du, analog zu hoffentlich den allermeisten Ärzten, auch gutes Handwerkszeug mit, aber du solltest auch lernen, in deiner neuen Rolle überzeugend zu sein. Dies ist, wie eben am Beispiel des Arztes und der Medikamente veranschaulicht, mehr als nur Blendwerk – deine Überzeugungskraft macht auch einen Teil deiner Wirksamkeit aus.

Nachdem du in den vorherigen Kapiteln einiges über die Hard Skills beim Durchführen von Meetings gelernt hast, geht es hier um die Soft Skills. In diesem Kapitel kannst du etwas darüber lernen, wie du den Kunden in Meetings, Präsentationen und anderen Kontaktsituationen überzeugst. Dabei geht es zunächst darum, dir Tipps an die Hand zu geben, wie du Menschen besser verstehst. Danach wird erörtert, wie du besser darin werden kannst, durch Sprache, Stimme und Körpersprache zu überzeugen. Zuletzt findest du noch einige praktische Hinweise für Meetings und Präsentationen.

Menschen lesen: Ziele und Motive

Ein erster wichtiger Schritt dahin, jemanden zu überzeugen, ist es, ihn zu verstehen. Häufig verstehen wir zwar die rationalen Ziele von Menschen, aber nicht, was ihr Verhalten eigentlich dominiert. Was bestimmt nun die Handlungen von Menschen?

Die Ziele von Menschen

In Unternehmen wird häufig mit gemeinsamen Zielen diskutiert. Wenn du auf dieser Ebene argumentierst, bist du einem Irrtum verfallen: dem Irrtum des gemeinsamen Ziels.[3] Wir gehen meist davon aus, dass andere Menschen unsere Ziele teilen. Dies ist aber weit weniger häufig der Fall, als wir denken.[4] Auch wenn Menschen von einem Sachziel überzeugt sind (Was wollen wir tun?) und auch das Prozessziel (Wie wollen wir es tun?) geklärt ist, heißt das noch lange nicht, dass sie sich dementsprechend verhalten.

Was sind nun die irrationalen Ziele, die das Handeln von Menschen bestimmen? Zunächst spielt dabei das *Identitätsziel* eine wichtige Rolle. Menschen neigen dazu, sich zu fragen, wer sie sind und wie sie wahrgenommen werden. Diese Fragen stellen wir uns immer wieder unbewusst. Die Werbeindustrie macht sich das Identitätsziel sehr häufig zunutze: Es werden glückliche, gesunde und gutaussehende Menschen gezeigt und auf diese Weise unterbewusst mit den beworbenen Produkten verbunden. Um dieses Ziel zu adressieren, sollten wir unserem Gegenüber aufzeigen, welche positiven Auswirkungen die von uns gewünschte Option auf das Image hat.

3 Siehe Sridhar, K. (2014): Wie Sie andere dazu bringen, das zu tun, was Sie wollen. Redline, München

4 Siehe Oettingen, G./Ahn, J. N./Gollwitzer, P./Kappes, A./Kawada, C. L. K. (2014): Goal projection and giving help. In: Journal of Experimental Psychology, 54, S. 204–214

Weiterhin sind Menschen auch vom *Beziehungsziel* terminiert. Menschen legen fast durchweg großen Wert auf persönliche Beziehungen und sind von Kindesbeinen an gewöhnt, darüber nachzudenken, ob sie beliebt und respektiert sind und wie sich ihre Handlungen darauf auswirken. Das werden sie bei Entscheidungen immer im Blick behalten, dies aber nicht offenlegen, weil es nicht in die sachliche Diskussion passt, die in Unternehmen meist geführt wird.

Die Motive von Menschen

Eine noch etwas tiefere Sicht wird erreicht, wenn man sich die Motive von Menschen anschaut. Was ist nun die wirkliche Motivation, die Menschen dazu bringt, etwas zu tun? Mit folgender Formel lässt sich das vereinfacht veranschaulichen:[5]

Motiv = Selbstbestätigung + Bequemlichkeit + Gier + Angst

Selbstbestätigung

Wie oben beim Beziehungsziel schon kurz umrissen, wünschen wir uns, geliebt, geschätzt und bewundert zu werden. Es ist eine grundsätzliche Beschaffenheit des Menschen als soziales Wesen, Wertschätzung von anderen Menschen zu erfahren. Im wirtschaftlichen Bereich wird durch Studien immer wieder gezeigt, dass Mitarbeiter sich mehr an ein Unternehmen gebunden fühlen und auch bessere Arbeit leisten, wenn sie von diesem Wertschätzung erfahren.

Sorg dafür, dass dein Gegenüber Wertschätzung erfährt, und du wirst oft mehr erreichen als mit überzeugenden Argumenten.

Bequemlichkeit

Schon aus evolutionstheoretischer Sicht macht es Sinn, Ressourcen zu sparen. So sind auch wir Menschen darauf geeicht, Abkürzungen zu nehmen und uns das Leben einfacher zu machen. Dein Kunde wird sicherlich auch Optionen bevorzugen, die für ihn weniger Arbeit sind.

Dies gilt es, im Auge zu behalten und gezielt zu adressieren.

Gier

Fast alle Menschen haben Freude daran, etwas zu besitzen. Das muss nicht immer ein Auto sein, es kann auch ein Urlaub oder eine andere Erfahrung sein. Es gehört zum Leben in unserer Gesellschaft, sich mit Geld oder Macht etwas »kaufen« zu können und so die Freiheit zu haben, etwas zu tun. Wenn dein Kunde nicht gerade ein tibetanischer Mönch ist, wird er auch dafür empfänglich sein. Mache deinem Kunden also klar, was er für Vorteile von einer bestimmten Lösung hat.

---

5 Siehe Sridhar, K. (2014): Wie Sie andere dazu bringen, das zu tun, was Sie wollen. Redline, München

Angst

Angst ist ein tief im Menschen verankertes Gefühl mit vielen Ausdrucksformen. Sie geht bis zum Fight-Flight-Freeze-System unseres Organismus: Bei konkreter Bedrohung werden Verhaltensmuster mit spezifischen Stoffwechselreaktionen aktiviert. Aber auch in unserem Alltag werden wir von Angst bestimmt, die wir vielleicht eher Sorge nennen würden.

Je nach Persönlichkeit und Situation kommen unterschiedliche Motivkombinationen zum Tragen. Es lohnt sich, wachsam zu bleiben, wer von welchen Motiven bestimmt wird, um diese dann adressieren und nutzen zu können.

Durch Sprache überzeugen

Ganz entscheidend ist bei einem Vortrag oft ein guter Anfang. In den ersten Sekunden und Minuten eines Vortrags wird von Zuhörern häufig schon eine Entscheidung getroffen, ob es sich lohnt zuzuhören. Außerdem gewinnt man selbst mit den ersten Sätzen an Sicherheit – oder man verliert sie. Es ist daher sehr wichtig, dass du dich gut auf deine ersten Sätze vorbereitest. Du solltest auf jeden Fall klarmachen:

- Wer du eigentlich bist
- Was du vom anderen willst
- Warum das Thema für den anderen interessant ist
- Was der andere davon hat

Neben dem Anfang bleibt auch das Ende eines Vortrags in besonderem Maße in Erinnerung. Daher solltest du auch auf das Ende besonders gut vorbereitet sein. Hier sollte deutlich werden:

- Was sind Kernergebnisse des Termins?
- Was sind weitere Schritte?
- Wann und in welcher Konstellation trefft ihr euch wieder?

Wir alle sind darin geübt, Menschen zu begeistern und zu überzeugen. Daher werden dir viele der folgenden Verhaltensweisen sehr bekannt vorkommen. Vielleicht kannst du trotzdem die eine oder andere Anregung mitnehmen, um sie mal auszuprobieren. Suche dir Situationen dafür aus, die nicht ganz so kritisch sind, aber sei ein Experimentator, unterschiedliche Methoden auszuprobieren, um dein Verhaltensrepertoire zu erweitern.

Sympathie signalisieren

Einfach, aber wahr: Menschen mögen meist andere Menschen, von denen umgekehrt auch sie gemocht werden. Wenn dir jemand sagt, dass er dich nicht leiden kann, wirst du ihn im Regelfall auch nicht sympathisch finden und vermutlich genau das Gegenteil von dem tun, was er will. Umgekehrt magst du meist die Menschen gerne, die dich auch mögen.

Diese Regel kannst du dir zunutze machen, indem du deinem Kunden Sympathie bekundest. Da der Satz »Ich finde Sie einfach wahnsinnig sympathisch!« leicht etwas gewollt und plump wirken kann, empfiehlt es sich, solche Sympathiebekundungen nicht direkt auf die Person, sondern auf eine Eigenschaft oder etwas der Person anderweitig Assoziiertes zu beziehen, z.B. »Sie haben ein sehr sympathisches Lächeln« oder noch etwas weniger direkt »Das ist aber eine schöne Uhr«. Das ist deutlich weniger plump, vor allem wenn es stimmt.

Überhaupt bist du natürlich viel überzeugender, wenn du authentisch bist. Du solltest also vor allem dann Sympathie signalisieren, wenn du sie auch empfindest bzw. empfinden kannst.

Erkenne die Situation deines Gegenübers an

Menschen wollen sich verstanden fühlen, sie wollen nicht nur als Mittel zum Zweck dienen, sondern auch als Mensch gewürdigt werden. Versuche daher auch deinem Kunden gegenüber, Verständnis und Achtung vor seiner Situation zu signalisieren. Sätze wie »Sie haben aber eine sehr wichtige Rolle hier im Unternehmen« kosten dich nichts und können eine sehr positive Wirkung haben. Oder du fragst deinen Kollegen: »Du machst so schöne Folien, kannst du mir mal bitte einen Tipp geben, wie ich diese Datengrube besser aussehen lasse?«

Einen Sinn vermitteln

Es liegt in der menschlichen Natur, nach einem Sinn zu forschen. Man kann Menschen daher besser dazu bringen, etwas zu tun, wenn man ihnen einen Sinn vermittelt. »Ich bräuchte bitte die Umsatzdaten von Polen« ist weit weniger überzeugend als »Ich bräuchte bitte die Umsatzdaten von Polen, um dem Vorstand nächste Woche ein vollständiges Bild zu vermitteln«. Dabei geht es nicht immer darum, dass diese Erklärung völlig erschöpfend und spezifisch ist. Ein Experiment von Sridhar[6] zeigt, dass die Teilnahme an einer Studie sprunghaft ansteigt, wenn eine oberflächliche Erklärung mitgegeben wird, was die Studie erforschen soll.

Um Hilfe bitten, und nicht um einen Gefallen

Einen Gefallen verbindet man mit Aufwand, helfen ist eine gesellschaftliche Pflicht. Frag also lieber nach Hilfe, statt um einen Gefallen zu bitten.

Geduld und Timing

Für alles vorher Gesagte gilt: Warte auf den richtigen Augenblick. Wenn du dir zu viel vornimmst, hast du unter Umständen nicht mehr die Chance, flexibel auf die Situation einzugehen. Du solltest dein

---

6   Siehe Sridhar, K. (2014): Wie Sie andere dazu bringen, das zu tun, was Sie wollen. Redline, München

Gespür für Stimmungen des Gegenübers und die richtige Handlung in der richtigen Situation nutzen.

Durch Stimme und Körpersprache überzeugen

Viele Trainer und Coaches verwenden eine beeindruckende Zahl, um die Wichtigkeit von Stimme und Körpersprache deutlich zu machen: 93 % der Informationen würden durch paraverbale und nonverbale Kommunikation vermittelt und nur 7 % durch verbale Kommunikation. Diese Zahl beruht auf einer unzulässigen Verallgemeinerung eines Experiments[7] in einem sehr spezifischen Kontext, in der verbale Kommunikation tatsächlich eine geringe Rolle spielt, und ist eher ein Beispiel dafür, wie hartnäckig sich völlig falsche, aber spektakuläre Märchen in vielen Bereichen halten können.

Die Wichtigkeit von Stimme und Körpersprache hängt tatsächlich von der Person ab. Es gibt Situationen, da ist sie sehr wichtig, z.B. wenn jemand bei einer Präsentation eine sehr unpassende Körpersprache zeigt. Es gibt auch Personen, bei denen sie besonders wichtig ist, etwa weil sie sehr dynamisch sind und durch ihr Wesen mitreißen und begeistern können.

Es folgen ein Paar Tipps, die sich oft bewahrheitet haben und dir Anregungen bieten, dein Verhaltensrepertoire um einige Register zu erweitern.

Mache Pausen und senke dabei die Stimme

Wenn du beobachtest, wie seniore Führungskräfte im Vergleich zu Neueinsteigern sprechen, wird dir eins schnell auffallen: Sie nehmen sich ihre Zeit. Sie wissen, dass man ihnen zuhört und dass sie nicht unterbrochen werden, und reden daher nicht gehetzt und unruhig, sondern überlegt, mit Pausen und Stimmsenkungen. Von kaum einem Merkmal ist so gut nachgewiesen, dass es die Kompetenzanmutung und die Verständlichkeit steigert.[8] Natürlich wird dir dies anfangs schwerfallen, aber durch einige Tricks kannst du dafür sorgen, deine Stimme öfter zu senken.

- Meist senkt man seine Stimme am Ende eines Satzes. Spricht man in kurzen Sätzen, senkt man seine Stimme also automatisch häufiger.
- Nimm dich einmal selbst jeden Tag zehn Minuten auf (übe z.B. eine Präsentation) und zähle beim Abspielen die Anzahl der

Im Projekt überzeugen

---

7 Siehe Mehrabian, A. (1972): Silent Messages: Implicit Communication of Emotions and Attitudes. Wadsworth Publishing Company, Boston

8 Siehe Scherer, K. (1982): Vokale Kommunikation. Nonverbale Aspekte des Sprachverhaltens. Beltz, Weinheim, Basel; Neuber, B. (2002): Prosodische Formen in Funktion. Leistungen der Suprasegmentalia für das Verstehen, Behalten und die Bedeutungs(re)konstruktion. Peter Lang, Frankfurt/Main; Pietschmann, J. (2008): Wirkungsuntersuchung zum Einfluss sprecherisch-stimmlicher Merkmale auf die Wahrnehmung und Zuschreibung von Persönlichkeitseigenschaften im Kontext der professionellen Telefonie. Frank & Timme, Berlin, S. 59–93; Sendlmeier, W. F. (2005): Sprechwirkung – Sprechstile in Funk und Fernsehen. Mündliche Kommunikation. Logos, Berlin

Stimmsenkungen. Du wirst merken, dass die Anzahl der Stimmsenkungen innerhalb von wenigen Tagen zunimmt.

Blickkontakt und Lächeln

Menschlicher Kontakt fängt häufig mit einem Blick an. Du kennst das vielleicht aus einem anderen Kontext, z.B. beim Kennenlernen von jemandem, mit dem du gerne befreundet wärst. Diese Situation eignet sich überhaupt gut als Beispiel, weil du dabei ganz explizit versucht hast, Sympathie und Zuneigung zu erzeugen. Das sollte nicht dazu führen, dass du mit einem verkrampften Dauerlächeln rumläufst, aber du solltest dich von deiner besten Seite zeigen und gerade anfangs den Blickkontakt suchen und jemanden anlächeln, wenn es zur Situation passt.

- Du solltest deinem Gegenüber im Gespräch ein richtiges Maß an Blickkontakt angedeihen lassen. Gemeinhin wird davon gesprochen, dass man 40-60 % direkten Augenkontakt haben sollte.
- Du solltest den Blick nicht zu lange halten, das kann teils etwas bedrohlich wirken, aber auch nicht dauernd hin und her starren.
- Fokussiere dich auf einen Fixpunkt beim Gegenüber, z.B. die Augen oder ein Auge.

Sitz, Stand, Gestik und Mimik

Menschen haben meistens einen recht guten Sinn dafür, Unwohlsein zu erkennen. Daher ist es ein zentrales Ziel, dass du dich in einer Situation wohlfühlst. Anbei einige Vorschläge, die dir helfen können, dieses Ziel zu erreichen:

- Vor dem Meeting solltest du dich positiv programmieren: Die Forschung zeigt, dass eine positive und kraftvolle Haltung letztlich auch einen entscheidenden Einfluss darauf hat, wie wir uns fühlen.[9] Hier solltest du also an positive Situationen denken, vielleicht nochmal mit jemandem telefonieren, den du magst und der viel von dir hält.
- Raum vorher in Beschlag nehmen: Dies ist besonders bei Präsentationen wichtig. Du solltest genau überlegen, wo du stehen willst, vielleicht einmal durchlüften, um dann das Fenster schließen zu können und die Möglichkeit haben, die Gäste einzeln zu begrüßen. Außerdem sollte dein Laptop so stehen, dass du die Folien gut lesen kannst und du zugleich dem Publikum zugewandt bist.
- Warm machen: Wenn du vorher den ganzen Tag Excel und PowerPoint benutzt hast, sind deine Stimme und dein Körper vermutlich etwas eingerostet. Du kannst dir vor einer Präsentation

---

9 Dazu ein interessanter TED-Talk: www.ted.com/talks/amy_cuddy_your_body_
language_shapes_who_you_are?language=de

auch mal etwas Zeit nehmen, um deinen Körper zu aktivieren. Ein Spaziergang, Yoga oder morgendliche Dehnübungen können dabei helfen. Suche dir außerdem ruhig einen Ort, um einige Sätze noch einmal für dich durchzusprechen. Du wärst überrascht, wenn du wüsstest, wie viele erfahrene Redner das tun.

- Fester Stand: Nimm dir die Zeit und den Raum, den du brauchst. Suche dir eine gute Sitzposition oder einen guten Stand. Du kannst auch ruhig mal einen Moment schweigen und dich auf dich selbst konzentrieren, das wirkt durchaus selbstsicher.
- Gute Position für Hände finden: Es gibt dazu kein Patentrezept. Ein Stift in der Hand kann helfen, auf keinen Fall solltest du deine Hände in Taschen stecken oder Ähnliches.
- Bei kritischen Fragen kann die SOS-Regel helfen: schnaufen, Ortswechsel, schauen. Das bedeutet im Wesentlichen, dass du dir die Zeit nimmst, die du brauchst, und ruhig bleibst.

Hole dir Feedback ein

Meistens bleibt es im Beratungsalltag auf der Strecke, aber du solltest dir immer wieder Zeit dafür nehmen, dir Feedback von deinem Projektleiter und deinem Team einzuholen. Da du dich selbst nicht sehen kannst, ist dies gerade bei der Körpersprache besonders wichtig.

Ein anderer Weg ist es natürlich, dich selbst zu filmen. Dies ist meist mit einigen Überraschungen verbunden, weil du so direkt siehst, was du für einen Eindruck auf andere Personen machst. Nach dem Motto »Selbsterkenntnis ist der erste Weg zur Besserung« hilft dir das Erkennen deiner Wirkung häufig schon dabei, sie richtig einschätzen zu können und falls nötig zu verändern. Besonders, wenn du danach in der Lage bist zu verstehen, warum du die entsprechende Körpersprache benutzt. Dies hilft oft mehr, als krampfhaft zu versuchen, etwas Bestimmtes zu tun oder zu lassen. Wenn du noch tiefer in das Thema Körpersprache eintauchen möchtest, solltest du eines der Bücher von Sammy Molcho lesen.[10]

Checkliste: Durch Sprache, Stimme und Körpersprache überzeugen

Aufgaben	Erledigt
Starte Präsentationen und Meetings mit einer gut vorbereiteten Einleitung.	☐
Mache Pausen und senke dabei die Stimme.	☐
Stelle regelmäßig Blickkontakt her und nutze Anlässe für ein natürliches Lächeln.	☐
Stelle eine positive Stimmung für dich selbst her, programmiere dich positiv.	☐

---

10 Zum Beispiel Molcho, S. (1997): Körpersprache im Beruf. Goldmann, München; Molcho, S. (2009): Mit Körpersprache zum Erfolg 3.0. United Soft Media, München (DVD-ROM)

Aufgaben	Erledigt
Stelle ein positives Setting im Raum für dich her.	☐
Suche dir einen festen Stand und eine gute Position für deine Hände.	☐
Nimm dir bei kritischen Fragen auch mal Zeit zum Durchatmen.	☐
Beende Präsentationen und Meetings mit einem gut vorbereiteten Ausstieg.	☐

Soft Skills für Meetings und Präsentationen

Auf deinem ersten Projekt wirst du als Berater in deinem ersten Kundengespräch darauf brennen, inhaltliche Themen zu besprechen. Dabei besteht die Gefahr, dass andere Dinge untergehen, die du in deinem Leben eigentlich gut beherrschst und sonst richtig machen würdest. Die Checkliste unten bereichert die Checkliste in Kapitel 4.2 *Mit dem Vorgesetzten umgehen* um einige Punkte, die über die organisatorischen Themen hinausgehen, aber nicht weniger wichtig sind. Bitte behalte dabei im Hinterkopf, dass diese Punkte in ähnlicher Form auch für Gespräche mit deinem Projektleiter und deinem Partner gelten.

Insider-Tipp

Im Fallalltag wird oft viel zu wenig Zeit darauf verwendet, sich auch auf das Halten der Präsentation vorzubereiten. Nachdem eine Unterlage wochenlang vorbereitet wurde, ist es jedoch ganz entscheidend, diese auch gut zu präsentieren. Nimm dir daher immer die Zeit, deine Präsentation auch mal laut zu üben. Das absolute Minimum im Notfall ist die 5-5-5-Regel: 5 Minuten, um deine Einleitung zu üben, 5 Minuten, um sich auf die Slide-Übergänge vorzubereiten, und 5 Minuten für den Ausstieg.

Vorbereitung
- Sich über eigene Ziele und Ziele des Kunden klar werden
- Mögliche kritische Punkte klären
- Nach Möglichkeit Informationen einholen, z.B. Projektleiter oder Partner fragen, was der Kunde für ein Typ ist, oder sich mithilfe von Xing, Google oder Intranet informieren

Begrüßung
- Respektvoll eintreten, besonders, wenn man Gast ist (an Tür klopfen, »Passt es Ihnen gerade?«, nach Kunden Platz nehmen)
- Sich vorstellen und Kunden mit Namen anreden
- Händedruck, der zwar fest und selbstbewusst, aber auch nicht übertrieben fest ist. In Studien hat sich außerdem gezeigt, dass ein Händedruck zwischen 2–4 Sekunden optimal ist (also etwas länger, als man es gewöhnt ist).
- Gegebenenfalls Visitenkarten tauschen

Kennenlernen

- Sich anfangs Zeit nehmen, die Beziehungsebene aufzubauen: »Wie geht es Ihnen?«, »Das ist aber ein schöner Ausblick.«, »Es freut mich sehr, Sie endlich kennenzulernen.«
- Auf dein Gegenüber eingehen: wenn einsilbig, dann selbst auch eher knapper sein, wenn gesprächig, dann Angebote annehmen
- Kontext: dem Gegenüber klarmachen, worum es eigentlich geht, hier keine Zeit sparen
- Ziele des Gesprächs definieren

Hauptteil

- Auf Gesprächsanteile achten (zuhören ist meist wichtiger, als selbst zu reden)
- Notizen machen
- Nachfragen, spiegeln, Zwischenzusammenfassungen ziehen

6.4 Konflikte als Chance

Keiner mag Streit und Konflikte. Trotzdem sind sie wichtig und sinnvoll. Mit wem streiten wir überhaupt? Meist mit Menschen, die wir mögen und denen wir trauen. In Konflikten zeigen wir unser wahres Gesicht, unsere Bedürfnisse und Wünsche. So bekommen wir die Möglichkeit, uns gegenseitig zu verstehen. Daher ist ein erfolgreich gelöster Konflikt oft ein Grund dazu, Vertrauen zu jemandem zu fassen und ihn danach noch mehr zu mögen. Außerdem bekommen wir gerade in Konflikten sehr genau mit, wie andere uns wahrnehmen, weil sie ehrlicher und direkter mit uns sind als sonst. Konflikte sind also auch eine wichtige Möglichkeit, etwas über sich selbst zu lernen und sich weiterzuentwickeln. Wie in Abbildung 27 deutlich wird, kommen Konflikte gerade bei kleinen Beratungen und Boutiquen häufiger vor. Dies könnte z.B. daran liegen, dass es dort weniger Fluktuation in den Teams und auch bei den Vorgesetzten gibt und jeder Einzelne daher länger mit seinen Kollegen zusammenarbeitet. So werden Konflikte unter Umständen schneller emotionaler, als wenn Teamzusammensetzungen häufig wechseln und man (zumindest manche) Probleme einfach durch das Warten auf das nächste Projekt lösen kann.

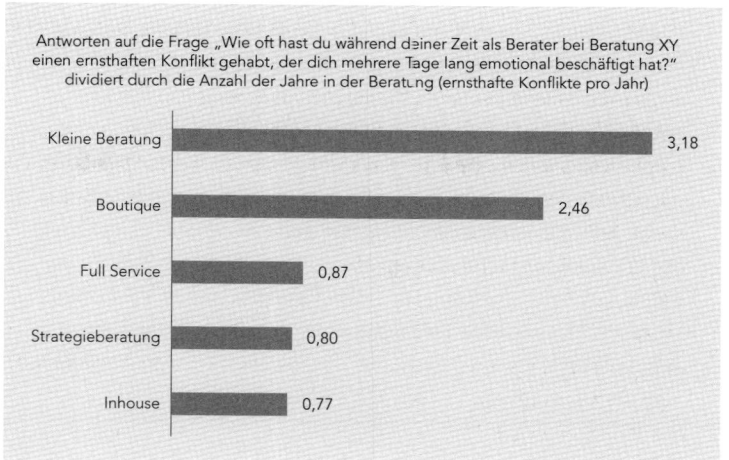

Antworten auf die Frage „Wie oft hast du während deiner Zeit als Berater bei Beratung XY einen ernsthaften Konflikt gehabt, der dich mehrere Tage lang emotional beschäftigt hat?" dividiert durch die Anzahl der Jahre in der Beratung (ernsthafte Konflikte pro Jahr)

Kleine Beratung	3,18
Boutique	2,46
Full Service	0,87
Strategieberatung	0,80
Inhouse	0,77

Abbildung 27: Konflikte im Berateralltag

Wir sind daran gewöhnt, Konflikte als etwas sehr Negatives zu sehen. Wie die Forschung gezeigt hat, werden aber Themen, die wir als negativ assoziieren, gerade dadurch auch wirklich negativ (selbsterfüllende Prophezeiung).[11] Dies trifft auf Konflikte sicherlich auch zu. Trotzdem hast du wahrscheinlich auch schon häufiger nach einem Konflikt gedacht »War doch gar nicht so schlimm« oder »Der ist ja doch ganz nett«. Es liegt also an dir, die selbsterfüllende Prophezeiung zu entkräften und deine Konflikte zu etwas Produktivem und Wertvollem zu machen. Ein Konflikt ermöglicht:

- Die eigenen Motive für sein Handeln deutlich zu machen
- Eigene Limitationen, situative Komplikationen und Zwänge deutlich zu machen
- Eigene Bedürfnisse klarzumachen
- Umgekehrt den anderen bezüglich der drei vorigen Punkte besser zu verstehen

In der Beratung ist meist wenig Zeit für das Ausleben von Konflikten. Dabei geht aber unter, dass gerade unterschwellige Konflikte enorm viel Zeit und Energie kosten können. Ganz konkret kann ein verbalisierter Konflikt wie ein reinigendes Gewitter wirken: Ein dauerhafter Konfliktpunkt wird plötzlich aus der Welt geschafft und man kann sich wieder in die Augen sehen. Im Folgenden wird erst einmal deutlich gemacht, welche Typen von Konflikten es gibt und wie man mit ihnen umgeht.

11 Siehe z.B. Merton, R. K. (1948): The Self-Fulfilling Prophecy. In: The Antioch Review, Vol. 8, S. 193–210; oder weniger wissenschaftlich: Watzlawick, P. (1988): Anleitung zum Unglücklichsein. Piper, München

Am Anfang meines letzten Projekts hat ein Kunde versucht, mir in den ersten Meetings alle Fleißaufgaben aufs Auge zu drücken. In den Meetings entstanden dadurch sehr angespannte Dialoge zwischen dem Kunden und mir. Nach den ersten drei Meetings habe ich sein Büro aufgesucht und in einem Vieraugengespräch zum Ausdruck gebracht, dass es nicht meiner Rolle im Projekt entspräche, alle Fleißaufgaben für das gesamte Team zu übernehmen. Der Kunde war sehr einsichtig. Seit dem Gespräch gab es keine angespannten Meetingsituationen zwischen dem Kunden und mir zu diesem Thema. (Projektleiter, Boutique)

Typen von Konflikten

Grundsätzlich stecken hinter Konflikten häufig unterschiedliche Interessen, Ziele und Wege, Werte oder Bedürfnisse. Konflikte lassen sich auch in verschiedene Schweregrade einteilen:

1. Win-Win: Grundsätzlich geht es darum, selbst zu »gewinnen«, und nicht darum, den anderen zu schädigen. Daraus ergeben sich Spannungen und ein gelegentliches Aufeinanderprallen von Meinungen, es kann dann auch zu Debatten und Diskussionen kommen. Die härteste Eskalation auf der Win-Win-Stufe sind Taten, die dazu dienen, die eigene Meinung durchzusetzen.

2. Win-Lose: Hier ist die Situation so weit eskaliert, dass man selbst gewinnen will und den anderen dabei schädigen oder sogar vernichten möchte. Hier bildet man Koalitionen, versucht den anderen zu denunzieren. Es kann damit weitergehen, dass man einen Gesichtsverlust herbeiführt und dass man droht, fordert und sanktioniert.

3. Lose-Lose: Auf der Lose-Lose-Ebene, die im professionellen Kontext eher selten vorkommt, nimmt man die eigene Schädigung in Kauf, wenn der Schaden beim Gegner noch größer ist. Dies geht von begrenzter Vernichtung bis hin dazu, dass man bereit ist, gemeinsam in den »Abgrund« zu fallen.

Aus eigener Erfahrung würde ich sagen, dass es in der Beratung erstaunlich wenige Konflikte auf der Win-Lose- oder sogar Lose-Lose-Stufe gibt. Da man meist nur relativ kurz zusammenarbeitet, ist man nicht so sehr von den Eigenarten der anderen genervt. Außerdem nehmen Menschen in der ersten Phase des Kennenlernens häufig noch mehr Rücksicht aufeinander. Zudem sind Berater durch das hohe Arbeitspensum eine relativ eingeschworene Gemeinschaft, in der es darum geht, in kurzer Zeit gute Ergebnisse zu erzielen. Trotzdem wird es immer wieder Win-Win-Konflikte geben, die sich zwischen dir und deinem Vorgesetzten, deinem Team oder deinem Kunden abspielen. Am häufigsten kommen dabei tatsächlich Konflikte mit deinem Vorgesetzten vor (siehe Abbildung 28). Gerade in Boutiquen und Strategieberatungen sind das die häufigsten Konfliktarten. Dies ist sicherlich auch durch den geringen Erfahrungsunterschied zwischen Projektleiter und Projektmitglied aufgrund der steilen Karriereentwicklung erklärbar. Außerdem haben die genannten Beratungstypen einen besonders hohen Anspruch, den Kunden zufriedenzustellen und im Team an einem Strang zu ziehen. Während es bei Full-Service-Beratungen auch mal häufiger zu Konflikten auf gleicher Ebene kommt, geraten Inhouse- und kleine Beratungen häufiger in Konflikte mit den Kunden. Dies könnte z.B. bei kleineren Beratungen dadurch erklärbar sein, dass es dort weniger Berater auf einem Projekt gibt und somit auch kein Potenzial für beratungsinterne Konflikte existiert. Insofern gibt es intern einfach weniger Reibereien, man ist stärker in der Kundenorganisation »verwurzelt«. Längerfristig kann dann ein starkes Zugehörigkeitsgefühl zur Kundenorganisation bestehen und somit auch mehr Konfliktpotenzial. Bei Inhouse-Beratungen ist sicherlich auch die »Hemmschwelle« etwas niedriger, da man ja ohnehin zum gleichen Unternehmen gehört. Konflikte haben häufig auch etwas mit Nähe zu tun, wie bereits oben ausgeführt.

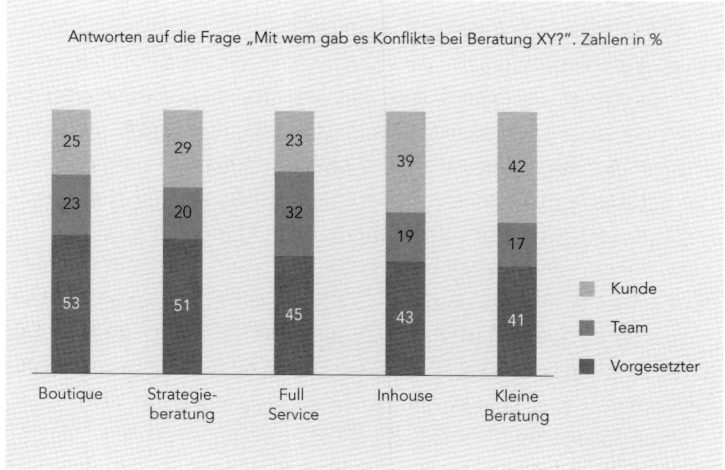

Antworten auf die Frage „Mit wem gab es Konflikte bei Beratung XY?". Zahlen in %

Abbildung 28: Mit wem gibt es Konflikte in Beratungen

Was sind denn nun typische Konflikte? Grundsätzlich lässt sich sagen, dass Konflikte viel mit Wertschätzung zu tun haben. Jeder will als Mensch gesehen werden, der er ist. Und wenn ein anderer Mensch uns dann das Gefühl gibt, er sieht uns nicht oder er sieht uns falsch, dann ärgert uns das und sorgt für Frustration.

Mit dem Vorgesetzten (Projektleiter oder Partner)

- Den Eindruck haben, dass der Vorgesetzte mit der eigenen Arbeit nicht zufrieden ist und einen nicht schätzt
- Selbst mit der Arbeit oder dem Stil des Vorgesetzten nicht zufrieden sein (z.B. der Vorgesetzte führt zu eng oder gibt zu wenig Impulse, Ineffektivitäten im Workflow, falscher Input)
- Mit der Ressourcen- und Arbeitsverteilung unzufrieden sein (Ungerechtigkeiten im Team, zu viel Arbeit für einen selbst)

Mit dem Team

- Selbst mit der Arbeit oder dem Stil der Kollegen nicht zufrieden sein oder andersherum (dies spielt besonders eine Rolle, wenn es Schnittstellen gibt)
- Ressourcen- und Arbeitsverteilung (falls diese nicht so stark vom Vorgesetzten vorgenommen wird)
- Dominanzkonflikte, wenn der eine Kollege den anderen dominieren will und der andere das nicht akzeptiert (z.B. bei unterschiedlicher Seniorität)

Mit dem Kunden

- Zu hohe Erwartungen (vom Kunden gegenüber dem Projekt oder von Beratern gegenüber dem Kunden)
- Angst vor Veränderungen (Blockierer)
- Vorurteile gegenüber Beratern z.B. aus eigener Erfahrung und vom »Hörensagen«

Insider-Tipp

In dem Moment, in dem die Emotionen hochkochen, bringt es meist wenig, diesen nachzugeben. Nimm dir lieber einen Moment Zeit und schweige. Nachdem du dann wieder runtergekommen bist, fällt es dir sicherlich leichter, den Konflikt auf eine sachliche und respektvolle Art zu lösen.

Umgang mit Konflikten

Nun zur wichtigsten Frage: Wie geht man am besten mit Konflikten um? Dies ist je nach Situation und Menschen spezifisch, es lassen sich jedoch einige generelle Muster finden. Zunächst solltest du dir klar darüber sein, was du grundsätzlich für ein Konflikttyp bist. In der konkreten Situation solltest du dir dann klar werden, was bei dir hinter dem Konflikt steckt und was ihn ggf. emotional für dich macht. Der nächste Schritt ist es dann, das Gespräch mit deinem Konfliktpartner zu suchen und produktiv durchzuführen. Damit nicht genug, gilt es jetzt noch, das Besprochene umzusetzen bzw. damit zurechtzukommen, wie es vom Konfliktpartner umgesetzt wird.

Auch in den unterschiedlichen Beratungstypen ist der Umgang mit Konflikten leicht unterschiedlich (siehe Abbildung 29): Während Konflikte in der Strategieberatung häufiger offen angesprochen werden, wird in Boutiquen und Inhouse-Beratungen stärker auf »Aussitzen« gesetzt. Full-Service-Beratungen wählen einen Mittelweg: Dort wird der Konflikt nicht direkt thematisiert, sondern es werden nur die Themen weiter diskutiert, die zum Konflikt geführt haben.

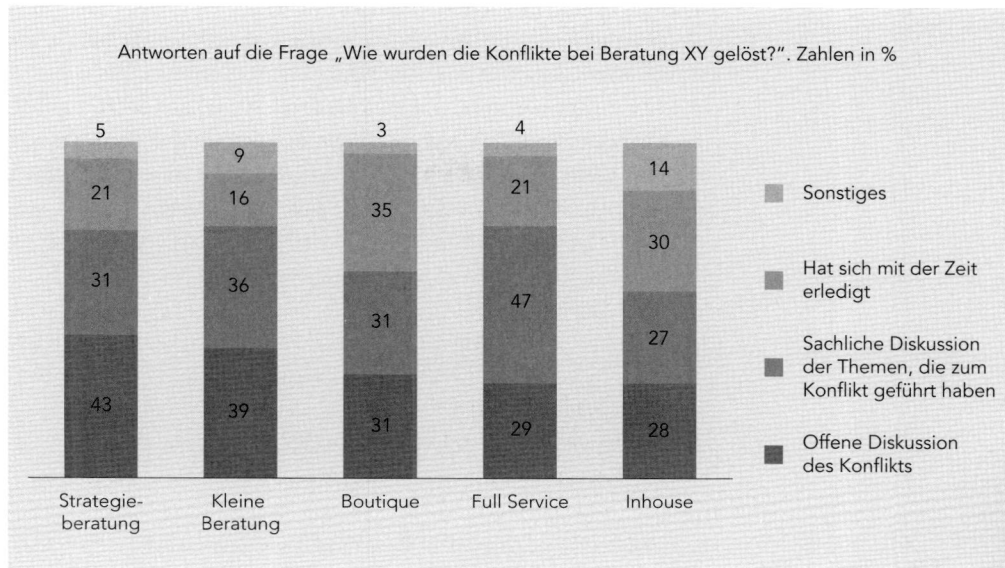

Abbildung 29: Lösung von Konflikten in Beratungen

Deine Art, mit Konflikten umzugehen

Ganz grob und global gesagt, gibt es bei Konflikten Typen von »Ich mag und brauche Konflikte und provoziere auch gerne mal einen« bis »Konflikten gehe ich aus dem Weg«, mit zig verschiedenen Ausprägungen. Stelle dir selbst folgende Fragen:

- Wie streitest du? Verhalten in Konfliktsituationen, z.B. aufbrausend, aggressiv, Raum verlassen oder sachlich und souverän
- Warum streitest du? Situationen, die bei dir starke Emotionen hervorrufen, z.B. Micromanagement, Bevormundung, Aggression

Hilfreich ist dabei auch, wenn du dir klarmachst, woher dein Verhalten oder deine Empfindlichkeiten kommen könnten. Du solltest dann im professionellen Kontext schauen, dass du es schaffst, deine natürliche Art, mit Konflikten umzugehen, eher etwas auszugleichen: Wenn du sonst eher aggressiv und dominant auftrittst, solltest du versuchen, dich eher etwas zurückzuhalten, wenn du sonst dazu neigst, Konflikte herunterzuschlucken, solltest du versuchen, sie häufiger mit deinem Gegenüber zu klären.

Vorbereitung auf einen Konflikt

Die wichtigste Person in einem Konflikt bist du selbst. Wenn du es schaffst, für dich selbst zu sorgen, ist die Wahrscheinlichkeit deutlich kleiner, dass ein Konflikt eskaliert. Du solltest dir die nötige Zeit dazu nehmen, auch mal zur Ruhe zu kommen und darüber nachzudenken, was dein Anteil an diesem Konflikt ist. Wenn dein Gegenüber das genauso macht, ist die Chance sehr gering, dass es zu einer Eskalation kommt. Wenn du selbst gute Bedingungen für einen Konflikt schaffst, Verantwortung übernimmst und notfalls auch Grenzen setzt, hast du gute Chancen, Konflikte zu bewältigen und letztlich etwas Positives daraus zu ziehen. Im Kasten weiter unten findest du einige Fragen, deren Beantwortung dir helfen kann, dich gut auf einen Konflikt vorzubereiten. Es hilft, sich diese Fragen stichpunkthaft schriftlich zu beantworten, um ehrlich zu sich selbst zu sein.

Vorbereitung auf ein Konfliktgespräch

Was du brauchst
- Was kannst du dir Gutes tun?
- Was könnte dazu beitragen, etwas gelassener und entspannter zu sein?

Gedanken und Gefühle beim Problem
- Was genau ist das Problem?
- Welche Gefühle entstehen bei dir, wenn du an das Problem denkst?
- Was wünschst du dir als Lösung?
- Wie kannst du für dich sorgen? Wer kann dir dabei helfen?

Was dich stört
- Was genau stört dich wirklich am Verhalten der Person?
- Was willst du deinem Gegenüber sagen?

Deine Erwartungen an das Gespräch
- Was hast du davon, dass dein Gegenüber die Schuld auf sich nimmt?
- Was erwartest du sonst von deinem Gegenüber?
- Was ist davon realistisch?
- Was genau wird sich am Verhalten deines Gegenübers geändert haben?

Nachdem du diese Fragen für dich geklärt hast, ist es wichtig zu überlegen, ob und in welcher Form du ein Gespräch mit deinem Gegenüber führen möchtest. Je nach Ausmaß der Eskalation kann es vielleicht ausreichen, eine Diskussion auf der sachlichen Ebene zu führen, wenn man vorher nur eine Diskussion oder eine Debatte hatte. Manchmal reicht es auch, wenn man ein Problem sehr situationsbezogen anspricht, z.B. könntest du, wenn dein Projektleiter dich zu sehr im Detail managt, ihm die Frage stellen, ob das nicht etwas zu sehr ins Detail geht. Oder du fragst ihn direkt, wie er deine Präsentation fand, wenn du das Gefühl hast, er fand sie nicht gut. Für solche situationsbezogenen Strategien ist es wichtig, die Situationen auszusuchen, bei denen das Thema richtig deutlich wird. Also solltest du Micromanagement gerade dann ansprechen, wenn es von Projektleiterseite aus tatsächlich sehr übertrieben ist, denn nur dann wird er auch einsichtiger sein.

Wenn der Konflikt aber schon weiter eskaliert ist oder zu eskalieren droht, solltest du unbedingt das direkte Gespräch suchen. Auch wenn dieses nicht gut ausgehen sollte, weißt du wenigstens, woran du bist. Auch hier gibt es wiederum zwei Eskalationsstufen: Bei kleineren Konflikten kannst du einen guten Moment abpassen, in dem ihr unter vier Augen seid, um ein Thema anzusprechen. Dies kann z.B. im Taxi auf dem Weg nach Hause sein. Ist das Thema größer und umfassender, solltest du mit deinem Gesprächspartner ganz explizit einen Termin unter vier Augen absprechen.

Durchführung des Konfliktgesprächs

Nachdem du dich gut auf den Konflikt vorbereitet hast und auch die richtige Situation für euer Konfliktgespräch gefunden hast, ist es nun entscheidend, während des Konflikts respektvoll gegenüber dem anderen zu sein, aber auch deine eigenen Bedürfnisse klar zu vertreten und nachvollziehbar zu machen. Auch wenn du in Business-Situationen professionell wirken möchtest und dies auch solltest, solltest du eigene Emotionen klar verbalisieren. Dabei kann die SMART-Regel helfen:[12]

- *Spezifisch:* Drücke dich genau, unmissverständlich und positiv (ohne Negationen) aus.
- *Messbar:* Definiere deine Anforderungen so, dass sie auch messbar sind und nicht im Ungefähren bleiben.
- *Akzeptiert/Aktionsorientiert:* Hole deinen Gesprächspartner ab, indem du nachfragst, ob er dich verstanden hat und mit den definierten Lösungsvorschlägen einverstanden ist. Definiere die nächsten Schritte positiv (ohne Negation) und genau.
- *Realistisch:* Ressourcen, die für die vereinbarte Lösung gebraucht werden, sollten auch vorhanden sein.
- *Terminiert:* Zeit, die für die vereinbarte Lösung gebraucht wird, sollte auch vorhanden sein.

Checkliste zur Aussprache bei Konflikten:
- Meide mehrdeutige Wörter und gehaltlose Aussagen.
- Fasse dich kurz und einfach.
- Behalte das Sachproblem im Auge und verliere dich nicht in Sprachproblemen.
- Setze notfalls klare Grenzen.
- Störungen haben Vorrang (keine Angst vor Emotionen).
- Vermeide gefährliche Interpretationen.
- Bedenke die Wichtigkeit des richtigen Zeitpunkts.
- Vermeide Ironie, Spott und Zynismus.
- Zeige eine angemessene Mimik und Gestik.

---

12 Nach Nickelsen, K. (2012): Konflikte lösen: Praktische Tipps für erfolgreiches Konflikt-management. C.H.Beck, München

Im Projekt überzeugen

7. Verantwortung gegenüber dir selbst und anderen

Du hast dich für einen Beruf entschieden, der kein lauwarmer Kompromiss ist. Dein neuer Beruf setzt ein gewisses Maß an Leidenschaft und manchmal auch Leidensfähigkeit voraus. Du wirst nicht immer erst um 9 Uhr morgens da sein müssen, und in den seltensten Fällen schon nachmittags um 17 Uhr den Rechner zuklappen.

In deinem neuen Job wird deine Verantwortung schlagartig zunehmen. Zum einen bist du selbst äußerst gefordert. Gefordert in zeitlicher Hinsicht, weil du viele Stunden arbeiten wirst. Gefordert aber auch in inhaltlicher Hinsicht, weil du mit vielfältigen Herausforderungen konfrontiert bist, bei denen es weniger klares »Falsch« und »Richtig« gibt, als du das von der Universität gewöhnt bist. In diesem Umfeld du selbst und gesund zu bleiben, beinhaltet eine Zunahme der Verantwortung für dich selbst.

Zum anderen nimmt aber auch die Verantwortung für das Leben anderer zu. Als Unternehmensberater wirst du meist an Themen mit hoher Relevanz für andere Menschen arbeiten. Auch wenn dies nicht immer direkt sichtbar ist, weil du mehr an Konzepten und Ideen arbeitest als an deren Umsetzung.

Dieses Kapitel zeigt auf, wie sich das Leben eines Beraters verändert und bietet dir die Möglichkeit zu reflektieren, wie dein neuer Job dein Leben verändern wird. Darüber hinaus bietet es dir die Gelegenheit, darüber nachzudenken, was dir im Beruf wirklich wichtig ist. Deine Ziele selbst im Berufsalltag nicht aus den Augen zu verlieren, ist eine größere Herausforderung als gedacht.

Es lohnt sich daher, darüber nachzudenken, wie du für deine eigene Gesundheit sorgen kannst und welche Warnzeichen für Burnout es bei dir und deinen Kollegen gibt.

7.1 Was verändert die Beratung für dich?

Natürlich hängen das Ausmaß und auch die Art der sich für dich ergebenden Veränderungen stark davon ab, ob du schon vorher gearbeitet hast oder direkt von der Hochschule kommst. Einige Veränderungen werden jedoch aller Wahrscheinlichkeit nach unabhängig von deiner bisherigen Erfahrung auf dich zutreffen:

- Du wirst die meisten wachen Stunden in der Woche arbeiten.
- Es gibt einen ausgeprägten Wechsel zwischen Arbeit (und kaum Zeit für etwas anderes) und Wochenende (im Normalfall ein freier Kopf).

- Je nach Beratung wirst du bis zu 4–5 Tage die Woche unterwegs sein.
- Du wirst den Großteil des Tages vor dem PC sitzen.
- Du wirst mehr Geld als vorher haben.

Schon diese offensichtlichen Veränderungen haben großen Einfluss. Gerade Universitätsabsolventen, die vorher sehr viel Freiheit in der Gestaltung ihres Lebenswandels hatten, müssen sich an den sehr viel festeren Rhythmus gewöhnen. Dies geht aber meist schneller, als du es dir selbst vorstellen kannst.

Außerdem führen Berater ein Nomadenleben und kommen nie so richtig an. Um dem entgegenzuwirken, empfiehlt es sich, frühzeitig einige wichtige Dinge mitzunehmen. Dabei hilft es sehr, im Hotel nachzufragen, ob man einen Koffer oder Kleidersack über das Wochenende einlagern kann.

Gleichzeitig verfügen die meisten Berater über mehr finanzielle Mittel, als sie in der wenigen Zeit ausgeben können. Es empfiehlt sich daher, die studentischen Sparallüren abzulegen und sich das Leben leichter zu machen. Eine Putzkraft kostet nicht die Welt und kann für manchen Putzmuffel extrem zur Lebensqualität beitragen, besonders wenn sie auch Hemden bügelt. Idealerweise organisierst du dir schon vor dem Start jemanden, denn in deinen ersten Wochen wirst du genügend anderes zu tun haben (siehe Infobox).

Insider-Tipp

Wo du Putzkräfte findest (Beispiele):
Idealerweise im persönlichen Netzwerk (dann ist gleich Vertrauen da)
www.betreut.de/haushaltshilfe (privat vermittelte Putzkräfte)
www.haushelden.de (privat vermittelte Putzkräfte)
www.bookatiger.com/de-de/ (Angestellte, haftpflicht- und sozialversicherte Putzkräfte)
www.helpling.de

Da im Zweifel immer noch Geld übrig bleiben wird, sind als Exkurs einige wichtige Möglichkeiten zur Geldanlage mit Vor- und Nachteilen in der folgenden Übersicht aufgelistet. Hier empfiehlt es sich durchaus, sich frühzeitig Gedanken zu machen und nicht sein ganzes Geld auf dem Tagesgeldkonto zu bunkern.

Tabelle 7: Exkurs zur Geldanlage

	Wichtigste Vorteile	Wichtigste Nachteile	Fazit (subjektiver Eindruck)
Aktien Einzeltitel	Größere Gewinnchancen als bei Fonds und Anleihen Langfristig gute Performance Wenig Transaktionskosten: leicht wieder in Bargeld umzuwandeln	Wegen Insider Trading Policies häufig nicht handelbar Mehr Klumpenrisiko als bei Fonds Man muss vorher genauere Informationen über Einzeltitel einholen Hohes Risiko (Volatilität)	Eher nein, da für Berater häufig nicht mehr handelbar
Indexfonds	Langfristig gute Performance Geringe Managementgebühren Geringe Transaktionskosten: leicht wieder in Bargeld umzuwandeln	In den allermeisten Fällen handelbar Mittleres Risiko (Volatilität)	Gute Möglichkeit
Gemanagte Fonds	Langfristig gute Performance Hohe Managementgebühren beeinträchtigen Rendite Mittlere Transaktionskosten	Risiko teils etwas geringer, da bei fallenden Kursen Manager verkaufen können	Die meisten Berater ziehen Indexfonds wegen geringerer Gebühren vor
Anleihen	Geringeres Risiko als bei anderen Wertpapieren Wenig Transaktionskosten	Wegen Insider Trading Policies häufig nicht handelbar Mehr Klumpenrisiko als bei Fonds Man muss vorher genauere Informationen über Einzeltitel einholen	Eher nein, da für Berater häufig nicht mehr handelbar
Immobilien	Gute individuelle Chancen Geringere Volatilität als bei Wertpapieren Einkünfte durch Miete relativ sicher Berater genießen hohe Kreditwürdigkeit, daher gute Möglichkeit, an Kredite zu kommen	Hoher Zeitbedarf, um Markt und Objekt kennenzulernen Hohe Transaktionskosten: Geld ist langfristig gebunden Hohes Klumpenrisiko	Gute Möglichkeit, wenn Know-how oder Zeit (z.B. durch Auszeit) vorhanden
Tagesgeld, Girokonto	Hohe Verfügbarkeit Hohe Sicherheit	Keine/kaum Rendite Verluste durch Inflation	Häufig gewählte Notfalllösung
In Start-ups investieren	Hohe Renditeerwartung Man lernt dabei noch etwas Persönliche Entwicklungsmöglichkeiten	Hohes Risiko Höherer Zeitaufwand für Recherche Schwierigere Zugänglichkeit	Gute Möglichkeit, wenn Interesse vorhanden

Verantwortung als Berater

Nach den augenscheinlichen Veränderungen kommen wir nun zu einer wichtigen Veränderung, die weniger offensichtlich ist: Berater gehören auf der Hochschule häufig zu den besten Studenten des Jahrgangs. Dies kann durchaus zu einer hohen Lernmotivation beitragen (auch »big-fish-little-pond effect« genannt[13]). Bei Top-Beratungen sind sie nun mit Kollegen konfrontiert, die ähnlich erfolgreich waren. Sie vergleichen sich also mit einer ganz anderen Stichprobe. Das kann anfangs ein ungewohntes Gefühl sein und zu Selbstzweifeln und Unsicherheit führen. Es besteht jedoch kein Grund, in Ehrfurcht zu erstarren: Es hat sicherlich einen Grund, warum du eingestellt worden bist, und du solltest dies rechtfertigen, indem du dich auch einbringst.

Am Rande sei erwähnt: Für diejenigen, die sich aus Gewohnheit überlegen fühlen und eher auf ihre Umwelt herabblicken, kann es ein durchaus heilsamer Prozess sein, mit so fähigen Kollegen konfrontiert zu sein.

WARSTORY

Vor meinem Einstieg in die Beratung hatte ich häufig auch in unpassenden Situationen das Gefühl, mich beweisen zu müssen. So war ich im Freundeskreis teils als besserwisserisch und als Heikopedia bekannt, weil ich bei jeder Gelegenheit mein Allgemeinwissen und meine intellektuelle Überlegenheit demonstrieren musste. Seit meinem Einstieg bei einer Top-Managementberatung ist dies deutlich schwächer geworden, worüber sich mein Bekanntenkreis sehr freut. Zum einen erfahre ich durch meinen neuen Job ohnehin ein hohes Maß an Anerkennung. Außerdem habe ich nicht mehr dieses starke Gefühl von Überlegenheit, da ich in meiner Arbeit auch häufiger mit meinen eigenen Grenzen konfrontiert bin.

(Projektleiter, Boutique)

7.2 Was ist dir selbst wichtig?

Vor deiner Bewerbung in der Beratung hast du dir sicher ausführlich Gedanken dazu gemacht, was deine Motivation für diesen Beruf ausmacht. Da Beratung keine lauwarme Vernunftlösung ist, ist es wichtig, auch in Zukunft genau zu wissen, warum du diesen Job machst und womit du deine freie Zeit verbringst. Du wirst in der Beratung deutlich mehr arbeiten als in anderen Berufen (siehe Abbildung 30), insofern ist diese Frage umso wichtiger.

---

13 Marsh, H. W. (2005): Big-Fish-Little-Pond Effect on Academic Self-Concept. In: Zeitschrift für Pädagogische Psychologie, 19, S. 119–127

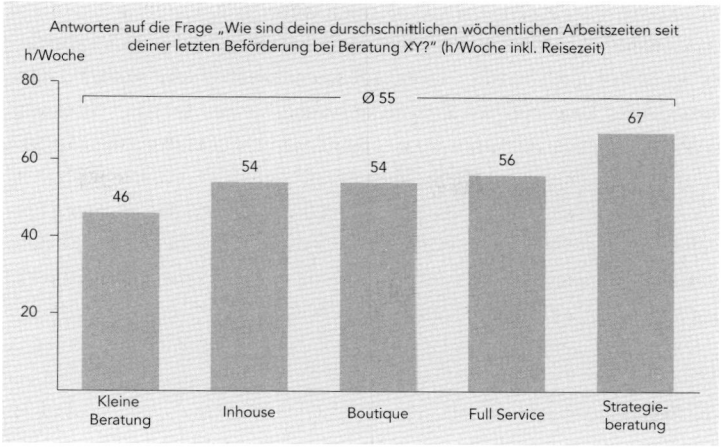

Abbildung 30: Arbeitszeiten in der Beratung

Doch zunächst zu deinem Beruf: Hier ist es erst einmal wichtig, sich über seine eigenen Prioritäten klar zu werden. Was macht denn deine berufliche Zufriedenheit aus? Ein einfaches, aber aussagekräftiges Modell geht davon aus, dass im Beruf immer drei Dinge in ausreichendem Maße gegeben sein müssen:

- **Weiterentwicklung**: Bist du in deiner Arbeit gefordert? Lernst du dazu? Hast du das Gefühl, dass du dich immer wieder weiterentwickelst?
- **Bestätigung**: Hast du das Gefühl, wichtig zu sein? Hältst du deine Tätigkeit für sinnvoll? Hast du Einfluss auf deine Umgebung?
- **Kontakt**: Gibt es ein positives Miteinander mit deinen Arbeitskollegen? Hast du Spaß?

Große Beratungen machen häufig Abfragen, in denen sie wöchentlich oder zweiwöchentlich erfassen, wie es den Beratern geht und wie zufrieden sie aktuell sind. Da die Ergebnisse gesammelt und dann aggregiert an die Fallleiter zurückgespielt werden, findet teils eine Diskussion statt, wie ehrlich man diese Feedbacks ausfüllen sollte und wann man womöglich als Reaktion Repressalien des Fallleiters befürchten muss. Ohne diese Diskussion in ihrer Gänze zu würdigen, hier zwei Anmerkungen dazu:

- Wenn alle gemeinsam ehrlich sind, hat niemand als Einzelner etwas zu befürchten. Daher lohnt es sich durchaus, bei Gelegenheit darüber mal als Team zu sprechen.
- Du bist als Unternehmensberater eingestiegen, weil du Dinge verändern und etwas dazulernen möchtest. Wenn du dich nicht einmal im eigenen Umfeld aus der Deckung wagst, wird das woanders wahrscheinlich auch nicht klappen.

Ein Kollege hat anfangs erwähnt, auch wenn ihm morgens manchmal das Aufstehen schwerfiele, wüsste er doch jeden Morgen, warum er es trotzdem gern mache. Ich fand das anfangs etwas seltsam, habe inzwischen aber auch die Erfahrung gemacht, wie viel Kraft in diesem »Wissen um das Warum« steckt. Der Beginn eines sinnvollen Lebens liegt in der bewussten Entscheidung darüber, wie man leben will. Es ist also immer wieder sinnvoll, sich die Frage zu stellen, wie man den Rest seines Lebens verbringen will, und sich diese Frage bewusst zu beantworten. Die folgende Rechnung kann dir dabei helfen, eine bewusste Entscheidung darüber zu treffen, wie du deine Zeit nutzt:

Modellrechnung deiner Zeitressourcen (je nach Beratung, Schlafbedürfnis, Bundesland etc. abweichend)

In der Arbeitswoche

Stunden pro Woche		7 x 24	=	168 h
Schlafbedürfnis	-	7 x 7	=	49 h
Arbeitszeit	-	5 x 11	=	55 h
Dienst. Reisezeit	-			10 h
Freie Stunden in Arbeitswoche			=	54 h
Arbeitswochen (bei 30 Urlaubstagen)		x 44		
Frei in Arbeitswochen gesamt			=	2.376 h

Während Urlaub und Feiertagen

Freie Zeit abzüglich Schlaf pro Woche: 168–49		=	119 h
Wochen Urlaubs- und Feiertage (rechnerisch)	x 8		
Frei an Urlaubs- und Feiertagen		=	952 h

Nachdem du eine Einschätzung darüber treffen kannst, wie viele der 8.760 Stunden eines Jahres dir zur freien Verfügung stehen, hast du nun die Chance, dir zu überlegen, was du mit diesen 54 freien Stunden pro Woche und den 952 Stunden im Urlaub und an Feiertagen gerne anfangen möchtest. Sicher willst du z.B. mal eine Dusche nehmen oder dich rasieren, aber schon hier ist die Frage natürlich offen, wie viel Zeit du für Körperpflege und Hygiene insgesamt aufwendest. Auch für die täglichen Mahlzeiten wirst du mit Sicherheit Zeit benötigen – wie in diesem Kapitel deutlich wird, ist das sogar sehr gut investierte Zeit. Ein realistischer Wert für Körperpflege, Hygiene und Nahrungsaufnahme sind ca. zwei Stunden pro Tag, damit sind noch einmal 730 Stunden belegt.

Eine ausgewogene Work-Life-Balance berücksichtigt neben diesem Bereich auch die Bereiche Körper, Sinn und Kontakt (siehe Abbildung 31). Ein ausgewogenes Verhältnis dieser Bereiche führt in unserem Kulturkreis meist zu Lebensglück. Das heißt aber ausdrücklich nicht, dass die Stunden gleichmäßig verteilt sein müssen. Es ist ganz natürlich, dass man im jungen Berufsleben einen großen Fokus auf die Karriere legt. Du hast bewusst die Entscheidung für einen dynamischen Beruf getroffen. Trotzdem kann es dir helfen, einmal zu überlegen, was dir in den vier Bereichen wichtig ist.[14] Bevor du deine freien Stunden auf die Bereiche aufteilst, solltest du erst einmal überlegen, was in den einzelnen Bereichen für dich wichtig ist. Zum Beispiel solltest du in dem Bereich Familie/Kontakt mal notieren, wer dort wichtig für dich ist und zu wem du Kontakt haben willst. Noch schwerer ist dies sicherlich bei Sinn/Kultur. Hier kannst du z.B. festhalten, wenn du ein tolles Buch liest, Yoga machst oder ein Hobby ausführst, das dich mit Sinn erfüllt.

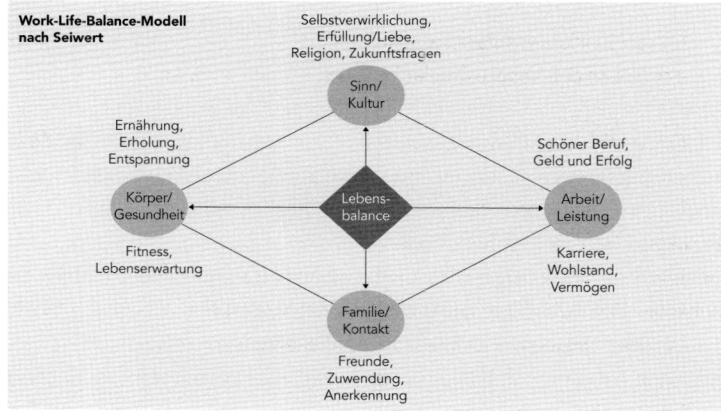

Abbildung 31: Work-Life-Balance-Modell nach Seiwert

Nachdem du nun eine klare Vorstellung davon hast, wie jeder der oben stehenden Lebensbereiche sich bei dir ganz konkret gestaltet, kannst du folgende Fragen dazu nutzen, um noch mehr Klarheit zu erlangen:

- Wem und welchen Tätigkeiten gibst du im Moment wie viel Zeit? (Aufteilung der Stunden)
- Was tut dir davon gut und schenkt dir Energie?
- Welchen Tätigkeiten möchtest du gerne mehr Raum geben?
- Welcher der vier Kreise fühlt sich gerade vielleicht etwas beengt an?

---

14 Nach Seiwert, L. J. (2006): 30 Minuten für deine Work-Life-Balance. Gabel, Offenbach

- Wovon möchtest du weg?
- Wenn du keinerlei finanzielle, ausbildungsmäßige, familiäre oder sonstige Einschränkungen hättest, was würdest du in den einzelnen Lebensbereichen mit deinem Leben anfangen? (Eine interessante Internetseite dazu findest du auf millionways.org.)

In der Umfrage wollten wir wissen, was die Teilnehmer im Rückblick auf ihre Beratungskarriere oder (bei den noch aktiven) auf ihre bisherige Beratungskarriere im privaten Bereich anders machen würden.[15] Aus den Antworten aller Teilnehmer ergibt sich folgendes Ranking:

1. Mehr Sport
2. Effizienter Arbeiten
3. Mehr Trainings machen
4. Mehr Kontakt zu Freunden pflegen
5. Konsequent Feierabend machen
6. Arbeitsplatz verlassen, wenn nichts mehr zu tun ist
7. Handy übers Wochenende/im Urlaub/nach der Arbeitszeit nicht beachten
8. Regelmäßige Mahlzeiten
9. Pausen machen
10. Mehr Kontakt zur Familie pflegen
11. Bei Krankheit zu Hause bleiben

Diese Antworten können dir helfen zu entscheiden, wie du dein Leben als Berater gestalten möchtest, damit du rückblickend nicht auch Entscheidungen bereuen musst. Dies ist der erste Schritt dazu, es besser zu machen als deine Vorgänger. Entscheidend ist es, sich wirklich an seine eigene Priorisierung zu halten. Manchmal ist es schwer, sich vor oder nach einem anstrengenden Arbeitstag noch zum Sport aufzuraffen. Und auch die Effizienz lässt nach vielen Stunden Arbeit nach. Es liegt aber an dir, hier konsequent zu bleiben und deine Ziele zu erreichen.

7.3 Stress: Was ist noch gesund und was sind Warnzeichen?

Wohl kaum ein Wort wird in unserer Zeit so sehr strapaziert wie das Wort »Stress«. Den allermeisten fallen wohl Beispiele von Menschen in der Umgebung ein, die scheinbar immer im Stress sind, bei denen das Output des ganzen Stresses dann aber sehr überschaubar ist. Häufig ist dabei Sozialstress gemeint oder das eigene Empfinden davon, was stressig ist, liegt recht niedrig. Trotzdem lässt sich aus

---

15 Die Fragen lauteten: »Was würdest du im Rückblick auf deine bisherige Karriere als Berater heute anders machen?« (für Berater) und »Was würdest du im Rückblick auf deine Karriere als Berater heute anders machen?« (für Ex-Berater)

diesem Phänomen etwas Wichtiges lernen: Gestresst zu sein, hilft meist nicht dabei, viel zu erreichen.

In der Wissenschaft wie in der Gesellschaft gibt es zahlreiche Definitionen von Stress. Diese reichen von »Stress ist eine unspezifische Reaktion des Körpers auf jegliche Anforderung«[16] bis hin zu »Stress gibt es nur, wenn Sie Ja sagen und Nein meinen«[17]. Diese Definitionen zeigen, dass keine einheitliche Definition von Stress existiert. Es gibt beim Stress meist eine objektive Komponente (die Umwelt stellt eine Anforderung) und eine subjektive Komponente (Hormone werden ausgeschüttet und der Verstand stuft ein, ob es sich noch um etwas Angenehmes oder etwas Bedrohliches handelt, das man nicht bewältigen kann).

Ein gewisses Maß an Druck wird in der Arbeit als Berater nicht zu vermeiden sein. Die Arbeitszyklen sind in der Beratung sehr kurz, die Kunden bei den hohen Tagessätzen meist sehr anspruchsvoll und Berater ähnlich wie Feuerwehrleute meist da tätig, wo es brennt. Daher wird die Tätigkeit als Unternehmensberater immer auch eine starke Arbeitsbelastung beinhalten. Das Maß an Stress, das der Einzelne empfindet, ist dabei sehr unterschiedlich. Es ist stark von folgenden Größen abhängig:

- Wie hoch ist die wöchentliche Arbeitszeit?
- Wie hoch ist der Zeitdruck während der Arbeit?
- Gibt es Ruhepausen zwischendurch?
- Wie ist die persönliche Beziehung zu Projektleiter, Kunden und Team?
- Wie sehr hat man das Gefühl, etwas Sinnvolles zu tun?
- Wie viel Wertschätzung erfährt man für seine Arbeit?
- Wie ausgeprägt ist die persönliche Stresstoleranz?

Wohl wissend, dass Stressempfinden sehr subjektiv ist, haben wir unsere Umfrageteilnehmer unterschiedlicher Beratungen danach gefragt, wie oft sie während der Beratertätigkeit ungesunden Stress empfunden haben (siehe Abbildung 32). Insgesamt empfanden die meisten Umfrageteilnehmer mindestens 1 x die Woche (43 %) oder 1 x im Monat (39 %) ungesunden Stress, was angesichts eines so anspruchsvollen Jobs nicht sehr viel erscheint. Dies kommt sicherlich auch dadurch zustande, dass sich in der Beratung häufig stressresistente Menschen finden. Außerdem wird durch das positive Teamgefühl und die im Normalfall vorhandene Wertschätzung innerhalb des Teams eine Pufferwirkung erreicht.

16 Selye, H. (1936): A Syndrome Produced by Diverse Nocuous Agents. In: Nature, Vol. 138, S. 32. Hans Selye ist der Begründer der Stressforschung.
17 Sprenger, R. K. (2000): Aufstand des Individuums: Warum wir Führung komplett neu denken müssen. Campus, Frankfurt/M., S. 182

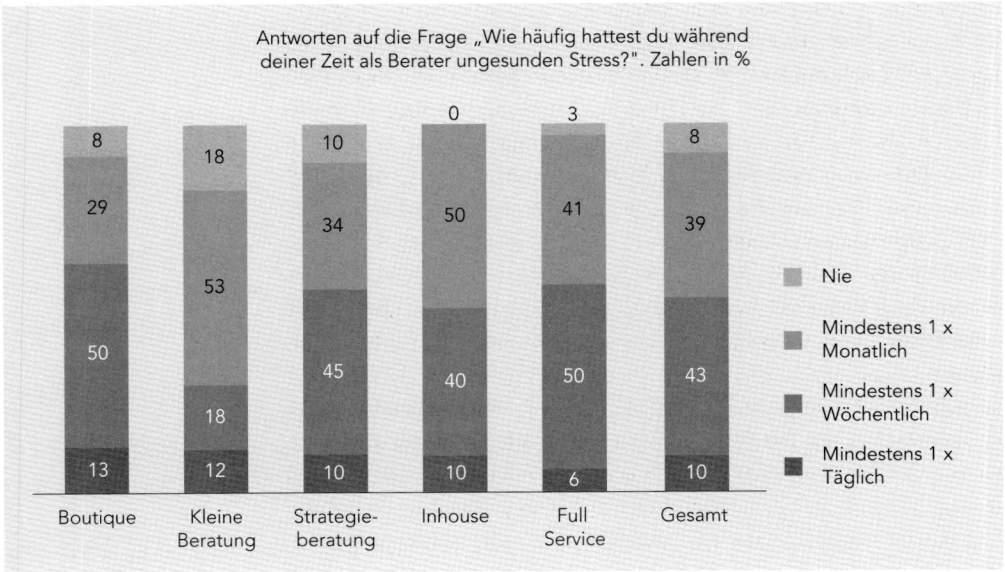

Abbildung 32: Stress im Berateralltag

Grundsätzlich verfügt jeder Einzelne über Ressourcen, die einem Burn-out entgegenstehen. Neben der persönlichen Stressresistenz, die vermutlich das Allerwichtigste ist, sind dies vor allem:

- Lebenspartner, Familie und Freunde, das Gefühl, Teil einer Gemeinschaft zu sein
- Feiern gehen
- Humor und Abgrenzungsfähigkeit
- Hobbys, die man gerne ausübt
- Sport, Bewegung und Sexualität
- Schlaf und Auszeiten
- Jemanden zum Reden, ggf. einen Coach oder Therapeuten

Wenn die Umweltanforderungen bzw. die Wahrnehmung dieser Anforderungen die Ressourcen einer Person über längere Zeit übersteigt, kommt es zum Burn-out. Burn-out ist ein vielfältiger Symptomkomplex, der sich auf verschiedenen Ebenen äußern kann (körperlich, mental, emotional und durch das Verhalten).[18] Gefährdet sind typischerweise Menschen in Berufen mit hohen Anforderungen sowie niedriger Anerkennung und Einflussfähigkeit. Obwohl Berater im Normalfall ein ausreichendes Maß an Anerkennung bekommen sollten, gehören sie aufgrund der hohen Anforderungen sowie einer Persönlichkeitsstruktur mit hohem Leistungswillen und häufig auch Perfektionismus zu den gefährdeten Berufsgruppen.

18 Siehe Bergner, T. (2015): Burnout-Prävention: Erschöpfung verhindern – Energie aufbauen – Selbsthilfe in 12 Stufen. Schattauer, Stuttgart, S. 9 ff.

Nicht immer äußert sich eine krankhafte Überforderung durch ein Burn-out. Es ist durchaus auch der Körper, der das anspruchsvolle Leben nicht mehr mitmacht. Das viele Sitzen und die unregelmäßigen Mahlzeiten fordern dann ihren Tribut. Daher sind typische körperliche Leiden von Beratern häufig Rückenschmerzen und Bandscheibenvorfälle sowie Beschwerden des Magen-Darm-Trakts. Dies fängt mit leichten Rückenschmerzen nach einer intensiven Arbeitswoche und gelegentlichem Sodbrennen nach späten und deftigen Mahlzeiten an und kann mit einem kaputten Rücken und Magenkrebs aufhören (siehe Warstory). Natürlich kann es mal im Rücken ziepen und schmerzen, auch ein seltenes Sodbrennen ist noch kein dringendes Alarmzeichen, aber wenn solche Leiden häufiger und regelmäßiger auftreten, sollte man sich Gedanken machen, ob man nicht etwas an seinem Leben ändern kann und muss. In jedem Fall sollte zeitnah ein Arzt aufgesucht werden. Es lohnt sich hier in keinem Fall, Risiken für die Gesundheit einzugehen, um ein besseres Feedback vom Projektleiter zu erhalten. Mit seiner Gesundheit muss man sein ganzes Leben auskommen, ein schlechtes Feedback ist schneller vergessen. Unsere Befragung zeigt allerdings, dass es in der Beratung keinen generellen Trend zu schlechterer Gesundheit gibt. Auf die Frage »Wie würdest du deine Gesundheit während deiner Zeit bei der Beratung XY gegenüber der Zeit davor beschreiben?« wurde auf einer Skala von »1 = Viel besser« bis »10 = Viel schlechter« ein durchschnittliches Resultat von 5,5 erzielt. Gerade angesichts der Tatsache, dass die Gesundheit generell mit dem Fortschreiten des Lebens eher schlechter wird, deutet dies auf neutrale Effekte des Beratungsberufs auf die Gesundheit hin.

WARSTORY

Ich kam hoch motiviert als studierter Mathematiker zu einer strategischen Unternehmensberatung, weil ich etwas bewirken wollte und auch die Arbeit in interdisziplinären Teams als ein sehr spannendes Modell empfand. Nachdem ich auf meinem ersten Fall in einem spannenden Projekt eine Zukunftsvision für eine mittelständische Bank entwickelt hatte, landete ich auf einem als »Knochenmühle« verschrienen Projekt. Zu Abend wurde dort meist um 22 Uhr gegessen, einmal wurde das Abendessen sogar ganz vergessen und dann erst um 2 Uhr nachts zum Kunden bestellt. Die Pförtner schüttelten fortan nur noch den Kopf über die Berater, die morgens teils vor allen anderen Mitarbeitern eintrafen und abends immer nach allen anderen das Unternehmen verließen. Mir bekam dieser Lebenswandel leider überhaupt nicht zumal ich den Stress auch noch durch gemeinsame Besuche der Bar kompensierte. Nachdem ich eine Zeit lang alle Warnzeichen wie Sodbrennen ignoriert

und durch Säurehemmer kompensiert hatte, wurde ich in einer
besonders stressigen Projektphase mit heftigen Magenkrämpfen
ins Krankenhaus eingeliefert. Dort wurden nicht nur Magenge-
schwüre, sondern auch Krebs in einem frühen Stadium diagnosti-
ziert (durch die Magengeschwüre entstanden), der zum Glück noch
operiert werden konnte. Da ich nach meiner Rückkehr zwar erst
einmal kürzer trat, dann aber erneut in alte Muster verfiel, war
dies leider nicht mein letzter Krankenhausaufenthalt. Zum Glück
wurde ich nach dem letzten Rückfall klüger und erfreue mich heute
bester Gesundheit. Trotzdem bleibt die Unsicherheit, ob der Krebs
mal zurückkommen könnte.   *(Projektleiter, Big Four)*

Wie kann man sich am besten gegen Burn-out schützen? Natürlich einerseits, indem man möglichst viele der resistenzbildenden Tätigkeiten ausübt. Gerade Sport kann in der Woche für Berater ein wichtiger Ausgleich sein. Insbesondere repetitive Sportarten wie Joggen, Rad fahren, Rudern etc. sind sehr sinnvoll. Dreimal die Woche 50 Minuten Sport mit rhythmischer Bewegung wirken wie eine Tablette Ritalin. Außerdem bietet Sport den Vorteil, dass er sowohl physisch als auch psychisch positive Effekte hat. Liebe, Freundschaft und Familie sind ebenfalls wichtige Bestandteile eines erfüllten Lebens, die man pflegen sollte. Tatsächlich zeigt sich auch in unserer Umfrage, dass Berater Sport am häufigsten als Methode wählen, um Stress zu kompensieren. Besonders Inhouse- und Full-Service-Berater sind sehr sportlich unterwegs. Während in Boutiquen gerne auch mit gutem Essen kompensiert wird, scheinen die Strategieberater lieber mal mit Freunden zu feiern und Alkohol zu konsumieren. Während das Feiern mit Freunden sicherlich positiv zu beurteilen ist, sollte hier auf keinen Fall der Alkoholgenuss im Vordergrund stehen. Alkohol ist keine dauerhaft wirksame Strategie gegen zu viel Stress. Alkohol als Kompensationsstrategie ist eher als Verdrängung eines Übels durch ein noch schlimmeres Übel zu sehen.

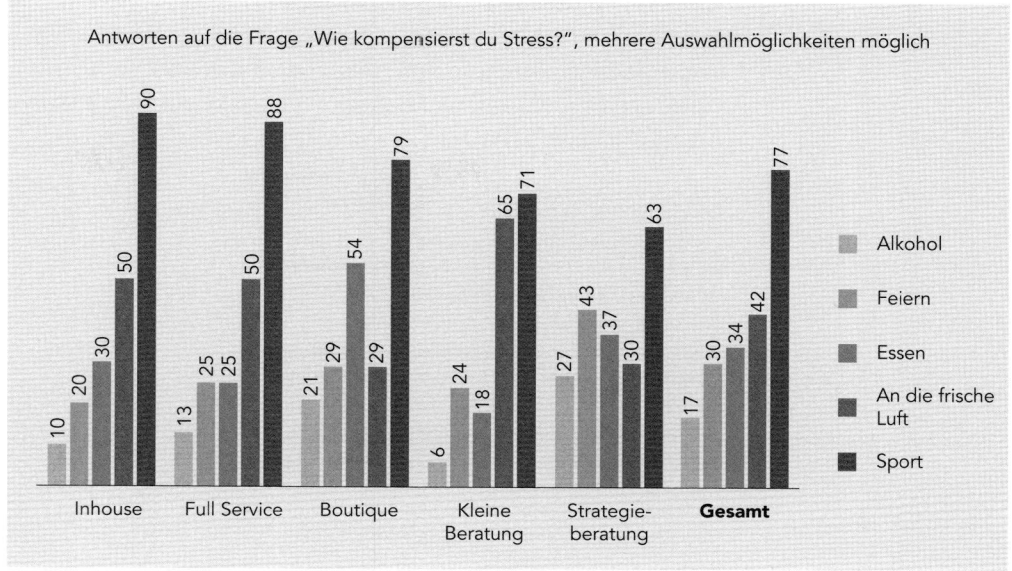

Abbildung 33: Kompensation von Stress

Da Burn-out zunehmend diagnostiziert wird, widmen sich die folgenden Seiten Erkennungsmerkmalen und Interventionsmaßnahmen. So hast du nicht nur die Gelegenheit, dich selbst genau zu beobachten, sondern auch bei Kollegen wachsam zu sein.

In der frühen Phase kann Burn-out relativ gut entgegengewirkt werden. Es muss daher das Ziel sein, Burn-out schon zu Anfang zu erkennen und es erst gar nicht zu einer monatelangen Krankschreibung kommen zu lassen. Vor allem zwei Dinge sind Warnzeichen für ein beginnendes Burn-out:

- **Die betroffene Person kann nicht mehr genießen.**
  - Besonders gefährlich, wenn auch andere Lebensbereiche als die Arbeit betroffen sind
  - Ein- und Durchschlafschwierigkeiten
- **Die betroffene Person erholt sich nach Ruhephasen nicht mehr.**
  - Keine Erholung nach Wochenende oder Kurzurlaub ist erstes Warnzeichen.
  - Im Extremfall auch nach längerem Urlaub kein Erholungseffekt
  - Quälende Grübeleien über Probleme ohne Ergebnis

Falls du Anzeichen für Burn-out bei Kollegen beobachtest, solltest du sie auf jeden Fall darauf ansprechen. Häufig stecken sie allerdings so tief in ihrem Muster, dass sie das Gespräch schnell abblocken und auf etwas anderes lenken werden. Damit solltest du dich nicht zu schnell zufriedengeben. Gerade die Tatsache, dass Gespräche darüber fahrig abgebrochen werden und das Gefühl entsteht, solche Themen seien Tabu, kann ein weiteres Warnzeichen sein. Bei einem voll ausgebrochenen Burn-out kommen zu den oben genannten Warnzeichen noch einige Symptome hinzu. Hier sind sofort professionelle Hilfe und eine Krankschreibung nötig.

Symptome von Burn-out
(nicht alle Symptome müssen bei jedem Burn-out erfüllt sein)

1. Warnsymptome in der Anfangsphase
- Grübeleien über Probleme ohne Ergebnis
- Ein- und Durchschlafschwierigkeiten

2. Aufmerksamkeits- und Konzentrationsstörungen
- Zunehmende Zerstreutheit, Flüchtigkeitsfehler
- Aussetzer im Kurzzeitgedächtnis (»Filmrisse«)
- Vergesslichkeit
- Verzettelung in Kleinigkeiten

3. Gefühl von Zeitnot und Gehetztsein
- Chronische innere Unruhe; sichtbare Nervosität
- Zunehmende Unfähigkeit, Signale wie E-Mails oder SMS auszublenden oder zeitversetzt zu bearbeiten

4. Sozialer Rückzug
- Meidung von Kontakten mit Kunden und Kollegen
- Zunehmende Schwierigkeit zuzuhören
- Vernachlässigung des Bekanntenkreises

5. Reduzierte Emotionskontrolle
- Erhöhte Reizbarkeit, Wutausbrüche
- Verstärkte Neigung zu Tränen

Wie kann man nun einem Burn-out entgegenwirken? Grundsätzlich gilt zunächst: Prävention ist besser als Intervention. Lieber erst gar kein Burn-out entwickeln, dann muss man sich auch nicht mit Interventionsstrategien befassen. Daher gilt hier ganz klar, dass du frühzeitig gegensteuern solltest. Wenn du merkst, dass dich eine Situation massiv belastet, dann solltest du etwas dagegen tun. Gerade du als jemand, der noch am Anfang seiner Karriere und seines Lebens steht, solltest dir über deine eigenen Grenzen bewusst werden und diese einhalten.

Wenn du in einer solch kritischen Situation bist, dann hole dir vor allem frühzeitig Hilfe. Behalte deine Sorgen nicht für dich, sondern teile sie mit jemandem, der in der Lage ist, sich auch negative Gefühle anzuhören und dir ausschließliche Aufmerksamkeit zu schenken. Dies kann und sollte zuerst ein guter Freund oder jemand aus der Familie sein. Je nach Schwere des Themas solltest du aber auch nicht zögern, einen Coach oder auch einen Therapeuten aufzusuchen. Auch wenn das für dich vielleicht ein Tabu ist: Etwa 40 % der Bevölkerung leidet während ihres Lebens mal an einer psychischen Ausnahmesituation, bei der sie Hilfe benötigt.[19] Es ist also kein Stigma, sich in einer solchen Situation schnell Hilfe zu holen. Dies gilt auch bei deinem Arbeitgeber: Da es in jeder Unternehmensberatung schon einmal Fälle von Burn-out gegeben hat, gibt es dort auch im Normalfall durchaus Akzeptanz zu diesem Thema.

7.4 Verantwortliches Verhalten gegenüber anderen

Berater werden bei Problemen gerufen und sollen Empfehlungen aussprechen. Damit gehen sie automatisch eine Verantwortung gegenüber anderen ein. Oftmals wird die ethische Dimension der Beratung vernachlässigt, dabei ist der Wirkungsbereich eines Beraters und damit seine Verantwortung gegenüber Kunden, dessen Mitarbeitern und der Gesellschaft nicht zu unterschätzen.

Beratungen – und damit Berater – haben Verantwortung für die nachhaltige Wirkung ihrer Leistung. Die meisten Beratungen erklären ihre Werte in sogenannten *Value Statements*. Diese existieren nicht nur auf Papier, sondern sollten täglich gelebt werden. Hier sind auch Partner in der Pflicht, ihren jüngeren Kollegen die Werte vorzuleben. Leider fühlen sich manche Berater ganz oben angekommen und verhalten sich unangebracht arrogant. Denke daran, dass du nach außen immer ein Aushängeschild deiner Beratung bist. Und dass deine Firma – unabhängig davon, ob du einen positiven oder negativen Eindruck hinterlässt – immer mit dir assoziiert werden wird.

Als Berater hast du Verantwortung für die folgenden Dinge:

1. Du bist als Berater ein Dienstleister und hast vor allem Verantwortung für den Kunden. Das bedeutet auch, zwischen richtig und falsch zu unterscheiden und die richtigen Dinge zu tun. Dies umfasst u.a.:
   - Ehrlich zu sein, was deine Fähigkeiten betrifft
   - Mit Kundeninformationen vertraulich umzugehen
   - Nur zu versprechen, was du auch halten kannst
   - Dir Zeit zu nehmen, deine Handlungen zu bedenken, und dir zu überlegen, ob du diese auch morgen und übermorgen noch vertreten kannst
2. Was sich von selbst versteht und für alle Menschen gilt: anderen – seien es andere Kunden, Kollegen, Taxifahrer, Hotelangestellte, Airlinemitarbeiter, Support Staff und alle weiteren –, die wir im Zusammenhang mit unserer Arbeit treffen, mit Respekt zu begegnen.

---

19 Siehe Wittchen, H.-U./Jacobi, F./Hoyer, J. (2003): Die Epidemiologie psychischer Störungen in Deutschland. Vortrag im Rahmen des Kongresses: Psychosoziale Versorgung in der Medizin, Hamburg, 28.–30.9.2003; Jacobi et al. (2014): Psychische Störungen in der Allgemeinbevölkerung. In: Der Nervenarzt, 85, S. 77–87

Auf meinem ersten Projekt habe ich gleich ein krasses Negativbeispiel kennengelernt. Es war schon relativ spät, als eine Kollegin mit ihrem Firmenauto vom Kunden zum Hotel fuhr. Leider waren alle Parkplätze in der Nähe zum Eingang belegt, sodass sich die Kollegin bewusst auf einen Platz stellte, der ab 6 Uhr morgens zum Be- und Entladen frei sein musste. An der Hotelrezeption wurde sie höflich darauf hingewiesen - sogar mit dem Hinweis, wo sie weitere Parkplätze finden könnte. Die Beraterin reagierte sehr ungehalten, wurde sogar laut, pfefferte ihren Autoschlüssel auf den Tresen mit den Worten: »Dann parkt ihn halt selber um«, und griff das Servicepersonal persönlich an. Ich war sprachlos. Der arme Rezeptionist konnte nichts dafür und war sogar sehr bemüht. So müde und genervt man auch ist, trotzdem sollte man sich noch so weit im Griff haben und sich seinen Mitmenschen respektvoll gegenüber verhalten. Glücklicherweise stellte sich dieses Beispiel als Ausnahme in meiner Beratung dar - die meisten Kollegen sind respektvoll.

(Projektleiterin, Strategieberatung)

Verantwortung als Berater

Insider-Tipp

Falls du Compliance-Verstöße bemerkst, nutze die Ethik-Hotline.

Insider-Tipp

Engagiere dich für ein Pro-bono-Projekt. Hierbei kannst du als Berater optimal dein Wissen einbringen und oftmals einen größeren und vor allem fortwährenden Mehrwert stiften als über eine rein monetäre Spende. Zum Beispiel kannst du dabei unterstützen, Strukturen effizienter zu gestalten, sodass Spenden sinnvoller genutzt werden können und Hilfe schneller zur Stelle ist.

Beratungsfirmen wiederum tragen noch ganz andere Verantwortungen. Hierzu unterschiedliche Beispiele: Zum einen sind Beratungen verantwortlich dafür, nachhaltige Beratungsleistungen zu erbringen, die für Kunden einen höheren Nutzen erbringen als die zu bezahlenden Beratervergütungen. Das heißt Projekte mit dem Ziel kurzfristiger Umsatzsteigerung, die dem Kunden langfristig schaden können, sind zu vermeiden. Vielmehr geht es darum, nachhaltige Lösungen zu entwickeln, die den Kunden im Vergleich zum Wettbewerber in Zukunft besser positionieren. Hieraus können sich dann langfristige Kundenbeziehungen ergeben. Zum anderen sind Beratungen dafür verantwortlich, eine hohe Vielfalt an Denkmustern, Expertise, Erfahrungen und Hintergründen zu erzielen. Hierfür sollten Beratungen den Beitrag von Beratern mit möglichst verschiedenen Hintergründen einbeziehen. Und allen Beratern sollte Chancengleichheit gewährleistet werden - unabhängig von Herkunft, Religion, Geschlecht, sexueller Orientierung etc.

Um der Verantwortung gegenüber der Gesellschaft nachzukommen, investieren manche Beratungen ihre Ressourcen in Pro-bono-Projekte. Teils haben sie sogar einen festen Umsatzanteil (z.B. 2 % des Jahresumsatzes), den sie in Pro-bono-Projekte investieren. Pro-bono-Projekte sind Investitionen der Firmen, bei denen sie kostenfrei z.B. internationale Hilfswerke oder lokale Vereine auf Projekten beraten, um einen positiven, sichtbaren und nachhaltigen Unterschied in der Gesellschaft zu erzeugen.

8. Karrieremanagement

8.1 Persönliche Weiterentwicklung in der Beratung

Vor dem Start in der Unternehmensberatung hat jeder Neueinsteiger verschiedene Gründe, warum er in die Beratung geht. Der
für dieses Buch durchgeführte Survey bietet interessante Ergebnisse
zu der Frage nach der Motivation und was die Berater am meisten
an ihrer Arbeit schätzen. Die oft zitierte »Lernkurve« macht dabei
das Rennen – die Berater schätzen an ihrer Arbeit insbesondere, dass
sie ständig neuen Herausforderungen ausgesetzt sind und sich stetig
weiterentwickeln können. Dicht danach folgen die »netten Kollegen« – »nett« im Sinne von interessant, vielfältig, aber auch für
ein Bier an der Bar nach einem langen gemeinsamen Abend zu haben.
Viele Berater erwähnten auch, dass sie durch die Arbeit gute Freunde
fürs Leben gefunden haben. Man wächst miteinander und macht prä-
gende Erfahrungen – das verbindet auch nachhaltig. Als drittwich-
tigstes Thema wurde das »Karrieresprungbrett« genannt – der Name
einer Unternehmensberatung macht sich im Lebenslauf sehr gut.
Entgegen der vielleicht ursprünglichen Erwartungen – aber in Ein-
klang mit so mancher Studie[20] – gehört das Gehalt nicht zu den Top-
3-Motivationskriterien.

Manche haben auch die Erwartung, spannende Innovationspro-
jekte in den USA zu machen oder Strategiefälle bei einem deutschen
Autobauer. Doch Vorsicht vor einer falschen Anspruchshaltung:
Selbstverständlich darfst du deine Wünsche äußern und dich auch
dafür einsetzen – aber am Ende sind Berater Dienstleister, bei denen
der Kunde an erster Stelle steht und nicht die Umsetzung deines persönlichen Wunsch-Curriculums.

WARSTORY

*In meiner Beratungszeit habe ich gelernt, dass man sich in jedem
Projekt eine Herausforderung suchen sollte. Und generell sollte
man offen sein, was kommt. Ich bin frustriert in ein 10-Monats-
Projekt für eine Payroll-Optimierung gestartet – und plötzlich war
es meine Aufgabe, den Rollout in 40 Ländern sicherzustellen. Welch
ein Reisetraum!* (Partner, Strategieberatung)

20 Siehe Chamorro-Premuzic, T. (2013): Geld ist nicht alles. In: Harvard Business Manager vom
   25.06.2013, www.harvardbusinessmanager.de/blogs/gehalt-mehr-geld-fuehrt-nicht-
   zu-mehr-motivation-und-zufriedenheit-a-907448.html

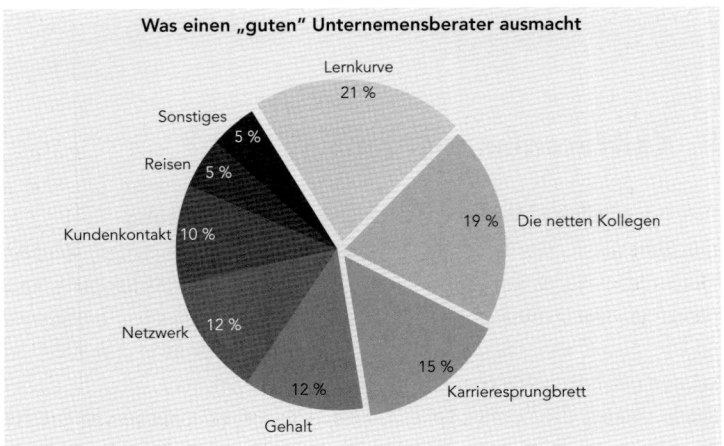

Abbildung 34: Gründe für den Verbleib in der Beratung (Umfrage-ergebnis[21])

Am besten denkst du vor dem Einstieg über deine eigenen Motive nach, warum du eigentlich in die Beratung gehst. Je klarer du das für dich definieren kannst, desto besser kannst du versuchen, das meiste aus der spannenden Erfahrung des Beraterdaseins herauszuholen. Bei McKinsey hat sich hierfür folgender Slogan etabliert: »McKinsey ist das, was du daraus machst.« Das bezieht sich auf die Projektarbeit an sich, kann aber auch noch breiter interpretiert werden auf Bereiche wie Aufbau eines Netzwerkes, Aneignung von bestimmten Fähigkeiten etc. Wenn du dir überlegst, was dein Ziel für die Zeit nach der Beratung ist, kann das auch nicht schaden, da du so deine inhaltlichen Schwerpunkte priorisieren kannst.

Die Möglichkeiten sind riesig hinsichtlich der Erfahrungen und Kompetenzen, die du aus deiner Zeit bei der Beratung ziehen kannst. Um ein paar Beispiele zu nennen:

Wissen über Zusammenhänge

Jedes Projekt eignet sich dazu, dein Wissen über Zusammenhänge zu erweitern. Abhängig davon, auf welchem Projekt du bist, bekommst du sehr detaillierte Einblicke in eine bestimmte Industrie und kannst somit deine Branchenkenntnisse vergrößern. Du lernst auch verschiedene funktionale Bereiche kennen (z.B. Produktionsmanagement, HR). Zudem ist es immer wieder spannend, mit dem Kunden vor Ort zu arbeiten und so verschiedene Aufgaben und Denkweisen von Führungskräften kennenzulernen sowie verschiedene Führungsstile zu erfahren und zu beobachten. Des Weiteren lernst du einiges an relevantem berufsspezifischen Know-how, z.B. was sind

---

21 Frage: »Was sind Motive für dich, um in der Beratung zu bleiben?«

die Phasen eines Mergers, wie läuft ein Change-Prozess, welche Probleme gibt es bei Akquisitionen.

Wissen zu Arbeitsweisen

Neben den inhaltlichen Aspekten lernst du auch einige berufsbezogene Fähigkeiten und Methoden kennen. Da ist zum einen das Projektmanagement inklusive Strukturierung, Planung und Zeitmanagement. Zum anderen sind das verschiedene Instrumente und Methoden, wie Erstellung von Business Cases, Durchführung von Meetings oder Anwendung von Kreativmethoden.

Wissen über dich selbst

Dieser Punkt wird zunächst oft nicht bedacht, aber du kannst in der Beratung vor allem einiges über dich selbst lernen und ganz persönliche Erkenntnisse gewinnen: Wie reagiere ich auf Stress? Wie gehe ich mit Feedback um? In einer Vielzahl von Situationen wirst du die Möglichkeit haben, neue Verhaltensweisen auszuprobieren und sicherlich auch teilweise an deine Grenzen zu gehen. Zudem sind viele Berater es gewöhnt, zu den Besten der Klasse zu gehören – wie gehst du mit der Tatsache um, dass du ggf. nur noch Mittelmaß oder einer von vielen bist? Dies sind sehr spannende Erkenntnisse, die dich reifen lassen, deine Persönlichkeit entwickeln und dir Sicherheit im Auftreten geben. Dein Wissen stärkst du, indem du dir immer wieder einmal Zeit nimmst, um über dich zu reflektieren. Unterstützen kann dich hierbei dein Mentor oder ein Coach – vor allem auch um der Frage auf den Grund zu gehen, was du eigentlich nach der Beratung machen willst.

Netzwerk und Reputation

Natürlich hilft dir auch der Name einer Beratung auf dem Lebenslauf für Jobs, die danach kommen, z.B. für die Unternehmerkaderschmiede Rocket Internet sind die Label McKinsey, BCG und Bain ein wichtiges Gütekriterium bei der Auswahl. Sie zertifizieren – ob zu Recht oder zu Unrecht mag diskutabel sein – Biss, gute Ausbildung und gewisse Erfahrung. Und natürlich hilft das Netzwerk auch bei der sich anschließenden Jobwahl.

Insider-Tipp

Wie nimmt man am meisten mit? Wer weiß, dass er nicht lange bleiben will (bzw. mit der Einstellung startet), könnte gezielt verschiedene Branchen und Projektarten anstreben, um sich zu orientieren, was er eigentlich will. Wer in eine bestimmte Branche will, sollte sich schnell festlegen. Wer möglichst viel lernen will, sollte versuchen, mit möglichst verschiedenen Projektleitern und Partnern zu arbeiten, da jeder seinen eigenen Stil und seine eigene Arbeitsweise hat. Hier machen kürzere Projekte (z.B. Due Diligences) durchaus Sinn.

Aber manchmal kommt ohnehin alles ganz anders als zunächst gedacht. Die meisten starten in der Beratung und sagen, dass sie sich das einmal 1–2 Jahre anschauen möchten. Von diesen Kollegen ist nach drei Jahren mindestens die Hälfte noch dabei. Jedoch fangen die Allerwenigsten an und wissen, dass sie Partner werden wollen. Hinzu kommt, dass aufgrund des Up-or-Out-Prinzips gar nicht jeder Partner werden kann. Generell liegt ein natürlicher Drop-out bei Beratern bei ca. 15–20 %, d.h. innerhalb eines Jahres verlassen ca. 15–20 % der Berater ihre Firma. Ein gewisser Anteil hiervon verlässt die Firma nicht freiwillig, sondern wird von der Firma gebeten zu gehen. Generell bleibt jedoch festzuhalten, dass Beratung für die Mehrheit nur eine Durchgangsstation ist.

WARSTORY

Ich bin in die Beratung gegangen, da ich nach dem Studium nicht wusste, was ich will und wozu ich Lust habe. Die Beratung schien mir perfekt dazu geeignet, verschiedene Branchen kennenzulernen, um für mich herauszufinden, was mein Steckenpferd ist. Nach vier Jahren Beratung bin ich leider noch immer nicht viel schlauer. Ich habe zwar mittlerweile eine kleine Negativliste an Unternehmen, die ich mir aufgrund ihrer Kultur nicht vorstellen kann. Aber ich habe auch sehr vieles gesehen, dass ich mir gut vorstellen könnte. Es ist vielmehr so, dass ich immer weiter spannende Optionen »da draußen« kennenlerne, sodass ich mich aktuell gefühlt noch schwerer entscheiden kann. (Berater, Strategieberatung)

8.2 Erfolgreiche Selbstvermarktung

Wenn du es in der Beratung bis nach oben bringen möchtest, reicht es nicht aus, ein guter Berater zu sein. Dafür gibt es zu viele andere, die auch gut sind. Wie also herausstechen?

Die Kapitelüberschrift »Erfolgreiche Selbstvermarktung« klingt erst einmal sehr bedeutungsschwer. Letztlich ist damit nichts anderes gemeint, als das »Sich« als eigene Marke aufzubauen, sich also zu branden. Obwohl man sich von den anderen Beratern absetzen möchte, hat Selbstmarketing nichts mit Ellenbogengehabe zu tun. Vielmehr bedeutet es, die eigene Person als Mensch, Persönlichkeit und Produkt (hier also als Arbeitskraft) zu vermarkten. Ziel ist es hierbei, gezielt die eigene Außenwirkung zu kontrollieren, um sich positiv abzugrenzen. Es gilt, die richtige Balance zu finden zwischen »Ich erzähle jedem, wie toll ich bin, aber jeder hält mich für einen unsympathischen Karrieristen« und einem stillen fleißigen

Bienchen, das seine Leistung unter den Scheffel stellt. Du möchtest einen positiven Eindruck in deiner Firma hinterlassen und nachhaltig bei anderen im Gedächtnis bleiben. Spätestens wenn es um deine Partnerbeförderung geht, wirst du verstehen, wie wichtig Selbstmarketing ist. In manchen Beratungen gibt es z.B. als eines von vielen Kriterien eine Abfrage bei allen Partnern, ob sie deinen Namen kennen.

In den ersten zwei Jahren sollte dich mindestens eine Handvoll Partner kennen und etwas von dir halten. Im Folgenden stellen wir dir ein paar Tipps vor, wie das gelingen kann.

Qualität und Leistung der Arbeit

So banal es auch klingt, das A und O bleibt gute Arbeit. Das ist quasi die notwendige Bedingung. Und hier kommt es auf kleine Feinheiten an, mit denen du dich von anderen absetzen kannst: Siehst du Arbeit, bevor dich jemand darauf hinweist? Dann erleichterst du Projektleitern definitiv ihr Leben, statt es zu erschweren, und hast den ersten Schritt für deine eigene Brand getan. Die Projektleiter assoziieren deinen Namen nämlich mit einer positiven Erfahrung. Unterschätze auch nicht die Aktivitäten, die nur indirekt etwas mit deiner Arbeit zu tun haben. Dein Projektleiter schlägt ein Dinner mit dem gesamten Team vor und du cancelst, weil du noch eine Analyse vorzubereiten hast? Hier sollte man ggf. einmal in den sauren Apfel beißen und am nächsten Morgen früh aufstehen. Denn sosehr Projektleiter fleißige Helferlein schätzen, sosehr schätzen sie auch Berater, die Teamspirit aufweisen, die für gute Stimmung im Team sorgen und mit denen man abends noch ein Bier trinken gehen kann.

Eindruck auf Partner

Es ist wichtig, dass du sichtbar für Partner und Entscheider bist und einen (positiven!) Eindruck hinterlässt. Es geht damit los, dass du dich nicht davor scheuen solltest, deine eigenen Themen in Teammeetings vorzustellen und du auch ruhig Sätze einbaust, die zeigen, wenn etwas deine Idee war. Eines der wichtigsten Prämissen von erfolgreichem Selbstmarketing ist es, authentisch zu bleiben. Wenn du dich unwohl fühlst, im Teammeeting zu sagen, dass eine Idee die deinige war, nutze die anschließende Taxifahrt mit dem Partner oder eine andere Gelegenheit. Du kannst auch projektübergreifend Beziehungen zu Partnern in deiner Firma aufbauen. Nutze hierfür soziale Events wie ein Mittagessen im Büro am Freitag oder das Sommerfest deiner Firma. Geh einfach direkt auf die Partner zu. Dein Mentor (falls du so jemanden hast) hilft dir aber sicher auch gerne bei der Vernetzung. Engagement in deinem Office ist auch eine gute Möglichkeit – hilf doch z.B. dabei, die nächste Weihnachtsfeier zu organisieren. Das macht nicht nur Spaß, sondern nebenbei lernst du auch noch viele Leute kennen.

Bekanntheit innerhalb einer Branche

Um zu erreichen, dass mehr Personen deinen Namen kennen, musst du nicht immer mit wechselnden Projektleitern und Partnern zusammenarbeiten. Ganz im Gegenteil, es macht Sinn, sich nach den ersten 2–3 Jahren einen »Hafen« zu suchen – also eine persönliche Heimat in deiner Firma. Dies kann je nach Beratung anders heißen und ist nach Industrien, Funktionen oder sonstigen Spezifika geordnet. Bei McKinsey und Strategy& ist von Practices die Sprache, bei BCG von Praxisgruppen und bei Roland Berger von Competence Centers. Sobald du eine Heimat gefunden hast, ist es viel leichter, sich einen Namen zu machen. In einigen Beratungen gibt es nur Experten, sodass du von Tag 1 an einen Hafen hast. Sobald du zu einer dieser Gruppen gehörst, hast du schon einmal einen Schritt geschafft. Du hast die Zahl der Leute, die dich kennen sollten, nicht nur eingeschränkt, sondern den Fokus deiner Anstrengung definiert. In Events mit deiner »Heimat« kannst du gezielt deine Bekanntheit steigern, indem du beispielsweise Vorträge zu einem Thema hältst. Peu à peu werden dich die Leute dann nicht nur mit deinem Namen verbinden, sondern auch mit einem Thema – ein klarer Wettbewerbsvorteil.

Selbstmarketing ist aber auch, dass man Leuten etwas von sich preisgibt und zeigt, dass mehr hinter der »Arbeitsmaschine« steckt. Hierfür musst du herausfinden, was dich von deinen Kollegen unterscheidet und was du besser kannst oder wo du mehr Erfahrung hast. Mit welchen Stärken und Talenten kannst du punkten und vor welchen Schwächen und Grenzen solltest du dich in Acht nehmen. So kannst du feststellen bzw. festlegen, was dich ausmacht und wofür du stehst bzw. stehen willst. Hierzu bietet sich die Zusammenarbeit mit Mentoren oder Coaches an, die dir bei dieser Selbstanalyse helfen. Mehr zum Thema Coaching kannst du in Kapitel 8.5 *Training und Coaching* lesen.

Checkliste: Selbstmarketing

Aufgaben	Erledigt
Nutze Gelegenheiten, um dich positiv darzustellen.	☐
Netzwerke, netzwerke, netzwerke.	☐
Suche dir einen »Heimathafen« innerhalb der Firma.	☐
Suche dir eine Expertise und/oder stehe für ein Thema.	☐
Teile auf Xing/LinkedIn Artikel, die du spannend findest.	☐

8.3 Das richtige Projekt finden

Beratung ist ein Projektgeschäft. Das Schöne ist, dass man damit sehr viel ausprobieren kann, statt repetitiven Aufgaben in der Linie nachzugehen. Zudem hast du immer wieder die Chance, neue Dinge zu testen. Und das Beste: Als Berater hast du teilweise die Möglichkeit, die Auswahl des Projekts zu beeinflussen und somit dein eigenes »Schicksal« zu bestimmen. Zunächst stellt sich die Frage, welche Projekte es gibt, die aktuell Berater benötigen. Zwei Wochen vor Projektende empfiehlt es sich, den aktiven Austausch mit anderen Projektleitern oder Partnern zu suchen, um über spannende Projektoptionen informiert zu sein.

Einsteiger haben alleine in der Regel nicht die Macht, sich komplett eigenständig ein Projekt zu suchen. Normalerweise gibt es einen institutionalisierten Prozess zur Besetzung von Projekten. In den meisten Beratungen gibt es hierfür eine dedizierte Staffing-Abteilung, die Beratern aktuelle Projekte zuordnet. Staffing beachtet hierbei vor allem die drei folgenden Aspekte:

1. Wie gut passt ein Berater zum Kunden und seinen Erwartungen?
2. Wie gut erfüllt ein Berater auf Basis seines Profils die Anforderungen durch den Projektleiter und durch die Besonderheiten des Projekts (spezielles Fähigkeitsprofil erforderlich?)?
3. Was ist der eigene Wunsch des Beraters und welche Projekte möchte er in keinem Fall machen? Welche Entwicklungsfelder hat er?

Im Folgenden gibt es ein paar Tipps, wie du insbesondere den dritten Punkt beeinflussen kannst.

Unterstreiche dein Profil

Auch wenn du den Projektleiter oder Partner deines zukünftigen Projekts noch nicht kennst, lohnt es sich, ihn anzusprechen. Versuche, in dem Gespräch oder in der Mail projektrelevante Erfahrung und Expertise herauszustreichen. Optimalerweise pflegst du auch ein Kurzprofil auf deiner Seite im internen Facebook oder Ähnliches deiner Beratung und hältst deinen Lebenslauf up to date. Gehe ggf. noch einmal zurück zu Kapitel 8.2 *Erfolgreiche Selbstvermarktung*, um dir hierzu weitere Anregungen zu holen.

Baue eine persönliche Beziehung zu den verantwortlichen Mitarbeitern im Staffing auf

Arrangiere ein Kennenlerntreffen und gehe auch außerhalb deines Staffings einen Kaffee trinken. Je besser deine Staffer dich und deine Präferenzen kennen und dir ein Gesicht zuordnen können (denk daran: in großen Beratungen bist du einer von mehreren Hundert), desto wahrscheinlicher wird es, dass im Staffing durchaus deinen Präferenzen nachgekommen wird. Generell gilt im Umgang mit Staffing, dass man sich lieber zuvorkommend statt zu pushy verhalten sollte – denn schließlich willst du etwas von den Staffern und nicht umgekehrt.

Argumentiere auf Basis deiner Karriereentwicklung

Viel besser als Gründe wie »Ich wollte immer schon einmal ein Projekt in Asien machen« oder »Ich wollte noch nie ein Projekt in einer Bank machen« sind Gründe, die sich auf deine persönliche Karriereentwicklung beziehen. Damit du auf ein Projekt gestafft wirst, argumentiere bestenfalls damit, dass ein Projekt wichtig für deine Entwicklung ist – und womöglich sogar für die Entwicklung auf die nächste Stufe innerhalb der Beratung (siehe hierzu das nächste Kapitel 8.4 *Feedback und Bewertungsprozess*). Hast du beispielsweise noch nie direkten Kundenkontakt gehabt, noch nie ein Excel-Modell gebaut oder noch nie eine Storyline entwickelt? Nutze diese Punkte und weise das Staffing darauf hin, dass du deine fehlenden Erfahrungen mit dem nächsten Case beabsichtigst nachzuholen.

Pflege ein internes Netzwerk

Gehe auf ehemalige Kollegen zu, die mit deiner Arbeit zufrieden waren. Dein Netzwerk kann dir nicht nur helfen, über Projekte Bescheid zu wissen, sondern kann dich beispielsweise auch an den Projektleiter oder Partner eines neuen Projekts empfehlen. Und wenn du einen Partner findest, mit dem du gerne zusammenarbeitest und der dich gut findet – nutze das, indem du dich an ihn hältst. Das kann ggf. auch deine Karriere leicht beschleunigen.

Je nachdem, ob es mehr Berater als Projekte gibt oder Projekte als Berater, gibt es noch viele Faktoren, die mal mehr, mal weniger stark Berücksichtigung finden. So kann es sein, dass ein Berater schon länger kein Projekt hatte und dir deshalb trotz schlechterem Fit zwischen Anforderungen und seinem Profil gefühlt ein Projekt »wegschnappt«. Außerdem kann es sein, dass Projekte schon seit Längerem auf einen Berater warten.

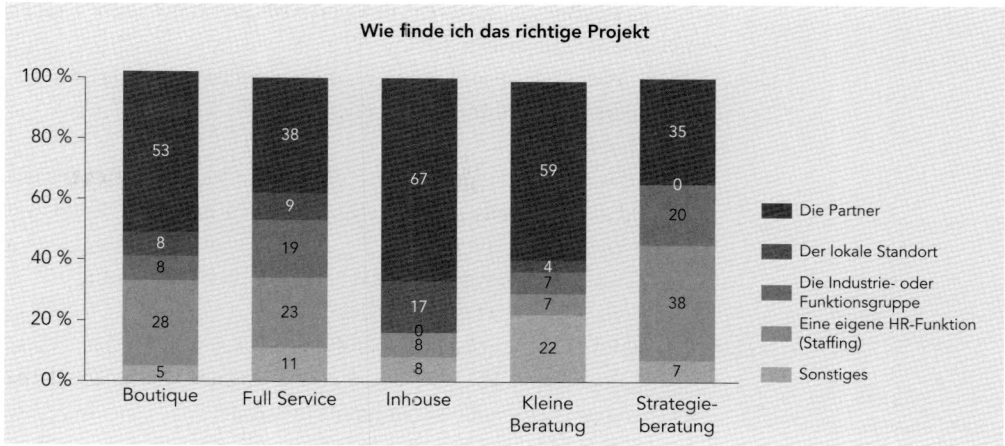

Abbildung 35: Art der Zuordnung von Berater zu Projekten[22]

Die Zuordnung der Berater zu Projekten erfolgt auf unterschiedlichen Wegen. Wie du der Grafik entnehmen kannst, findet in der Mehrheit der Boutique-, Full-Service-, Inhouse- und kleinen Beratungen die Zuordnung durch die Partner statt. In einem Großteil der Strategieberatungen entscheidet zumeist eine dezidierte HR-Funktion über die Zuordnung der Berater zu Projekten. In vielen Fällen kann sich das aber auch überschneiden beispielsweise mit der Zugehörigkeit zu Praxisgruppen oder Kompetenzcentern. In den wenigsten Fällen – und in den Strategieberatungen überhaupt nicht – entscheidet der lokale Standort über die Zuordnung zu einem Projekt. Hier ist das Klischee, dass der eine Berater von Berlin nach München und der andere im Gegenzug von München nach Berlin fliegt, also durchaus wahr.

An die Frage, wie man eigentlich einem Projekt zugeordnet wird, schließt sich die Folgende an: Was ist das richtige Projekt für dich? Diese Frage beantwortet jeder für sich anders. Manche stellen ihre persönliche Lernerfahrung in den Vordergrund, manche wollen möglichst viel von der Welt sehen und andere möchten möglichst viel Freizeit und Spaß. Insgesamt sollte die Auswahl in die eigene »Karrierestrategie« passen. Nachfolgend findest du wichtige Bausteine der Karriereplanung und damit verbundene relevante Fragestellungen für die eigene Projektauswahl:

1. Branche/Industrie:
   - Welche Industrie interessiert mich?
   - Welche Industrie kann ich mir gar nicht vorstellen?
   - Wo möchte ich langfristig arbeiten?
2. Kunde
   - Möchte ich lieber für große oder kleine Unternehmen arbeiten?

---

22 Frage: »Wer ordnet/e in deinem Beratungsunternehmen die Berater den Projekten zu?«

- Möchte ich lieber für bekannte Unternehmen oder Hidden Champions arbeiten?
- Wie wichtig sind mir die Unternehmenskultur und der Ruf des Unternehmens?

3. Thema
   - Ist es ein internes (keine direkte Kundenzusammenarbeit, z.B. Erstellung einer Studie) oder ein externes (Kunden-) Projekt?
   - Welche Expertise kann ich hier inhaltlich einbringen?
   - Was kann ich dort inhaltlich lernen?

4. Rahmenbedingungen des Projekts
   - Projektort: Wie groß ist der Reiseaufwand? Möchte ich lieber in der Region bleiben oder ins Ausland?
   - Projektdauer: Möchte ich lieber ein kurzes Projekt machen (z.B. Due Diligence) oder einen Langläufer (z.B. PMI)?
   - Projektbelastung: Wie groß ist die antizipierte Arbeitsbelastung? Bin ich bereit, in Nachtschichten zu arbeiten (wahrscheinlicher in Kurzläufern, Due Diligences etc.) oder möchte ich lieber – im Rahmen der Möglichkeiten – einen etwas ruhigeren Projektalltag (wahrscheinlicher in Langläufern, Prozessprojekten etc.)?

5. Team
   - Kennst du andere Juniors auf dem Team?
   - Was weißt du über den Projektleiter? Hole dir hierfür die Meinung von Kollegen ein, denen du vertraust. Lass dich durch Vorurteile aber auch nicht in die Irre führen.
   - Wer ist der verantwortliche Partner?

Um das für dich *richtige* Projekt zu definieren, kannst du auch mit erfahrenen Kollegen über ihre Einschätzung sprechen. Informiere dich aber vor allem zu ihrer Erfahrung mit Kunden und Projektleitern. Diese Infos kannst du in der Regel auch als erstes Indiz für die Arbeitsbelastung verwenden.

WARSTORY

Eine Kollegin war hocherfreut, da sie auf einen Strategie-Case bei einem Sportartikelhersteller gekommen ist. Mensch, klang das cool. Dagegen dachte ich, dass ich mit einem IT-Case bei einer mir bis dato nicht bekannten Firma echt ein schlechtes Los gezogen hatte. Doch wie so oft kann dann alles ganz anders sein. Ich hatte dank des netten Kunden und des super Teams eine wirklich tolle Zeit mit spannenden Aufgaben. Lisa hingegen hatte schon nach 2-3 Wochen keine Lust mehr, weil der Kunde sehr anstrengend war, der Projektleiter cholerisch und die Arbeitszeiten grenzwertig. Das ist

natürlich Ansichtssache, aber für mich stehen Team und Lerner-
fahrung höher auf meiner persönlichen Prioritätenliste, als dass es
unbedingt ein Dax-Konzern sein muss und ich um 20 Uhr das Büro
verlassen kann. Aber das findet jeder mit der Zeit selber raus.

(Projektleiter, Strategieberatung)

Nach Details zum Staffing stellt sich noch eine andere Frage: Wie komme ich von einem nervigen Projekt wieder runter? Grundsätzlich ist das nicht so einfach, denn auch aus Kundensicht sind solche Änderungen nicht gerne gesehen. Von daher überlege in einem ersten Schritt immer, was du selbst ändern kannst, um die Situation zu verbessern. Führe außerdem ein ehrliches Gespräch mit deinem Projektleiter, wie ihr gemeinsam die aktuelle Situation verbessern könnt. Sollte dieser erste Schritt nichts bringen und du möchtest unbedingt von einem Projekt runter, sprich hierzu mit der Person, die in deiner Beratung deine Karriere betreut, oder mit deinem Mentor. Neben persönlichen Gründen hilft es, wenn man auch Argumente aus Firmensicht aufführen kann. Versuche immer auch das Wohl der Firma anzuführen. Optimalerweise hast du vorab schon Kontakt zu anderen Projektleitern aufgenommen, die dich gerne auf ihrem Projekt hätten – damit erzeugst du neben deinem Push- auch noch einen Pull-Effekt. Wenn du es auf deinem aktuellen Projekt gar nicht mehr aushältst und es hart auf hart kommt, kannst du auch mit deiner Kündigung drohen. Diese Karte solltest du aber wirklich nur ausspielen, wenn es dir hiermit auch ernst ist und du bereit bist, im Notfall die Konsequenzen (nämlich deine Kündigung) zu tragen.

Wie oben bereits erwähnt, kann es saisonal bedingt oder auch aus anderen Gründen vorkommen, dass es zu einem Zeitpunkt mehr Berater als Projekte gibt. Berater, die nicht gestafft sind und zeitweise kein Projekt haben, befinden sich im Beratersprech »on the beach« oder auch »on the bench«. Bei jungen Beratern hält sich das Gerücht hartnäckig, dass es »damals« in solchen Situationen wirklich so war, dass manche diese »freie« Woche genutzt haben, um einen Kurzurlaub einzuschieben. Heutzutage ist – wie immer – alles schlechter. Denn »on the beach« sein bedeutet freilich nicht, dass du dir eine schöne Zeit machen kannst – und das, während du dein üppiges Gehalt einstreichst. Im Normalfall bleibst du nämlich auf dem Schirm von Projektleitern und Partnern, für die freie Berater ein Glücksfall sind. Zumeist nutzen sie diese Berater zur Unterstützung beim Schreiben von Proposals. Proposals werden geschrieben, um entweder auf einen RFP (Request for Proposal) des Kunden oder manchmal auch auf Eigeninitiative hin ein Projekt beim Kunden zu verkaufen. Proposal-Unterstützung hat auch klare Vorteile, z.B.:

- Kennenlernen verschiedener Themen und Teams in kurzer Zeit
- Erhalt von mehr Verantwortung, da man das Gesamtdeck zusammenführen muss
- Gelegentlich Teilnahme an Pitches (so werden Präsentationen von Proposals bei Kunden genannt)
- Erlernen wichtiger Fähigkeit für den Partner-Track: Business Development

Solltest du tatsächlich einmal nicht auf dem Schirm von Führungs-riege und/oder Staffing sein (ja, auch diese Fälle kann es ausnahms-weise geben), nutze deine gewonnene Zeit, um Trainings zu besuchen, E-Learnings durchzuführen oder engagiere dich in deinem Office. Nutze die Zeit auch, um abends einmal wieder Freunde in deiner Heimat zu treffen oder dich morgens im Bett noch einmal umzudrehen – denn du weißt nie, auf welchem Projekt du die Woche drauf wieder landen wirst.

Checkliste: Projektauswahl

Aufgaben	Erledigt
Stelle dir schon vor Beginn einmal die Frage: Welche Projekte möch-te ich machen hinsichtlich Branche/Industrie, Kunde, Thema und Rahmenbedingungen?	☐
Verfeinere diese Vorstellung mit der Zeit und nutze das zur Orientie-rung bei der nächsten Projektauswahl.	☐
Baue eine persönliche Beziehung zu den verantwortlichen Mitarbei-tern im Staffing auf.	☐
Argumentiere bei der Projektauswahl auf Basis deiner Karriere-entwicklung.	☐
Pflege ein internes Netzwerk.	☐
Pflege dein Profil und halte deinen Lebenslauf up to date.	☐

8.4 Feedback und Bewertungsprozess

Es gibt keine Branche, in der deine Leistung so häufig und intensiv bewertet wird. Denn Bewertungen sind ein zentrales Element des Geschäftsmodells: Up or Out und Grow or Go brauchen einen Mecha-nismus, um die Berater, die aufgefordert werden, das Unternehmen zu verlassen, auf möglichst fairem Weg zu identifizieren. Auf der anderen Seite werden die »Shooting Stars« schnell sichtbar. Unabhängig davon sind Bewertungen so enorm wichtig, weil sie detailliertes und schriftliches Feedback sind und die Berater sich auf Basis dieses Feed-backs weiterentwickeln. Zudem ist in fast allen Beratungshäusern das variable Gehalt direkt von den Bewertungen abhängig. Darüber hinaus sind Bewertungen die Entscheidungsgrundlage für Beförderungen.

In einigen Firmen gibt es ein 360-Grad-Feedback. So erhalten Projektleiter Bewertungen von den Beratern im Team, aber auch von dem Partner, der das Projekt verantwortet. In den ersten Jahren erhalten Berater Bewertungen meistens nur von ihren Projektleitern. Bewertungen gibt es mindestens einmal pro Projekt; bei langlaufenden Projekten kann es auch mehrere Bewertungen geben.

Für jede Karrierestufe gibt es spezielle Kategorien, nach denen bewertet wird. So wird ein Junior-Berater in anderen Kategorien bewertet als ein Partner (ja, auch Partner erhalten regelmäßig Bewertungen). Ein jüngerer Kollege wird z.B. nach

- analytischer Fähigkeit,
- Kundenmanagement,
- Kommunikationsfähigkeit,
- Effektivität

bewertet, ein Partner eher nach Umsatz und Zufriedenheit seiner Teams. Viele Beratungen bewerten Berater, die vor dem nächsten Karriereschritt stehen, auch bereits mit den Kriterien der nächsten Karrierestufe. Das hat den Vorteil, dass sich die Berater die Fähigkeiten aneignen können, die in naher Zukunft von ihnen verlangt werden.

Um von der Bewertung nicht überrascht zu werden, kannst du deinen Projektleiter bitten, dir bereits während des Projekts Feedback zu geben. So kannst du frühzeitig an den aufgezeigten Bereichen arbeiten und einer nicht gewünschten Bewertung am Ende des Projekts zuvorkommen. Möchtest du schnell befördert werden, solltest du das gut planen. Im Folgenden findest du eine Liste mit Tipps, die dir dabei helfen können:

- Strebe nach einer eher höheren Anzahl an Projekten (4–8 Projekte pro Tenure Run Time; das entspricht ca. 24 Monaten), denn somit zeigst du deine Vielseitigkeit und erhältst eine robuste Basis an Bewertungen.
- Strebe nach möglichst verschiedenartigen Projekten hinsichtlich Thema/Kunde/Team und Dauer.
- Sprich auf jedem Projekt mit deinem Projektleiter, um zu vereinbaren, was du leisten musst, um eine entsprechend gute Bewertung zu erhalten.
- Tracke frühzeitig, ob du ausreichend gutes Feedback pro Bewertungskategorie gesammelt hast, und finde 2-3 Partner sowie 2-3 Projektleiter, die dies »bezeugen« können, wenn sie danach gefragt werden.
- Suche mindestens zwei Partner, die deine Förderer werden – einen, der dein (inoffizieller oder offizieller) Mentor sein könnte, und einen weiteren, zu dem du eine gute Beziehung im Rahmen eines gut laufenden Projekts aufgebaut hast. Teste mit ihnen offen deinen Wunsch nach Early Promotion und höre dir ihre Meinung an. Wenn sie daran glauben, dass du ein Early Promotion Case

bist, dann besprich mit ihnen, was die weiteren erforderlichen Schritte sind – formelle und informelle.

- Zu den formellen Schritten gehört das Informieren des Personenkreises, der über die Beförderung entscheidet. Kommuniziere, dass du eine frühzeitige Prüfung einer Beförderung beantragen möchtest.
- Zu den informellen Schritten gehört, dass deine beiden Fürsprecher auf Partnerebene für dich werben und aktiv anderen Partnern und Entscheidungsträgern erzählen, was du für ein Top-Performer bist. Darüber hinaus hilft es, wenn du auch selbst nach Exposure/Air Time bei den weiteren Entscheidungsträgern suchst (z.B. indem du bei Home Office Events aktiv auf sie zugehst, ggf. mal ein Proposal für sie schreibst, dich bei einer ihrer Initiativen engagierst, generell präsent bist und dein Gesicht freitags im Office zeigst). Hierbei muss du jedoch die richtige Balance finden zwischen aktiver Präsenz/Einbringen und Anbiedern/Selbstgefälligkeit.

Auf den Projekten wirst du regelmäßig Feedbackgespräche zu deiner Leistung führen. Du solltest gut zuhören und dir Notizen machen, damit du dir die genannten Punkte im Nachgang nochmals anschauen und ggf. Handlungen für dich ableiten kannst. Denke daran, dass das Feedback in der Regel sehr wertvoll für deine Entwicklung ist. Falls du ein Feedback zu deiner Arbeit nicht nachvollziehen kannst, kannst du nach Beispielen fragen. Du kannst auch deine eigene Sicht schildern. Hier ist es aber sehr wichtig, dass du professionell bleibst, ebenfalls Beispiele und Argumente nennst. Für viele Kollegen ist das schwierig, da sie bei Kritik mit negativen Emotionen zu kämpfen haben. Fühlst du dich persönlich angegriffen, empfiehlt es sich, das Feedback erst einmal unkommentiert stehen zu lassen und ein Nachgespräch zu vereinbaren. So bleibt genug Zeit, um Emotionen zu verarbeiten und im zweiten Gespräch gut vorbereitet und sachlich aufzutreten.

In der Regel werden deine Bewertungen an einer Stelle im Unternehmen, je Berater bei einem Ansprechpartner, gebündelt. Das hat den Vorteil, dass dieser Ansprechpartner einen guten Überblick über deine Leistungen erhält. Stärken und Schwächen offenbaren sich. Denn solltest du z.B. in Meetings eher wenig beisteuern, wird das dem Projektleiter auffallen. Spätestens, wenn du ein ähnliches Feedback in der zweiten Bewertung erhältst, sollte klar sein, dass du an diesem Thema arbeiten solltest, dann werden sich deine Fähigkeiten auch verbessern. Gemeinsam können Maßnahmen zur Verbesserung der Fähigkeiten vereinbart werden, z.B. Teilnahme an Trainings oder Coachings oder Staffing auf Cases mit besonderen Herausforderungen. Verläuft das Gespräch nicht wie gewünscht, kann ein Mentor oder seniore Kollegen aus dem Netzwerk helfen. Einerseits können sie

Ratschläge geben, was mögliche weitere Schritte sein können. Andererseits können sie auf informellen Kanälen mit den Verantwortlichen kommunizieren und klärend eingreifen.

Es bietet sich ebenfalls an, während der nächsten Projekte gezielt an den Schwächen zu arbeiten. Je nachdem wie das Vertrauensverhältnis zu dem Projektleiter des neuen Falls ist, kann eine offene Kommunikation über die vorherige Bewertung dazu führen, dass der Projektleiter die Entwicklung aktiv unterstützt. Im Idealfall sind die Areas for Development nach dem nächsten Case erledigt und die neue Bewertung spiegelt das auch wider.

Das Schöne an der Beratung: Das nächste Projekt mit neuer Bewertung kommt recht schnell.

8.5 Training und Coaching

Training

Viele Beratungen stellen Absolventen mit wenig Vorwissen ein. Sie gehen davon aus, dass sich die Kandidaten die notwendigen Fähigkeiten schnell aneignen. Die jungen Berater lernen viel »on the job«. Allerdings fehlt bei dieser Art zu lernen häufig das Fundament. Dies ist besonders wichtig bei Fach- oder methodischen Themen, wie dem hypothesenbasierten Arbeiten.

Daher sind Trainings in der Beratung von zentralerer Bedeutung als in manch anderen Berufsfeldern. Insbesondere auch weil Tagessätze im niedrigen und mittleren vierstelligen Bereich für Berufseinsteiger üblich sind und die zahlenden Kunden zu Recht erwarten, dass die jungen Berater gut ausgebildet sind.

Der Trainingskatalog bei Beratungen ist in der Regel recht umfangreich und lässt sich in folgende Bereiche unterteilen:

Fachtrainings
- PowerPoint: In diesem Training werden die Grundzüge von PowerPoint vermittelt. Auch Designstandards der jeweiligen Beratung werden behandelt.
- Excel: Dieses Training ist in der Regel eine Kombination aus einer Übersicht der wichtigsten Excel-Befehle und dem Aufbau von Excel-Modellen, meist angereichert mit einer Case Study.
- Präsentationen halten: In diesem Training präsentieren die Teilnehmer ihnen bekannte, aber auch nicht bekannte Inhalte. Die Präsentationen werden auf Video festgehalten. Basierend auf den Beobachtungen und der Videoanalyse erhalten die Teilnehmer Feedback. Teilweise wird dieses Training auch in Verbindung mit Coaching angeboten, da viele in der Präsentation sichtbare, ungewollte Verhaltensweisen tiefere Gründe haben und nicht

Organisiere dir möglichst früh die Bewertungskriterien für deine jetzige und auch die folgende Karrierestufe. Hier kannst du im Detail sehen, was von dir erwartet wird. Informiere dich auch über den Beförderungsprozess, um zu verstehen, welche Kriterien ausschlaggebend sind. Hilfreich ist es auch, wenn du deine Bewertungen mit denen deiner Peers vergleichst, um sie zu kalibrieren.

mit Tipps wie »Du wirkst unsicher, sprich etwas lauter« zu verändern sind.

- Storylining: In diesem Training lernen die Teilnehmer, wie eine Präsentation gut strukturiert wird. Insbesondere wird der Unterschied von induktiver und deduktiver Erzählweise erklärt und der Zusammenhang zum hypothesenbasierten Arbeiten erläutert.
- Hypothesenbasiertes Arbeiten: Eines der zentralsten Trainings für Strategieberatungen, in dem die Teilnehmer erlernen, wie sie ihr Vorwissen in einer strukturierten Art und Weise zur Beschleunigung der Lösungsfindung einsetzen können.
- Weitere Trainings: Darüber hinaus gibt es eine Vielzahl von Fachtrainings, die je nach Ausrichtung der jeweiligen Beratung variieren (z.B. Bewertung, Steuerthemen, SAP etc.).

Soft Skills

- Kundenmanagement: In diesem Training werden in Rollenspielen Kundengespräche simuliert und auf Video aufgezeichnet. Im Nachgang erfolgt anhand der Videoanalyse eine Herausarbeitung der persönlichen Entwicklungsschritte, die in weiteren Runden geübt werden können.
- Konfliktmanagement: In diesem Training erlernen die Teilnehmer, mit Konfliktsituationen umzugehen. Einerseits werden interne Konflikte und andererseits Konflikte auf Kundenseite simuliert.
- DiSC/MBTI: DiSC und MBTI sind zwei Ansätze, Verhaltens-/Wahrnehmungspräferenzen von Personen aufzuzeigen.[23] Dieses Training führt bei vielen Teilnehmern dazu, die Kommunikation mit Kollegen mehr auf deren Bedürfnisse auszurichten. Des Weiteren ist dieses Training sehr hilfreich für junge Führungskräfte, um ihren Führungsstil besser zu verstehen.
- Weitere Trainings: Auch im Soft-Skill-Bereich gibt es eine Vielzahl weiterer Trainings, die je nach Präferenz des Beratungshauses variieren.

Für angehende Projektleiter kommen weitere Trainingsmodule hinzu, insbesondere zu Projekt- und Teammanagement, Leadership und Geschäftsentwicklung sowie Projektakquise. Eine Übersicht, wie viel Zeit Berater auf welches Training verwenden, ist in Abbildung 36 zu finden.

Es zeigt sich, dass Beratungen zunehmend mit externen Trainingsanbietern zusammenarbeiten. Hierdurch stellen sie eine gleichbleibende und vor allem hohe Qualität sicher.

---

23 DiSC: Dominance, Influence, Steadiness, Conscientiousness; MBTI: Myers-Briggs-Typenindikator

In den meisten Fällen gibt es zu den Trainings weder strukturierte Vor- noch Nachbereitung. Einige Beratungshäuser nutzen Online-Module, mit denen die Teilnehmer sich vor Trainings vorbereiten oder im Nachgang das Gelernte vertiefen können. Allerdings werden diese Möglichkeiten von den Teilnehmern nicht immer systematisch genutzt. Um nachhaltige Verhaltensveränderungen herbeizuführen, sind Wiederholungen der neuen Verhaltensmuster notwendig. Ebenfalls hat sich gezeigt, dass ein Austausch mit der Trainings-Peer-Gruppe im Nachgang der Trainings den Lerneffekt verstärkt. Um diesen Anforderungen gerecht zu werden, bieten innovative Trainingsunternehmen mittlerweile darauf zugeschnittene Formate an. So gibt es Formate, bei denen die Teilnehmer nach dem Training mehrfach wieder zusammenkommen, Coaching und Training eng miteinander verbunden werden und Apps zum Einsatz kommen, mit denen die Teilnehmer ihre Lernfortschritte tracken und sich mit den Trainings-Peers austauschen können (z.B. everskill.de).

Die Trainingsangebote lassen sich unterteilen in Pflichttrainings, wie z.B. ein Einstiegs- oder Projektleitertraining, und optionale Trainings. Möchte ein Berater an optionalen Trainings teilnehmen, gibt es je nach Beratung unterschiedliche Prozesse. In manchen Beratungen kann sich der Berater zu beliebig vielen Trainings anmelden, solange das mit dem Projektleiter des aktuellen Projekts abgestimmt ist. In anderen Beratungen gibt es Budgets je Berater. Hinzu kommen Empfehlungen von dem Karrierebetreuer, dem Projektleiter oder Partner eines Cases oder von Kundenseite. Mache dich früh bekannt mit den Trainings-Guidelines, damit du viele Trainings mitnehmen kannst – es lohnt sich in der Regel! Denn auf einer Skala von 1 bis 10 bewerten Berater die Wichtigkeit von Trainings für ihren beruflichen Alltag mit 7.

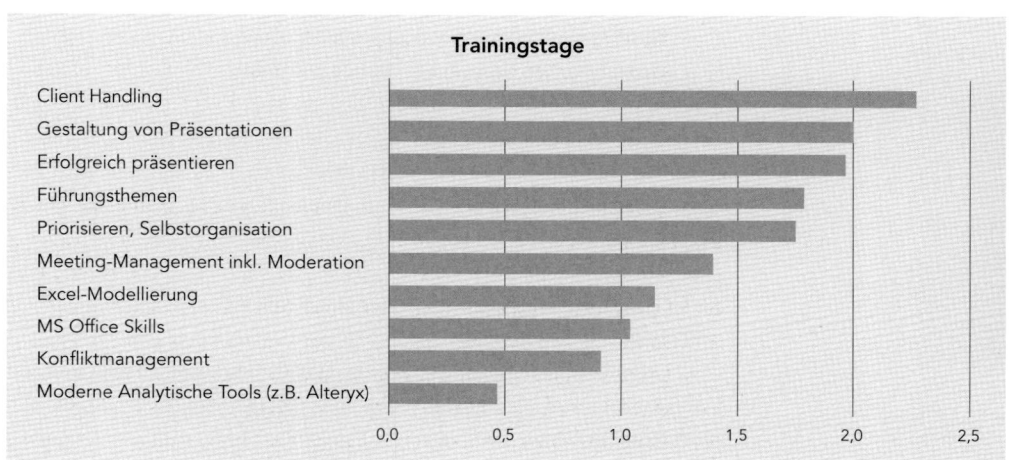

Abbildung 36: Anzahl Tage (Durchschnitt), die Berater in verschiedenen Trainings verbracht haben

Grundsätzlich ist Training natürlich »doppelt teuer« – die Berater im Training generieren während der Trainingszeiten keinen Umsatz und zusätzlich fallen hohe Kosten an; denn besonders die Pflichttrainings werden in der Regel in Trainings-Locations abgehalten, in die die Teilnehmer, teilweise europa- oder weltweit, eingeflogen werden.

Insider-Tipp

Um möglichst viel aus den Trainings mitzunehmen, empfiehlt sich Folgendes:
- Konzentriere dich voll auf das Training, also nach Möglichkeit keine Projektarbeit nebenbei, und lass idealerweise das Handy ausgeschaltet.
- Sprich aktiv die Themen im Training an, die dich beschäftigen.
- Trage Key Take-Aways in deinen Kalender ein, z.B. nach drei und sechs Monaten.
- Berichte Kollegen von deiner Top 5 »Lessons Learned«.

Coaching

Der Beruf des Coaches ist nicht geschützt und dementsprechend vielfältig sind auch die Arbeitsweisen und Fähigkeiten von am Markt tätigen Coaches. Ein Mindestmaß an Qualitätssicherung erfolgt durch die verschiedenen Coaching-Verbände (z.B. DBVC, DCV oder ICF), die sowohl Ausbildungen als auch Coaches zertifizieren. Entsprechend der Weite des Coaching-Angebots gibt es eine Unzahl von Definitionen für den Begriff »Coaching«. Wir verwenden hier beispielsweise eine Definition des Ausbildungsinstituts »WeCreate«: »Coaching ist ein Prozess der Entwicklung, Unterstützung und des Hinterfragens, um Menschen zu befähigen, ihr volles Potenzial abzurufen, persönlich oder beruflich, nachhaltig und durch die Verwendung von Fragetechniken.« Diese Definition rückt die Technik des Fragestellens in den Vordergrund:
- Was möchtest du in der heutigen Coaching-Sitzung erreichen?
- Welches Ziel genau?
- Was hat dich bisher davon abgehalten, dieses Ziel zu erreichen?
- Wie kannst du diesem Ziel näher kommen?

Dies sind typische Coaching-Fragen, die in einem Business-Coaching zu finden sind. Der Coachee bestimmt das Thema, definiert sein Ziel und findet seine eigenen Lösungen. Der Coach ist für den Prozess verantwortlich.

So ist Coaching eingerahmt auf der einen Seite durch
- Training, bei dem der Trainer Inhalte vermittelt, und
- Mentoring, bei dem der Mentor Erfahrungswerte teilt, und auf der anderen Seite durch
- Psychotherapie, mit deren Hilfe psychische Störungen behandelt werden.

Im Unternehmenskontext hat sich Coaching gut bewährt. So haben fast alle größeren Unternehmen Coaching-Angebote – insbesondere für ihre leitenden Angestellten. Typische Themen in Coaching-Sitzungen sind:

- Finden des eigenen Führungsstils
- Verbesserung der Work-Life-Balance
- Stärkung der Präsenz
- Umgang mit »schwierigen« Mitarbeitern
- Vorbereitung auf eine neue berufliche Rolle

Einige der strategischen Managementberatungen bieten Coaching bereits für ihre Berufseinsteiger an. Wenn du ein Thema hast, an dem du gerne arbeiten würdest, ist das eine klasse Möglichkeit, denn am freien Markt würdest du dafür sehr viel Geld bezahlen müssen. Typischerweise werden Coachings von der Abteilung angestoßen, die auch die Entwicklungsgespräche führt. Die HR-Abteilung ist ebenfalls häufig eingebunden. Möchtest du dennoch einen privaten Coach vom freien Markt engagieren, bietet es sich an, die HR-Abteilung einzubinden und nach einer Liste von Coaches zu fragen.

Coaching ist auch als Technik für die Arbeit eines Beraters sehr hilfreich. Insbesondere kann Coaching zur Stärkung der Kundenbeziehung genutzt werden, denn Coaching erfordert und fordert Vertrauen zwischen Coach und Coachee. Durch kurze Sessions kannst du zum Ansprechpartner Nummer 1 für Kunden werden. Zum Beispiel eröffnet sich für den Kunden eine neue berufliche Perspektive und er ist sich noch nicht sicher, wie er damit umgehen möchte. Hier kannst du durch einfache Fragen, z.B. »Wie geht es Ihnen mit diesem Angebot?«, »Was hindert Sie daran, sofort zuzusagen?«, »Was erhoffen Sie sich von der neuen Herausforderung?«, eine kurze Coaching-Session führen, die Kunden in der Regel als sehr wertstiftend empfinden.

Darüber hinaus ist Coaching ein super Werkzeug, um Mitarbeiter oder Kundenprojektmitarbeiter zu führen. Fragen dieser Art sind in der Regel sehr hilfreich: »Wir haben dieses Ziel zu erreichen, wie wollen Sie das angehen?«, »Was brauchen Sie hierzu?«, »Wie kann ich Sie unterstützen?«, »Welche Probleme könnten auftreten?«, »Bis wann werden Sie das erledigt haben?«. Wenn du solche Fragen stellst, bleibt das »Baby«, also die Verantwortung, bei dem jeweiligen Mitarbeiter, denn er bestimmt selbst, wie er das Thema angehen möchte.

Halte also die Augen geöffnet und schaue, ob deine Firma Coaching-Kurse anbietet. Häufig werden diese im Rahmen von Train-the-Trainer-Seminaren für interne Trainer angeboten. Falls du einen Coach suchst, kannst du hierfür auch deine Trainingsabteilung ansprechen.

8.6 Der Ausstieg aus der Beratung

Die meisten Anfänger in der Unternehmensberatung haben nicht vor, diesen Job für immer zu machen und Partner zu werden. Typische Gründe für den Einstieg in die Beratung sind:

- Innerhalb einer kurzen Zeit viel zu lernen
- Eine interessante Erfahrung zum Beginn der Karriere zu machen
- Der Karriere einen Schub zu geben
- Sich klarer zu werden, welchen Job man eigentlich wo machen will

Allen diesen Gründen ist gemein, dass sie eine eher kurz- bis mittelfristige Motivation beinhalten. Dies ist vermutlich auch einer der zentralen Gründe dafür, warum die meisten Berater den Job nur vorübergehend ausüben. Unsere Umfrage ergab folgende durchschnittliche Beschäftigungszeiträume in der Beratung (bei den bereits Ausgestiegenen):

- 39 Monate: Full-Service-Beratungen
- 43 Monate: Strategieberatungen
- 47 Monate: Kleine Beratungen
- 49 Monate: Boutiquen
- 57 Monate: Inhouse-Beratungen

Der Abschied in der Beratung ist aber nicht immer freiwillig, denn nach dem Up-or-Out-Prinzip kann jemand auch darum gebeten werden, sich einen neuen Job zu suchen. Grundsätzlich gibt es drei Möglichkeiten, warum jemand eine Beratung verlässt:

- »Muss was Neues machen«: Jemand wird gebeten, sich einen neuen Job zu suchen
- »Kann was Neues machen«: Warten, bis der richtige Job kommt
- »Will was Neues machen«: Aktive Suche

Für jemanden, der gebeten wurde, sich einen neuen Job zu suchen, ist es wichtig zu verstehen, warum das passiert ist. Oft gibt es gute Gründe dafür, beispielsweise fehlende Motivation. Oder der Job war einfach nicht der Richtige. In jedem Fall ist auch eine Kündigung kein Weltuntergang. Da eine Kündigung meist nicht möglich ist, hat jeder außerhalb der Probezeit ausscheidende Berater die Möglichkeit, eine Abfindung auszuhandeln.

Ein positiver Fall ist es natürlich, ein tolles Angebot zu bekommen, das zu den persönlichen Interessen passt und auch sonst attraktiv ist. Dies kann z.B. von Kunden kommen oder von Headhuntern. Es lohnt sich jedenfalls, sich Angebote von Kunden oder Headhuntern anzuhören, wenn man noch nicht ausstiegswillig ist. So bekommt man ein Gefühl dafür, was sonst möglich ist. Außerdem ist es natürlich auch eine persönliche Bestätigung, umworben zu werden.

Wann ist bei jedem Einzelnen nun der richtige Zeitpunkt, sich auf die Suche zu machen, um die Beratung zu verlassen? Zuerst einmal ist es von Vorteil, mindestens die erste Beförderung mitzunehmen, um zu zeigen, dass man sich grundsätzlich in dem Beruf durchsetzen konnte. Ein klassischer Ausstiegszeitpunkt ist die Beförderung zum Projektleiter. Der Zeitraum vom Anfang bis zur Beförderung zum Projektleiter umfasst ungefähr 3–5 Jahre; man hat gezeigt, dass man den Job beherrscht, und auch etwas Führungsverantwortung gesammelt. Teils wird diese Karriereplanung auch Berater-MBA genannt. Länger in der Beratung zu bleiben, scheint jedenfalls auch nach der Beratungskarriere einen finanziellen Mehrwert zu bieten: In unserer Umfrage ergibt sich bei den Ex-Beratern eine mittlere Korrelation von 0.4 (Pearson-Korrelationskoeffizient) zwischen der Zeitspanne in der Beratung und dem Gehalt nach der Beratungskarriere.[24] Je länger jemand vorher in der Beratung war, desto besser verdient er auch danach.

Aber natürlich gibt es bei der Ausstiegsplanung viele individuelle Faktoren wie Familien- und Karriereplanung sowie andere persönliche Interessen zu berücksichtigen. Grundsätzlich ist es entscheidend, wie gut die verschiedenen Bedürfnisse im Beruf noch abgedeckt werden können.

In Abbildung 37 wird gezeigt, welche Gründe ausschlaggebend dafür sind, Beratungen wieder zu verlassen. Deutlich wird, dass bei Strategieberatungen häufiger als bei anderen Beratungen persönliche Gründe den Ausschlag geben. Die enorme Arbeitsbelastung und der hohe Reiseaufwand passen nicht in jedes Lebensmodell, gleichzeitig wird der neue Job weniger als berufliche Weiterentwicklung wahrgenommen als bei anderen Beratungen. Bei Full-Service-Beratungen steht dagegen vor allem die berufliche Weiterentwicklung im Vordergrund.

---

24 Diese Korrelation ist deutlich höher als die zwischen Gehalt und Alter (0.2), was darauf hindeutet, dass die Zeit in der Beratung einen höheren Gehaltszuwachs beinhaltet als die Zeit in anderen Beschäftigungen.

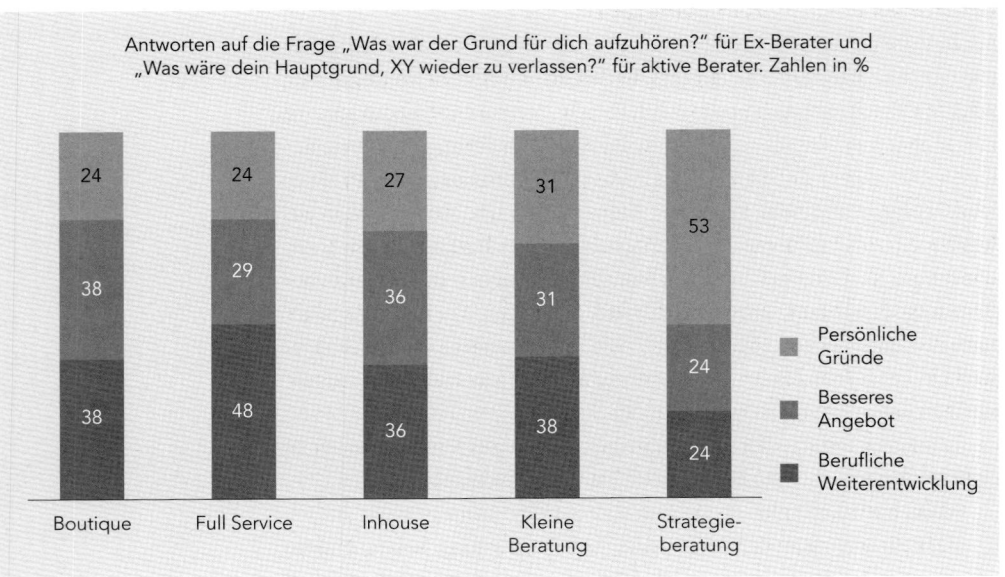

Abbildung 37: Gründe für den Ausstieg aus der Beratung

Ein letzter wichtiger Aspekt vor dem Ausstieg ist die richtige Kommunikation. Natürlich sollte niemand seinen Arbeitgeber nervös machen, indem er jeden Gedanken über seine berufliche Zukunft mit ihm teilt. Auf der anderen Seite kann eine offene Kommunikation auch sehr hilfreich sein, da die Beratungen ein großes Interesse daran haben, ihre Mitarbeiter gut zu platzieren (wegen Folgeaufträgen und auch, um Kunden einen Gefallen zu tun). Daher helfen Führungspersonen auch gerne bei der Jobsuche. Es gibt also keinen Grund, eine Kündigung bis kurz vorher geheim zu halten und seinen Arbeitgeber damit zu überraschen. Das sorgt nur für schlechte Stimmung – und man sieht sich ja immer mehrmals im Leben. Eine transparente, klare und positive Kommunikation ist hier ganz klar von Vorteil, nicht zuletzt, weil man immer ein Alumni des Beratungsunternehmens bleibt, das man gerade verlässt. Diese längerfristige Perspektive gilt es im Blick zu behalten.

Die Prognose ist jedenfalls auch nach dem Ausstieg aus der Beratung positiv: In unserer Umfrage wollten wir von ehemaligen Beratern wissen, ob ihre Arbeit in der Beratung ihnen dabei hilft, was sie aktuell beruflich tun. Auf einer Skala von »1 = Nein, gar nicht« bis »10 = Sehr« wurde ein Durchschnittswert von 8,2 erreicht (9,3 für Strategieberatungen, 8,2 für Full-Service-Beratungen, 7,8 für Boutiquen und 6,6 für kleine Beratungen).

Ein Abschied aus der Beratung muss auch nicht für immer sein: Bei vielen Beratungen sind die Türen offen für Rückkehrer (aber nur, wenn man selbst gekündigt hat).

8.7 Die Suche nach dem neuen Job

Auch wenn man sich heute mit der Wahl für einen Arbeitgeber meistens nicht mehr für ein ganzes Leben bindet, ist es doch eine wichtige Lebensentscheidung. Insofern sollte die Entscheidung für einen neuen Arbeitgeber kein opportunistischer Schnellschuss sein – hier sollte man nicht das erstbeste Angebot annehmen. Nur weil es vielleicht gerade in der Beratung nicht so läuft und man ein anderes Angebot von einem interessanten Arbeitgeber bekommt, ist noch nicht gesagt, dass es woanders nicht ein noch passenderes Angebot gibt. Auf der anderen Seite kann es natürlich auch dazu kommen, dass man zu lange wartet und das beste Angebot verpasst. Insofern ist es wichtig, sich frühzeitig strukturierte Gedanken zur eigenen Berufs- und Karriereplanung zu machen.

Um zu wissen, welchen Job du suchst und welches Angebot das richtige ist, solltest du folgende drei Fragen im Blick behalten[25]:

- **Was motiviert und interessiert dich?**

  Mit dieser Frage sind deine Bedürfnisse adressiert. Diese betreffen unterschiedliche Lebensbereiche und können widersprüchlich sein. Hier solltest du dich in deinen Überlegungen nicht ausschließlich auf den Beruf beschränken, sondern insgesamt über deine Bedürfnisse nachdenken. Als Überblick über Bedürfnisse in unterschiedlichen Lebensbereichen kann dir das Modell aus Kapitel 7.2 *Was ist dir selbst wichtig?* weiterhelfen (Sinn/Kultur, Arbeit/Leistung, Familie/Kontakt, Körper/Gesundheit). Letztlich kann der Beruf nicht die Bedürfnisse in allen Lebensbereichen erfüllen. Der Beruf sollte aber zu dem passen, was du insgesamt vom Leben erwartest und damit vereinbar sein.

- **Was kannst du gut?**

  Damit sind die Fähigkeiten, Begabungen und Fertigkeiten gemeint, die dich ausmachen. Nicht immer müssen diese deckungsgleich mit dem sein, was du gerne machst.

- **Was ist der tatsächliche Bedarf auf dem Arbeitsmarkt?**

  Letztlich wirst du in deiner Berufswahl nicht völlig frei sein. Welche Stellenangebote oder Marktlücken es gibt, entscheidet auch darüber, welche Möglichkeiten du ergreifen kannst. Der Markt sollte für dich jedoch keine Autorität sein, die dir deine Entscheidung abnimmt. Du kannst ja durchaus auch ein ehrgeiziges Ziel anstreben, was nur wenige erreichen, und musst dich nicht danach richten, welcher Job am einfachsten zu bekommen ist.

Neben diesen Fragen nach dem Was ist auch die Frage nach dem Wie entscheidend: Wie müssen die drei Bereiche zusammenspielen, um dir den optimalen Beruf zu ermöglichen? An welcher Stelle machst du Kompromisse, an welcher Stelle nicht?

25 Nach von Richthofen, C./Kugele, J./Vitzthum, N. (2013): Handbuch Karriereberatung. Beltz, Weinheim, Basel

Letztlich füllen wir in unserem Beruf eine berufliche Rolle aus. Damit ist nicht gemeint, dass wir etwas spielen, was wir nicht sind. Aber gleichzeitig ist es auch eine Illusion zu glauben, wir könnten immer unsere ganze Person in den Beruf einbringen. Die berufliche Rolle ist also ein Kompromiss zwischen den eigenen Erwartungen und den Erwartungen der Organisation. Im besten Fall können wir im Beruf einen wichtigen Aspekt von uns selbst ausleben, dem wir im Privatleben weniger stark nachgehen können. Zusammen mit dem Privatleben ergibt sich dann eine Komplettierung, die uns als Mensch entspricht.

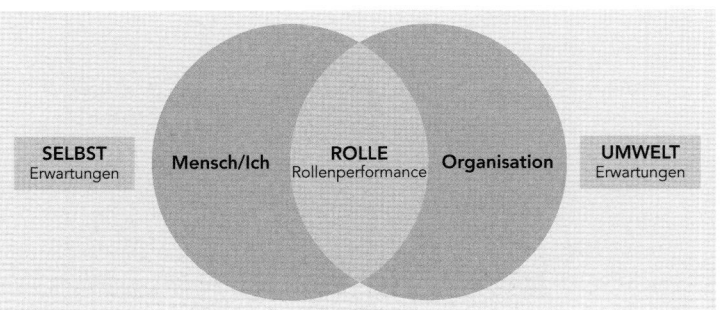

Abbildung 38: Rollenperformance

Um genauer zu erforschen, was du willst, was du kannst und wie der Bedarf auf dem Arbeitsmarkt aussieht, kannst du auch eine professionelle Karriereberatung in Anspruch nehmen. Angesichts der Tragweite, die eine solche Entscheidung letztlich hat, ist diese sicherlich keine schlechte Investition. Teils haben Unternehmensberatungen auch interne Karriereberater, die ausscheidende Berater dabei unterstützen, die oben stehenden Fragen für sich zu beantworten. Häufig wird dabei mit psychologischen Tests gearbeitet. Hierzu einige Beispiele:

- Leistungsmotivationsinventar (LMI): Wodurch ist ein Mensch motiviert? Zum Beispiel Leistungsmotivation, soziale Motivation, Machtmotivation
- Bochumer Inventar zur berufsbezogenen Persönlichkeitsbeschreibung (BIP): Wie sind berufsrelevante Persönlichkeitsmerkmale ausgeprägt? Berufliche Orientierung, Arbeitsverhalten, soziale Kompetenzen und psychische Konstitution. Wissenschaftlich fundierter Test
- Myers-Briggs-Typenindikator (MBIT): Was sind berufliche Präferenzen? Passende Art von Arbeit, eigene Entwicklungspotenziale
- Explorix und AIST-R: Welche Berufe kommen in Frage? Erarbeitung von Berufsvorschlägen

Was sind nun typische Tätigkeitsfelder für ehemalige Unternehmens-berater? Da diese ja häufig für das Management von Unternehmen arbeiten, überrascht es nur wenig, dass die meisten Berater dann auch als Manager in Unternehmen gehen. Dort können sie ihre erworbenen Kenntnisse und Fertigkeiten direkt anwenden. So arbeiten auch 26 % der Ex-Berater in unserer Umfrage heute in großen Konzernen und 26 % im Mittelstand. Start-ups sind mit 24 % ebenfalls eine beliebte Ausstiegsoption. Das restliche Viertel unserer Umfrageteilnehmer ist heute entweder selbstständig tätig oder arbeitet an einer Universität oder in einer öffentlichen Institution. Teils wird dabei z.B. als Free-lance-Berater[26] oder als Coach und Trainer gearbeitet.

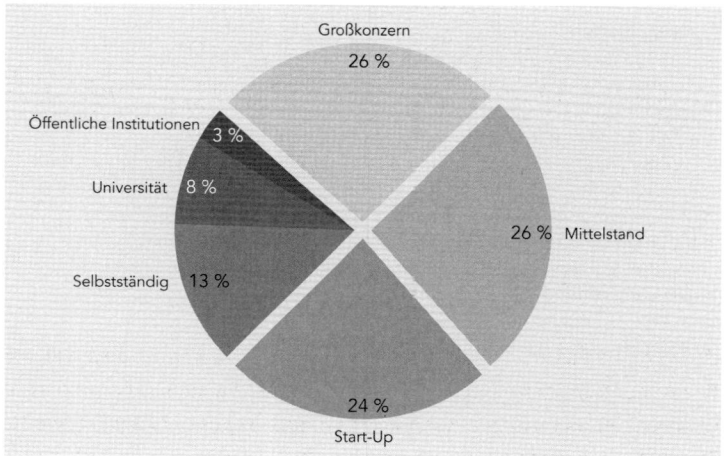

Abbildung 39: Tätigkeitsfelder von Beratern nach Ausstieg

Nachdem du die oben beschriebenen Fragen für dich beantworten konntest und den richtigen Beruf für dich gefunden hast, musst du nun auch noch eine Stelle finden. Grundsätzlich gibt es vier Wege, um zu einer neuen Stelle zu kommen:

- Persönliche Beziehungen
  - Networking ist grundsätzlich der wichtigste Weg.
  - Stabile Beziehungen zu Kunden und Kollegen werden häufig erst nach dem Exit richtig wichtig.
  - Hier solltest du den Mut haben, persönliche Beziehungen auch wirklich zu nutzen: Habe keine Scheu davor, das Thema anzusprechen.
- Partner und Alumni
  - Partner haben ein Eigeninteresse, Ex-Berater an wichtigen Stellen zu platzieren.

26 Zum Beispiel consultingheads: www.consultingheads.de

Karriere & Privatleben

- Alumnis helfen gerne und freuen sich ebenfalls, Kollegen im eigenen Unternehmen zu platzieren.
- Stellenanzeigen
  - Beratungsinterne Stellenanzeigen, z.B. Professional Opportunities Board bei McKinsey oder Career Services bei BCG
  - Jobbörsen im Internet: Monster, jobpilot, Experteer
- Karriereseiten/Headhunter
  - Eigene Präsenz auf Xing und LinkedIn pflegen
  - Anfragen von Headhuntern beantworten
  - Aktiv Headhunter ansprechen

Der richtige Umgang mit Headhuntern

1. Ruhig bleiben
Wenn der Headhunter auf der Arbeitsstelle anruft: entspannt bleiben! Es handelt sich meist um ein Erstkontaktgespräch. Notiere seine Nummer und rufe nach Feierabend zurück.

2. Nie nach dem Warum fragen
Eine der wichtigsten Regeln für den Headhunter-Anruf: Versuche nicht – zumindest innerhalb der ersten Gespräche – herauszufinden, warum man ausgerechnet dich angerufen hat. Entweder ist man durch Empfehlungen, Auftritte und Publikationen auf dich aufmerksam geworden oder das beauftragende Unternehmen sucht jemanden, der genau deine Qualifikationen hat. Aber natürlich kannst du nachfragen, ob der Personalvermittler aufgrund eines konkreten Suchauftrags angerufen hat oder nur seine Auswahlkartei ergänzen will.

3. Alle Optionen offenhalten
Fühle dich ruhig geschmeichelt, mach das Spielchen mit und zeige Interesse für das Angebot des Headhunters – auch wenn du kein konkretes Bedürfnis an einer neuen Stelle hast. Eine perfekte Antwort wäre da z.B.: »Eigentlich bin ich in diesem Job ganz zufrieden, aber Ihr Angebot macht mich doch neugierig.«

4. Offen über Geld reden
Sei darauf vorbereitet, dass das Gespräch auch schon beim ersten oder zweiten Telefonat relativ schnell auf Geldfragen kommt. Der Personalberater muss wissen, ab welcher Gehaltshöhe ein Wechsel für dich überhaupt in Frage kommt.

5. Ja, es wird persönlich
Hat der Headhunter Interesse an deiner Person, wird er dir ein zeitnahes, persönliches Treffen vorschlagen. Sei darauf vorbereitet, dass der Headhunter dabei nicht nur dein Fachwissen abfragen möchte, sondern auch persönliche und soziale Fähigkeiten.

6. Kein Grund für Überheblichkeit
Zum Schluss ein grundsätzlicher Rat: Auch wenn du dich jetzt ganz wichtig fühlst, sind Arroganz und Überheblichkeit fehl am Platz. Benimm dich gegenüber dem Personalberater respektvoll. Der Headhunter ist – jetzt oder in Zukunft – eine Schnittstelle zu einer neuen Position. Er entscheidet, ob er dich mit dem Unternehmen in Kontakt bringt.

Um bei seiner Bewerbung erfolgreich zu sein, sollten längerfristig alle vier Wege verfolgt werden. Jobsuche ist häufig harte Arbeit, die neben der täglichen Fallarbeit nur unter großen Kraftanstrengungen funktioniert. Es empfiehlt sich daher, sich für den Bewerbungsprozess

Urlaub oder einen Leave zu nehmen. Alternativ haben Beratungen auch die Möglichkeit, deine Tätigkeit auf 80 % zu reduzieren, damit du auf Jobsuche gehen kannst. Dies bedingt natürlich, dass man seine Wechselmotivation vorher sehr deutlich formuliert hat.

Eine intensive Vorbereitung auf das Vorstellungsgespräch ist ebenfalls wichtig. Falls du in der Beratung bleiben möchtest, sei dir an dieser Stelle die Plattform PrepLounge empfohlen, auf der du hervorragend Interviews simulieren kannst. Außerdem findest du auf der Website von squeaker.net zahlreiche nützliche Tipps und Tricks sowie unternehmensspezifische Hinweise.

9. Frauen in der Beratung

Willkommen in einer Männerwelt par excellence, in der »work hard – play hard« zum Teil noch offensiv gespielt und gelebt wird. Dieser Abschnitt des Buches richtet sich primär an Frauen, und das ist auch gut so, handelt es sich doch bei ihnen im Beratungskontext und insbesondere in höheren Positionen noch immer um eine unterrepräsentierte Spezies.

So lässt sich auch trotz der schillerndsten Recruiting-Kampagnen für Frauen nicht verleugnen, dass die Consulting-Branche, sowohl auf Kunden- als auch auf Beraterseite, (noch!) ein männlich dominierter Arbeitsraum ist. Aber: Der Beraterjob ist ein aufregender, vielseitiger, fordernder, lehrreicher Beruf – auch für Frauen! Und in der Beratung kann es wie bei so manchen Situationen sogar ein kleiner Vorteil sein, eine Frau zu sein. Im Folgenden gibt es einige praktische Tipps für den Einstieg in die Consulting-Branche aus erster Hand von Frauen für Frauen.

Dennoch sind die männlichen Leser hiermit explizit ebenfalls eingeladen, nicht dem Drang nachzugeben, dieses Kapitel zu überschlagen, sondern weiterzulesen, denn: Auch wenn Frauen (noch) wenige an der Zahl sind – der Trend zeigt eindeutig in Richtung Wachstum der Frauenquote, auch im Consulting; auch sie werden zwangsläufig mit Chefinnen, Kolleginnen und Kundinnen zu tun haben. Zudem gibt es immer mehr junge Männer, für die weniger »work hard – play hard«-Attitüden, sondern Familiengründung und Nachhaltigkeit im Job eine Rolle spielen. So hegen mittlerweile auch viele männliche Bewerber und Kollegen Zweifel z.B. an der Familienfreundlichkeit der Beratungen. Zunehmend verlassen Einsteiger auch aus diesem Grund die Beratung wieder.

> Consulting ist wie Fußball – es geht um viel Geld, und Frauen spielen zwar mit, aber nicht wirklich eine große Rolle. Von den schätzungsweise rund 90.000 Consultants in Deutschland ist nur jeder fünfte eine Frau. Für mehr als 20 Milliarden Euro hat die deutsche Wirtschaft 2011 Beratung eingekauft, in der Regel der Mann vom Mann.[27] Gemäß der BDU-Marktstudie »Facts & Figures zum Beratermarkt 2013/14« hat im Jahr 2013 der prozentuale Anteil von Junior-Beraterinnen bei großen Beratungsgesellschaften 31 % betragen, bei mittelgroßen 28 % und bei kleineren 43 %.[28] Bei großen Beratungsgesellschaften sind lediglich 4 % der Mitarbeiter auf dieser Führungsebene weiblich, bei mittelgroßen 15 % und bei kleineren immerhin noch 27 %.

---

27 Siehe Süddeutsche Zeitung: www.sueddeutsche.de/karriere/frauen-in-unternehmensberatungen-absprung-statt-aufstieg-1.1334487, 18.04.2012

28 Siehe audimax: www.audimax.de/wirtschaftswissenschaften/karriere-als-consultant/unternehmensberatung/frauen-im-consulting-warum-nur-wenige-karriere-machen/, 05.09.2014

9.1 Klischee, Mythos und Realität

In den Beratungen herrscht innerhalb des Kolleginnen-Kreises ein respektvoller, freundlicher Ton. Die wenigen senioreren Kolleginnen geben in vielen Fällen sogar bewusst sehr hilfreiche Tipps und pushen andere Frauen. Und insgesamt herrscht ein überdurchschnittlich starker Zusammenhalt. Es sollte eine Selbstverständlichkeit und nicht erwähnenswert sein, dass dies auch für das Back-End-Team, sprich, AssistentInnen, IT-Staff, RezeptionistInnen, Visual DesignerInnen etc. gilt. Da insbesondere der Beruf des Assistenten/der Assistentin von besonders vielen Frauen ausgeübt wird, solltest du als Beraterin hier dem Vorurteil der Stutenbissigkeit und Arroganz von Anfang an entgegenwirken. Denk daran, die AssistentInnen sind genauso überlastet wie du, zugleich sind sie dein Schlüssel zu Meetings mit (oftmals männlichen) Projektleitern oder Partnern. Freundlichkeit an dieser Stelle sollte auf deiner Prioritätenliste ganz oben stehen. Aber Achtung: Es sollte stets authentisch sein – anbiedern ist auch nicht der richtige Weg.

Teame mit anderen Kolleginnen, vernetze dich – denn Stutenbissigkeit hat noch keiner Frau geholfen, auf dem Chefsessel Platz zu nehmen. Frauen in der Beratung haben es alle durch die harten Auswahlprozesse geschafft, haben vielseitige Interessen, möchten Karriere machen und keinen üblichen 9-to-5-Job ausüben. Und es gibt sicherlich noch weitergehende Gemeinsamkeiten – finde sie heraus. Männerbünde haben schon viele Karrieren beflügelt und so kann es nicht schaden, aus Frauensicht aufzuholen. Du bist keine Freundin von exzessiven, feucht-fröhlichen Networking-Veranstaltungen? Dann denk in eine andere Richtung und starte deine eigene Networking-Reihe innerhalb des Unternehmens oder der Branche. Es gibt Frauennetzwerke in großen, internationalen Beratungshäusern, die gemeinsam Yoga und Fitness praktizieren und sich danach beim Green Smoothie austauschen – auch wenn das ziemlich klischeehaft klingt. Frauen haben aber auch an inhaltlichen Events ihren Spaß, z.B. bei spannenden Vorträgen weiblicher CEOs oder bei der Besichtigung von Windkraftanlagen.

Reisen macht einen Großteil des Beratungsalltags aus. Und es kann durchaus möglich sein, dass du morgens um 6 Uhr im Flieger eine der wenigen Frauen bist, die sich in der Business Lounge einfinden wird. Gerade auf Reisen solltest du dich wohlfühlen. Reise nicht mit zu viel Gepäck, sondern so, dass du all deine Gepäckstücke inklusive Mantel und Handtasche bequem tragen kannst. Solltest du für eine der großen, internationalen Beratungen arbeiten, kann es gut sein, dass du dich auch auf einem Case in z.B. Saudi-Arabien wiederfindest, wo Frauen keiner geregelten Arbeit nachkommen dürfen. Kulturelle Grenzsituationen werden dich gerade als Frau immer wieder herausfordern.

Auf einem Case im mehrheitlich muslimischen Bangladesch ließ ich mich darauf ein, den Hosenanzug und das dunkelblaue Kostüm gegen ein traditionelles langes Kleid über einer Seidenhose und einen Schal über den Haaren zu tauschen - eine Frage des Respekts und der nachhaltigen Strategie, auf Kundenseite langfristig Gehör zu finden. Es war für mich auch in Ordnung, dass Männer mir zur Begrüßung nicht die Hand gaben. Einmal hat mir das die Assistentin von einem CEO sogar zugeraunt. Aber wenn man weiß, dass das was mit Kultur zu tun hat, versteht man das natürlich und respektiert die Unterschiede. (Senior-Beraterin, Strategieberatung)

Doch nicht nur in der Business Class im Flugzeug, sondern auch in Kundenmeetings wirst du nicht unbedingt selten die einzige Frau sein. Gerade Beraterinnen nach ihrem Einstieg sehen zudem - im Vergleich zu so manchem männlichen Kollegen - noch junior aus. Lass dich davon nicht einschüchtern, sondern sei viel mehr stolz darauf: »Ja, so jung und schon eine Karriere in der Beratung angestoßen.« Solltest du explizit auf dein Alter angesprochen werden, sollten Zahlen nicht unbedingt genannt werden. Antworten wie »Eine Frau sollte man doch nie nach ihrem Alter fragen«, die ein Gegenüber nicht direkt vor den Kopf stoßen, sind ein guter Ausweg und höflich. Wenn du einen Doktortitel hast, so nutze ihn und nehme ihn bei Vorstellungsrunden wie selbstverständlich in deinen Namen auf. So wissen die Herren in der Runde zumindest, dass du eine nicht unerhebliche akademische Laufbahn bereits hinter dich gebracht hast.

Insider-Tipp

Was ich persönlich immer ganz hilfreich finde ist, die Herren der Schöpfung in der Business Class mal genau zu beobachten. Meine Erfahrung: Während alle Frauen (inklusive mir!) schon wieder fleißig am Laptop sitzen und arbeiten, lesen die Herren Bild-Zeitung, schlafen oder schauen aus dem Fenster. Nicht alles zum Nachahmen, aber andersrum ist es ganz aufschlussreich, welche Wirkung wir somit ggf. auf die Männer ausstrahlen können. Fleißige Bienchen können nämlich auch ziemlich unsouverän rüberkommen.

Obwohl ich bereits mehrere Jahre Beratungserfahrung hatte, gab es einmal die Situation, dass ich in einem Vorstandsmeeting mit ca. 20 Leuten die einzige Frau war und prompt für die Sekretärin gehalten wurde. Nach dieser Erfahrung habe ich aus Prinzip Dinge vermieden, die mich noch zusätzlich in diese Sekretärinnen/Assistentinnen-Rolle rücken könnten. Dazu gehört, dass ich keinen Kaffee mehr ausschenke, Unterlagen nicht verteile und nicht ans Flipchart schreibe - weil Frauen ja die schönere Handschrift haben. Als Beraterin bin ich für die Inhalte da und das sollen männliche Kunden und Kollegen ruhig auch merken. Ziemlich leicht macht man so etwas auch klar, wenn man direkt proaktiv einen männlichen Kollegen bittet, die Ausdrucke zu verteilen bzw. am Flipchart mitzuschreiben. (Partnerin, Strategieberatung)

WARSTORY

Als Frau muss man mit so manchem Spruch umgehen können - von altersbezogenem »Ach, Sie müssten ca. im Alter meiner Tochter sein« bis zu anmaßendem »Wollen Sie sich nicht auf den Schoß von Herrn XY setzen, wo kein Stuhl mehr da ist«. Hier heißt es: nicht aus der Ruhe bringen lassen. Und mit der Zeit habe ich mir gewisse Antworten parat gelegt, um zu kontern: »Ihr Kollege XY würde sicher gerne auf Ihrem Schoß Platz nehmen.« (Senior-Projektleiterin, Full-Service-Beratung)

Insider-Tipp

Steh dir nicht selbst im Weg! Während Männer oftmals so tun, als hätten sie alles im Griff, stehen sich die meisten Frauen durch Selbstzweifel selbst im Weg. Einfach mal machen! Der Auswahl- und Bewertungsprozess ist hart und gut genug, sodass du mit ruhigem Gewissen davon ausgehen kannst, alle notwendigen Fähigkeiten für den Job zu haben.

In einem Video von McKinsey werden verschiedene Klischees, denen sich Frauen in der Beratung ausgesetzt sehen, auf eine witzige Weise konterkariert. Wer kennt nicht z.B. den Spruch »Frau XY, schreiben Sie doch am Flipchart, Sie haben die schönste Schrift von uns«. Anschauen und schmunzeln lohnt sich: einfach auf YouTube nach »McKinsey« und »unconscious bias« suchen.

Es wird viel über Role Models, Mentoren oder Sponsoring geschrieben. Wie man es auch immer nennt: Lerne von anderen und lass dich fördern! Wer sich schon früh ein Netzwerk von weiblichen und männlichen Role Models aufbaut, hat langfristig Unterstützer auf diversen Ebenen des Unternehmens. Ohne die kann es sein, dass man es insbesondere als Frau schwer hat. Die arbeitsame, strebsame Biene auf der Associate- oder Consultant-Ebene wird immer gesucht, aber eine Projektleiterin oder Partnerin, die an in der Regel männliche Kunden-Counterparts Projekte verkaufen muss, kann es womöglich schwerer haben als ihre männlichen Kollegen.

Ich unterhielt mich einmal mit einer ehemaligen Mentorin von mir, die das Unternehmen kurz vor der Partnerwahl verließ. Ich fragte: »Warum legst du jetzt so kurz vor dem Ziel die Flinte ins Korn?!« Sie antwortete: »Weil meine Kunden Männer sind und es immer noch anzüglich ist, nach einem langen gemeinsamen Arbeitstag die Projektleiterin aufzufordern: ›Komm, wir gehen noch an die Bar zusammen‹ oder ›Lassen Sie uns doch den Rest bei einem guten Abendessen und einem Wein besprechen‹.« Ich möchte nicht im Ansatz behaupten, dass die Masse der Projektvolumina heute noch an der Theke verschoben wird – diese Zeiten sind im Zeitalter von Checks & Balances in Unternehmen, von Controlling und Macht des Einkaufs aktuell vorbei. Dennoch verstehe ich sehr gut, was die ehemalige Kollegin zum Ausdruck bringen wollte: Informellen After-Work-Zusammenkünften von männlichen Kunden und weiblichen Beraterinnen haftet nach wie vor manchmal ein Beigeschmack an.

(Senior-Projektleiterin, Strategieberatung)

Niemand, weder der Kunde noch die Beraterin, möchte auch nur im Ansatz den Eindruck erwecken, unter einem derartigen Meeting mehr zu verstehen als ein Arbeitsmeeting in privaterem Setting. Und um diesen Eindruck zu vermeiden, werden derartige Treffen bereits im Keim entweder von der einen oder der anderen Seite erstickt und damit die Chance gemindert, ein persönlicheres Verhältnis zum Kunden aufzubauen. Was will die Anekdote dir sagen? Habe den Mut, diese Spirale zu durchbrechen! Es muss ja nicht die Hotelbar sein, in die du den Kundenprojektleiter nach einem langen Arbeitstag einlädst. Es kann auch das Breakfast-Meeting sein oder ein Dinner ohne Kerzenschein, solange du dein professionelles Auftreten bewahrst. So baust du persönliche Beziehungen auf und verzichtest damit nicht auf eine aufkeimende Berater-Kunden-Bindung, die die männlichen Kollegen an der Theke oder im Golfclub aufbauen.

Immer wieder gibt es Kolleginnen, bei denen man das »Everybody's Darling«-Syndrom feststellen kann: diesen Gefallen in Magic Time erfüllen, hier noch eine Schleife drehen und noch ein halbes Dutzend Slides für den Appendix malen, hier noch die Essensbestellung am Abend für das 20-köpfige Team übernehmen und da noch ein offenes Ohr für die gescheiterte Ehe des Kollegen. Mache dir immer wieder bewusst, dass es deine Zeit ist: Du entscheidest, wie du diese sinnvoll nutzt. Und du entscheidest auch, wie du von deinen männlichen Kollegen und Kunden wahrgenommen werden

Insider-Tipp

Differenziere dich durch Inhalte und Themen. So wirst du mit Inhalten verbunden und danach gefragt – alle Kommentare zum Thema Quotenfrau kannst du damit ganz gelassen weglächeln.

Karriere & Privatleben

Insider-Tipp

Was du bei deinem Einstieg als weibliche Beraterin im Kopf behalten solltest: Mache nicht zu sehr ein Frauenthema draus. Sowohl männliche als auch weibliche Berater müssen sich in ihrer neuen Rolle erst einmal zurechtfinden – der eine schafft das besser als der andere. Besser: Nutze deinen Vorteil als Frau gekonnt. Auf einem Netzwerk-Event bist du eine der wenigen Frauen? Ist doch super, so wirst du den anderen sicher eher im Gedächtnis bleiben als die anderen 30 Weißhemden.

möchtest – das fleißige Bienchen oder die inhaltliche Sparringspartnerin? Dazu gehört eben auch, dass man die andere Seite ab und zu bewusst etwas unterbetont.

Es gibt Kolleginnen, die sich derart auspowern, dass sie nach wenigen Jahren im Burn-out landen. Viele, weil sie eines nicht von Anfang an konsequent umgesetzt haben: Nein sagen können (Gleiches gibt es natürlich auch bei den Männern). Mit Nein sagen macht man sich sicherlich keine Freunde, aber man verschafft sich Respekt. Das soll im Gegenzug keinesfalls heißen, dass du zur unfreundlichen, kurz angebundenen, unempathischen Maschine werden solltest, es soll lediglich warnend angemerkt werden: Sei achtsam mit dir und deiner Zeit, damit du diesen faszinierenden Beraterjob noch lange machen kannst und willst.

9.2 Karriere und Familienplanung für Frauen

Selten in der Geschichte zeigten die Zeichen der Zeit so Richtung Karriere und Aufstieg von Frauen wie heute. Dies gilt auch in der Beratung. Es gab selten so viele erfolgreiche Frauen im Consulting, sowohl qualitativ als auch quantitativ.

Um auch als Frau Karriere machen zu können, hilft es, sich früh Unterstützer zu suchen – dies können weibliche oder männliche Mentoren sein. Gehe von Beginn an zu zahlreichen Veranstaltungen »beyond the job«, d.h. Praxisgruppentreffen oder Networking-Events – auch wenn du denkst, dass Netzwerken nicht so deins ist. Egal welche Praxisgruppe! Es geht darum, früh ein Netzwerk aufzubauen, Fürsprecher zu gewinnen, Menschen zu finden, die dir sympathisch sind und vice versa – nicht darum, sich im Fachchinesisch auszutauschen. Schlichtweg: Zeige dich, denn nur so wirst du gesehen. Habe keine Angst vor senioren Beratern und Kunden, die meisten deiner männlichen Kollegen nehmen da auch kein Blatt vor den Mund.

Insider-Tipp

Unter keinen Umständen solltest du zu einem Mann in Frauenkleidung mutieren, sprich dir männliche Verhaltensmuster aneignen. Aber auch für eine Frau kann es hilfreich sein, in einem Männerjob nicht unbedingt zu zeigen, dass dich Autos, Fußball etc. eigentlich langweilen. Bleib zudem an der Bar, auch wenn morgen ein wichtiges Meeting ist. Schau, bei welchen Themen du dich wohlfühlst und wofür du auch ein gewisses Interesse aufbringen kannst, ohne dich zu verbiegen.

Vermutlich denken wenige Leser im Augenblick an Themen wie Familiengründung, Work-Life-Balance oder Familienfreundlichkeit des Beraterjobs. Dennoch sollte man sich frühzeitig mit dem Thema Kind und Karriere auseinandersetzen, um seine Karriere dementsprechend planen zu können. Das Thema Familienfreundlichkeit ist bis heute schwierig. Dass die enorme Reisetätigkeit mit Kindern – vor allem in ihren jüngsten Jahren – vereinbar ist, bezweifeln viele. Das hält insbesondere, aber nicht ausschließlich, Frauen davon ab, den Weg bis ganz nach oben zu gehen.

Auch wenn es auf jeder Karrierestufe eine ganz besondere Herausforderung für dich sein wird, Kind und Karriere zu kombinieren, so bietet sich nach Erfahrung weiblicher Berater eine Schwangerschaft idealerweise ab dem Projektleiterlevel an. Da hast du im Regelfall bereits 3–5 Jahre Erfahrung im Consulting, fühlst dich einem Netzwerk zugehörig, hast bereits zwei oder drei Partner im Umfeld, die deine Fähigkeiten zu schätzen wissen, hast Projekte geleitet, und hast auch genügend Erfahrung im Umgang mit Kunden gesammelt, um dir ein gewisses Standing erarbeitet zu haben. Zudem kannst du als Projektleiterin deine Zeit flexibler einteilen und bist nicht mehr so fremdgesteuert wie noch auf dem Beraterlevel. Als Projektleiterin wird dir eine gewisse Eigenständigkeit, ein autarkes Arbeiten und bei manchen Beratungen auch eine Assistentin zugestanden. Das heißt du kannst dann autark entscheiden, ob du den frühen oder einen späteren Flieger nimmst, ob ein Kundenmeeting stattfindet oder abgesagt werden kann, ob das Slide Deck zufriedenstellend ist oder noch ein Dutzend Folien produziert werden sollen. Diese Freiheit solltest du nutzen. Deine Assistentin kann dir auf dieser Karrierestufe nervige Administration wie Reiseplanung und Abrechnung abnehmen und dich aus der Schusslinie nehmen, wenn nötig.

Als Schwangere hat man das Recht, auf das Fliegen zu verzichten. Auch wird das Arbeitspensum in der Regel überschaubar(er) gestaltet. Nicht selten wird man auf interne Fälle gesetzt, was Vor- und Nachteile hat. Wenn man aber weiterhin Karriere in der Beratung machen will, sollte man nach der Rückkehr aus der Elternzeit zusehen, dass man dann wieder auf Kundenprojekte kommt. Um den Alltag zu managen, bedarf es vor allem eines: eines starken Unterstützungssystems. Das bedeutet in den meisten Fällen, dass entweder die Großeltern einen Großteil der Kinderbetreuung übernehmen, oder man hat eine Nanny, die theoretisch rund um die Uhr erreichbar ist. Viele suchen sich auch Unterstützung über eine Au-pair. Alles gangbare Möglichkeiten: Hauptsache, man fühlt sich mit der Entscheidung wohl und kann sich auf die Unterstützer verlassen – auch wenn der Rückflug einmal Verspätung hat. Dazu ist natürlich auch Rückendeckung durch den Kindesvater erforderlich. Die zeitgleiche Belastung Beraterin und Mutter kann man nicht ohne stetige Abstimmung und gute Organisation des Alltags managen. Wer holt das Kind wann von der Kita ab? Wer kümmert sich um die Hausaufgabenkontrolle? Wer bleibt zu Hause, wenn das Kind krank ist? Alles wichtige Fragen, die man im Dialog mit dem Partner frühzeitig klären sollte. Das ist nervig, aber notwendig. Denn die meisten Konstrukte funktionieren, solange keine unerwarteten Ereignisse eintreten. Was aber, wenn die Kita streikt oder sonst etwas nicht nach Plan läuft? Für diese Umstände – auch wenn sie nicht der Regel entsprechen – sollte man sich einen Plan B zurechtlegen und diesen mit einem guten Gefühl im Falle dessen vertreten können.

Es muss nicht zur Gretchenfrage, zum Entweder-oder, nämlich Kind oder Karriere, kommen. Das Thema ist sogar en vogue. Viele Beratungen setzen sich aktuell aktiv für eine bessere Work-Life-Balance und für flexiblere Karrierewege ein. Und viele Berater kämpfen schon heute dafür, auch mit Kind nahezu gleiche Karrierechancen mit entschleunigten Bedingungen zu haben. Hilfreich sind Gespräche mit Beraterinnen, die den Weg Karriere und Kind schon gegangen sind. Jeder hat hier sein eigenes Modell – wenn man aber mit vielen spricht, kann man daraus sein eigenes Konstrukt ableiten.

Insider-Tipp

Manage deine (gefühlte) Schuld. Du kannst es nicht jedem zu jeder Zeit recht machen. Es gibt Tage, um die super Beraterin zu sein, Tage, um die super Freundin/Ehefrau zu sein, Tage, um die super Tochter zu sein. Alles zu seiner Zeit!

10. Der Blick nach vorne

Und jetzt geht es los, dein Abenteuer Beratung. Ich weiß noch genau, wie aufgeregt ich damals war – voller Vorfreude und Erwartungen. Und das ist bis heute geblieben: Vor jedem Projekt frage ich mich, was wohl auf mich zukommt, wie ich mit dem Team zurechtkommen werde, was ich lernen werde, wie ich den Kunden bei seinen Herausforderungen unterstützen kann und an welche Grenzen ich persönlich ggf. stoßen werde. Und bei dem ganzen Abenteuer Beratung sowie auch allgemein gültig für deine Karriere ist der wichtigste Tipp, der an mich herangetragen wurde: Bleib authentisch! Das bedeutet auch, sich selbst zu kennen und zu wissen, was sind meine Werte? Worin ist man gut? Wofür wird man respektiert? So turbulent insbesondere grad die Anfangszeit sein mag – nimm dir auch immer wieder Zeit zur Reflexion dieser Fragen. Das hilft dir, dich erfolgreich durch deine Karriere zu navigieren.

Stephanie

Ich bin heute in den letzten Zügen eines langen Projekts. Einige meiner Kunden werde ich vermissen. Ich wurde sehr herzlich in die Gemeinschaft aufgenommen. Einen Kunden nenne ich mittlerweile auch einen Freund. Leider kann ich nicht berichten, dass ich bei allen Projekten so positive Erfahrungen gemacht habe. Bei den meisten allerdings schon. Und es ist diese menschliche Komponente, die mich motiviert. Ich wünsche dir einen super Start und dass du etwas für dich findest, das dich begeistert und durch die intensiven nächsten Jahre trägt.

Navin

Du hast dir einen Beruf ausgewählt, in welchem du außerordentlich stark herausgefordert sein wirst. Einen Beruf, der mit einer sehr intensiv und ambitioniert ausgeübten Sportart vergleichbar ist. Wie in einer solchen Sportart, wirst du dich immer besser kennenlernen, weil das hohe Maß an Herausforderung dir immer wieder zeigen kann, wo du stehst und wie du in Grenzsituationen reagierst. Daneben hast du durch immer neue Herausforderungen die Möglichkeit, schnell viel zu lernen und dabei zu wachsen. Als Erstes möchte ich dir daher mitgeben, immer deine eigene Entwicklung im Auge zu behalten. Was musst du tun, um dich selbst weiterzuentwickeln? In welchen Themen willst du noch dazulernen? Dies sind die wirklich relevanten Fragen für dich.

Die »Sportart Consulting« ist kein Einzelsport, du befindest dich mit einer guten Mannschaft auf dem Spielfeld. Du kannst dir dabei viel abschauen. Spaß wird es vor allem dann machen, wenn du gut mit deinem Team zusammenarbeitest. Daher möchte ich dir als Zweites mitgeben, dass du bei allem sportlichen Ehrgeiz nie den Teamgedanken vergisst. Das bedeutet nicht nur, von anderen zu lernen, sondern auch, anderen weiterzuhelfen. Und teils wirst du überrascht sein, wie sehr auch du davon profitieren kannst!   *Uli*

11. Unternehmensprofile

Die folgenden Unternehmensprofile und Informationen haben wir bei führenden Unternehmensberatungen angefragt, um dir einen Überblick über interessante Firmen der Branche zu geben.

Wir bedanken uns bei den teilnehmenden Unternehmen und ihren Mitarbeitern für ihre wertvollen Angaben und Insider-Tipps. Darüber hinaus bedanken wir uns für die finanzielle Unterstützung in Form der Anzeigenschaltungen. Damit das Insider-Dossier auch künftig der aktuellste und umfassendste Ratgeber zur Karrieregestaltung nach dem Einstieg bei einer Unternehmensberatung bleibt, wird auch weiterhin eine neue Auflage erscheinen. Dieser redaktionelle Luxus einer Aktualisierung des Buches wäre ohne die Unterstützung der Unternehmen nicht möglich.

Hinweis: Der einfacheren Lesbarkeit halber haben wir die Profile zu einer reinen Verwendung der männlichen Substantivform vereinheitlicht. Alle Unternehmen haben uns versichert, dass sie sich natürlich gleichermaßen über weibliche wie männliche Bewerber und Kollegen freuen.

CTcon

CTcon GmbH
Burggrafenstr. 5a
40545 Düsseldorf
Tel.: +49 (0)211 577903 0
recruiting@ctcon.de
www.ctcon.de/karriere

Insider-Tipp

»Ein gesundes Verhältnis von Beruflichem und Privatem ist bei uns gelebte Realität. Jedoch sind wir für Bewerber, die nach einem Job mit klassischem Tagesgeschäft ohne Reisetätigkeit suchen, nicht die richtige Adresse, wir sind Berater.«
Dr. Christian Bungenstock, Partner,
CTcon

Insider-Tipp

»Herausfordernde Projekte zur Unternehmenssteuerung in außergewöhnlichen Teams bei marktführenden Klienten. Nachhaltige Veränderungen bewirken. Individuelle Trainings und Coachings. Teamgeist und Spaß!«
Julia Cedrati, Leiterin Recruiting,
CTcon

CTcon Management Consultants ist ein international tätiges Beratungsunternehmen mit dem Schwerpunkt Unternehmenssteuerung und Controlling. Das Unternehmen wurde 1992 als Spin-off der WHU – Otto Beisheim School of Management in Vallendar bei Koblenz gegründet. Heute sind wir in den Offices in Bonn, Düsseldorf, Frankfurt und München für unsere Klienten weltweit aktiv. In der Managementberatung ist das integrative, nachhaltige Umsetzen von Unternehmenssteuerung und Controlling unsere Kernkompetenz.

Bei CTcon arbeiten Sie international und branchenübergreifend. Mehr als die Hälfte unserer Klienten sind im DAX 30 geführt – Marktführer aus Automotive, Chemie, Energie, Handel, IT, Logistik, Maschinenbau, öffentliche Verwaltung, Pharma, Telekommunikation, Transport/Verkehr und Versicherungen.

Wir verstehen eine zielkonforme Steuerung und ein wirksames Controlling als Schlüssel für eine erfolgreiche Strategieumsetzung. Dazu begleiten wir unsere Klienten von der Analyse und Konzeption bis zur Umsetzung und Verankerung. Für eine ausgewogene Gesamtsicht stützen wir uns auf unseren bewährten CTcon Steuerungsrahmen.

Karrieremöglichkeiten

Wir bieten grundsätzlich einen Einstieg auf allen Karrierestufen an; entscheidend sind Ihre Erfahrungen, Stärken und Ihre Persönlichkeit. Sie sollten wirtschaftsnah studiert haben, gerne erweitert um andere, analytisch geprägte Studien. Ihr Interesse an unseren Kernthemen ist ein Muss. Konkrete Einsatzszenarien diskutieren wir im Rahmen unserer Auswahlgespräche mit Ihnen individuell und ausführlich.

Wir suchen »Typen«, die Spaß haben, spezifische Lösungen für Unternehmenssteuerung und Controlling zu entwickeln. Eigene Verantwortung sollten sie suchen, tolle Studienleistungen und »klassische Berater-Skills« zeigen: sehr gute Analytiker, unternehmerische Denker, soziale Kommunikatoren. Überzeugen sollten sie.

Mit Tag 1 nehmen Sie dann Herausforderungen und persönliche Verantwortung an. Mit Projekten zu den Themen Unternehmenssteuerung und Controlling beraten Sie in erster Linie das Top-Management. Ihre Gesprächspartner sind CEOs, CFOs sowie Entscheider aus HR, Marketing, Produktion und Vertrieb. Wir fördern Ihre Karriere vom ersten Tag an durch einen Coach, der exklusiv für Sie den Überblick und die Erfahrung eines Senior-Projektleiters einbringt – ohne Ihnen die Verantwortung abzunehmen. Als permanenter Begleiter und Berater ist Ihr Coach projektübergreifend für Sie da. Er unterstützt Sie in Ihrer täglichen Arbeit mit wertvollen Impulsen, stimmt sich mit Ihrem Projektleiter ab und bringt Sie auf diese Weise in Ihrer gesamten Entwicklung schnell und direkt auf den richtigen Kurs. Sie gestalten aktiv Ihren eigenen transparenten Entwicklungspfad! Mit Erfolg: Unsere Partner sind zumeist bei uns als Berater gestartet.

Bewerber-Kontakt
Julia Cedrati
Leiterin Recruiting
Tel.: +49 (0)211 577903 75
recruiting@ctcon.de

Es freut uns sehr, dass sowohl Bewerber und Neueinsteiger als auch langjährige Mitarbeiter uns immer wieder eine außergewöhnliche Unternehmenskultur bestätigen. Wir sehen uns nämlich nicht nur als ein Team an der Tabellenspitze, sondern auch als eine eingeschworene Gemeinschaft, in der man mit Freude an Erfolgserlebnissen arbeitet. Unsere Kultur ist wesentlich für die professionelle Lebensqualität und Leistungsfähigkeit bei CTcon. Das ist es uns wert, intensiv daran zu arbeiten. U.a. mit regelmäßigen Befragungen, deren Ergebnisse mit dem gesamten Team diskutiert werden.

Mehr Insider-Informationen
unter squeaker.net/ctcon

YP-Beraterinterview CTcon

Michael Gutemann
Projektleiter,
CTcon GmbH,
Unternehmenssteuerung,
Controlling,
Strategieumsetzung

Bei welcher Beratung bist du eingestiegen und was ist heute deine Aufgabe/Position? Welche Stationen hast du durchlaufen?

Nach Abschluss meines Studiums habe ich mich ganz bewusst gegen »große« Strategieberatungen und für die auf Unternehmenssteuerung und auf Strategieumsetzung spezialisierten, mittelgroßen CTcon Management Consultants entschieden. Vom Einstieg als »Consultant« benötigte ich nur drei Jahre bis zu meiner Beförderung in den Kreis der Projektleiter. Als ›PL‹ verantworte ich Teilprojekte und engagiere mich in der Akquisition. Auf die breitere Verantwortung wurde ich sukzessive vorbereitet. Meine Trainings habe ich in der Praxis durch Erfahrung vor Ort ergänzt. Wer sich nicht scheut, findet bei CTcon sehr früh eine professionelle Plattform, um sich in den Projekten eigenverantwortlich zu engagieren.

Warum hast du dich für diese Beratung entschieden?

Für meine Arbeit bevorzuge ich ein persönliches Umfeld: ich möchte nicht nur eine »Nummer« in einer anonymen Organisation sein. Unabhängig davon möchte ich in einem internationalen Umfeld und bei bedeutenden Unternehmen beraten. Die Projekte sind spannend und die Lernkurve ist steil. Dazu kommt der extrem gute Zusammenhalt im Team. Auch in anstrengenden Phasen macht es jeden Tag Spaß, zur Arbeit zu gehen.

Wie sah der Onboarding-Prozess aus?

Das Onboarding folgt einem klaren Prozess. Tag 1 startet mit einer ausführlichen Einführung durch den persönlichen Coach. Dabei habe ich erste Mitstreiter kennengelernt. Schon Tag 2 führt oft unmittelbar in den ersten Case. Die schnelle Integration junger Berater in Teams beim Klienten ist ganz oben auf unserer Prioritätenliste. Zudem finden mit anderen Einsteigern in den ersten Wochen mehrtägige Trainings statt. Dort werden erste wichtige Beraterfähigkeiten und Spezifika von CTcon erlernt. Das Team trifft sich in Breite zu gemeinsamen CTcon-Events verschiedenster Formate, wie unter anderem auch zu Foren und Workshops im In- und Ausland.

Welche Erfahrungen hatten den größten Mehrwert für dich?

Durch die Vielzahl verschiedener Klienten und Themen in kurzer Zeit ist einem oft nicht so bewusst, in welch schnellem Takt Neues erlernt wird. Ein echtes Highlight war ein längeres Projekt in New York. Dort haben wir die Service Funktion eines Live-Science Konzerns neu ausgerichtet. Neben den Inhalten war das Projekt auch privat eine tolle Erfahrung, auch wenn das beinahe wöchentliche Pendeln zum Einsatz in die USA anstrengend sein konnte.

Was waren die größten Stolpersteine während deines Karrierestarts?

Durch die schnelle Integration in die Projektteams findet, von Beginn der Beraterkarriere an, eine sehr intensive Interaktion mit dem Klienten statt. Als junger Berater ist man stark gefordert, da man noch nicht mit einer großen Erfahrung überzeugen kann. Um nicht über Stolpersteine zu fallen, hatte ich einen erfahrenen Projektleiter an meiner Seite. Gemeinsam werden die Themen identifiziert, in denen auch der »Junior« im Meeting glänzen kann. Der frische Blick auf ein Thema oder die Nähe zur eben erlernten Theorie nutzt oft enorm. So konnte ich mich Herausforderungen gut vorbereitet stellen.

Was hast du in deiner Studienzeit gelernt, das dir in den ersten Monaten als Berater besonders geholfen hat?

Ich war Mitglied des Junior Business Teams, einer studentischen Unternehmensberatung in Stuttgart. Neben der ehrenamtlichen Tätigkeit als Vorstand, habe ich dabei zahlreiche Beratungsprojekte bearbeitet. Die dort gesammelten Erfahrungen waren Gold wert. Zwar waren die Beratungsthemen überschaubarer, die Art der Herangehensweise an unstrukturierte und unbekannte Themen ist jedoch vergleichbar. Zudem lernt man selbständig zu arbeiten sowie das notwendige Handwerkszeug. Dies spart zu Beginn der »richtigen« Beratertätigkeit viel Zeit.

Welche Charaktereigenschaften muss ein Berater aus deiner Sicht mitbringen?

Ich denke, dass die Kombination aus analytischen Fähigkeiten, strukturiertem Vorgehen und sozialer Kompetenz ein Muss für jeden Neueinsteiger ist. Wichtig ist es, gerne auf Menschen zuzugehen und sich Humor und Spaß im Alltag zu bewahren. Wenn diese Eigenschaften ergänzt werden durch eine Prise Durchhaltevermögen und mit dem »Blick für das Wesentliche« steht der erfolgreichen Karriere bei CTcon nichts im Weg.

Welche Aspekte des Beraterlebens werden in der Öffentlichkeit oft falsch dargestellt?

Das Bild von Beratern in der Öffentlichkeit ist oft verzerrt. Verständlich ist deren kritischer Blick da, wo Berater sensible Themen anfassen. Dabei ist die Arbeit der Berater selten transparent und das schürt Misstrauen. Jedoch müssen auch Probleme fundiert analysiert und bearbeitet werden. Dass »die Berater nur die Kosten drücken und dann mit Vorrang Mitarbeiter abbauen«, ist realitätsfremd. Berater helfen nicht nur in kritischen Situationen, sondern sie begleiten genauso Steuerung, Veränderung und Wachstum.

Bist du mit deiner Work-Life-Balance zufrieden? Wieviel Zeit hast du für Privates und Hobbies?

Bei CTcon achten wir auf eine gute Work-Life-Balance. Viele Beratungen behaupten das von sich, wir nehmen es ernst. Unsere Wochenenden sind tabu und freitags ist unser Office-Tag das Ziel. Am Abend bleibt ausreichend Zeit für Sport und für ein Bier mit den Kollegen. Zudem stärken wir unsere digitale Orientierung. So haben Videokonferenzen einen immer höheren Anteil, was oft Reisen spart. Deshalb bin ich mit meiner Work-Life-Balance zufrieden. Das Jobprofil bedingt aber auch bei uns Mobilität und enge Deadlines. Eine anspruchsvolle Aufgabe wird es nur sehr selten ohne diese Faktoren geben.

Gibt es bei deinem Arbeitgeber das Grow or go-Prinzip? Hältst du dieses für sinnvoll?

Es ist Anspruch jedes »echten« Beraters, sich stetig weiterzuentwickeln. Eine Top-Management-Beratung ist intern nicht darauf ausgelegt, langjährig auf der gleichen Stufe zu verharren. Daher besteht auch bei CTcon das Ziel, dass sich Berater innerhalb grob vorgegebenen Entwicklungszeiten fortentwickeln. Das knallharte Grow or go wird dabei nicht gelebt. Sind die Anforderungen für die nächste Stufe der Entwicklung noch nicht erfüllt, wird gemeinsam geklärt, was ergänzend zu tun ist. Coach wie Berater gewinnen dabei Klarheit.

Zudem gibt es nicht die eine Karriere. Jeder Weg ist individuell, so sind es auch die Ziele und das Tempo. Prägend sind in der Beratung auch bei uns die persönliche und fachliche Weiterentwicklung. Sie spielen eine elementare Rolle. Das setzt stark auf einen eigenen Anspruch. Den sollte man haben.

Wie planst du deine nächsten Karriereschritte? Welche Exit-Options kannst du dir in deiner jetzigen Position theoretisch vorstellen?

Die Wenigsten verbringen das gesamte Berufsleben in der Beratung. Das attraktive Partnermodell bei CTcon macht indessen auch den Weg zum »Beratungsunternehmer« attraktiv. Eine große Gruppe ehemaliger CTcon-Berater ist in die Wissenschaft gegangen. Sie sind an Universitäten im In- und Ausland als Professoren tätig. Andere sind auf die »andere Seite« zu den Klienten gewechselt. In der Beratung verfügt man schnell über ein für die Zukunft sehr relevantes Netzwerk zu Führungskräften in der Industrie. Will man tatsächlich wechseln, so ist der richtige Absprung wichtig. Eine leitende Funktion erlaubt schnellere und interessantere Wege danach. Eine Konzernkarriere kann ich mir derzeit noch nicht vorstellen, auch weil es mir bei CTcon sehr gut gefällt. Aufgrund unserer guten Aufgaben und Kultur haben wir eine recht geringe Fluktuation. Kollegen bleiben oft länger als bei anderen Beratungen.

Persönlichkeit
am Arbeitsplatz?

Gehört zu unseren
Einstellungsvoraussetzungen:
+ 49 211 577 903-75

PEOPLE. PASSION. PERFORMANCE.

Mercedes-Benz
Inhouse Consulting

Gipfelstürmer? Einsteigen, bitte!

Weitere Infos unter: www.mercedes-benz.com/de/inhouse-consulting/karriere

Mercedes-Benz

Das Beste oder nichts.

Mercedes-Benz Inhouse Consulting

Das Mercedes-Benz Inhouse Consulting ist direkt angebunden an den Vorstand einer der erfolgreichsten Automobilkonzerne der Welt. Wir verstehen das Unternehmen wie kein anderer und sind deshalb die erste Instanz für alle strategischen Projekte des Top-Managements innerhalb der Daimler AG. Daran lassen wir uns auch gerne mit anderen Top-Management-Beratungen messen. Unsere Klienten sind Entscheidungsträger aus dem Top-Management aller Fachbereiche. Für sie entwickeln wir nachhaltige und für den Unternehmenserfolg relevante Strategien und Lösungen.

Dem Mercedes-Benz Inhouse Consulting gelingt der Brückenschlag zwischen dem Strategiebereich und den operativen Spezialisten. Wir lösen nicht nur strategische Fragestellungen des Top-Managements, sondern konzipieren auch deren operative Umsetzung. Dabei arbeiten wir stets eng mit den Fachbereichen zusammen. Mit unseren Projekten setzen wir neue Impulse innerhalb des Daimler-Konzerns – weltweit und über alle Fachbereiche und Sparten hinweg. Woran wir genau arbeiten, zeigen diese drei Beispielprojekte unter www.mercedes-benz.com/de/inhouse-consulting/unsere-projekte/.

**Mercedes-Benz
Inhouse Consulting**
Mahdentalstr. 96
71059 Sindelfingen
Tel.: +49 (0)7031 90 81883
careers_inhouseconsulting@
daimler.com
**www.mercedes-benz.com/
de/inhouse-consulting/**

Karrieremöglichkeiten

Das Mercedes-Benz Inhouse Consulting berät alle Fachbereiche in strategisch relevanten und konzeptionellen Fragestellungen.

Als Project Leader leitest Du ein Consulting-Team in Projekten auf Top-Management-Ebene und übernimmst die ganzheitliche Verantwortung für Koordination und Inhalt als »Spinne im Netz« in enger Abstimmung mit dem beauftragenden Fachbereich. Dabei bist Du konzeptionell, inhaltlich und strategisch tätig sowie für die Teamführung und die Kommunikation mit dem Senior-Management verantwortlich. Inhalt der Arbeit ist meist die Entwicklung neuer Ideen, Konzepte und Methoden zur nachhaltigen Steigerung unserer Wettbewerbsfähigkeit.

Als Senior Consultant verantwortest Du mindestens einen Themenkomplex ganzheitlich oder übernimmst auch mal die Teilprojektleitung. Deine Aufgabe ist es, Deinen Themenkomplex vorzudenken, durchzustrukturieren und durch neue Ansätze und innovative Informationsquellen die ideale Lösung für die gestellte Frage abzuleiten. Je nach Aufgabenstellung auf dem jeweiligen Projekt umfasst die Tätigkeit als Senior Consultant auch die Anleitung jüngerer Kollegen und Praktikanten.

Bei einem Einstieg als Junior Consultant unterstützt Du als Teil des Consulting-Teams unsere Klienten in der Lösung ihrer Aufgabenstellungen. Du arbeitest unter anderem an der Identifikation von Optimierungsmöglichkeiten im Geschäftssystem, erarbeitest Konzepte, Methoden und neue Tools zur Steigerung der Wettbewerbsfähigkeit und agierst meist in enger Abstimmung mit dem beauftragenden Fachbereich.

In einer jungen, stetig wachsenden Geschäftseinheit hast Du viele Möglichkeiten der persönlichen und beruflichen Weiterentwicklung – Einblicke in die Arbeitsweise des Top-Managements inbegriffen. Neben der Einbindung in ein erfahrenes Team wird Dir ein Mentor zur Seite gestellt, der mit Dir genaue Zielvorgaben definiert und von dem Du konstruktive Feedbackrunden erwarten kannst.

Als Junior/Senior Consultant oder Project Leader kannst Du Dir durch die Arbeit in den unterschiedlichsten Projekten ein karriererelevantes Netzwerk aufbauen und Dir hervorragende Perspektiven erarbeiten. Das Mercedes-Benz Inhouse Consulting bietet Dir neben einem kompetenten, hoch motivierten Team und einer gesunden Work-Life-Balance einen echten Karriereschub. Über die attraktive Vergütung hinaus kannst Du diverse Vergünstigungen und Angebote zur sozialen Absicherung in Anspruch nehmen. Ab dem Level Project Leader steht Dir zusätzlich ein Dienstwagen zur Verfügung.

Interessierst Du Dich für einen Einstieg als (Junior) Consultant? Dann solltest Du über ein abgeschlossenes Bachelor- oder Masterstudium mit kaufmännischer, technischer oder naturwissenschaftlicher Ausrichtung verfügen und neben entsprechender Praktikumserfahrung im Beratungs- und/oder Automobilumfeld auch Erfahrungen im internationalen Ausland mitbringen.

Willst Du als Senior Consultant einsteigen, solltest Du darüber hinaus mindestens drei Jahre, als Project Leader mindestens fünf Jahre Erfahrung - idealerweise im Bereich Consulting - vorweisen. Wünschenswert wäre außerdem eine mindestens zweijährige Erfahrung in der Automobilindustrie, im Maschinenbau oder ähnlichen Industriezweigen oder in den Fachbereichen Marketing, Sales, R&D, Produktion, Einkauf oder Strategie.

Darüber hinaus bringst Du idealerweise eine hohe Abstraktionsfähigkeit für komplexe Sachverhalte mit und denkst lösungsorientiert. Wir legen ebenfalls hohen Wert auf Teamfähigkeit, Flexibilität und Belastbarkeit, verhandlungssicheres Deutsch und Englisch sowie ein ausgeprägtes Kommunikations- und Präsentationsvermögen gegenüber Entscheidungsträgern.

Zunächst sendest Du Deine schriftliche Bewerbung über das Daimler Jobportal (www.daimler.com/karriere/absolventen/mercedes-benz-inhouse-consulting/) ein. Solltest Du die Auswahlkriterien erfüllen, folgt ein erstes Telefoninterview oder direkt die Einladung zum Bewerbertag, an dem sich auch das Inhouse Consulting genauer vorstellt. An diesem Tag führst Du insgesamt drei persönliche Gespräche mit unseren Consultants, Projektleitern und Principals. Während der Gespräche bearbeitest Du zwei Fallstudien, um uns von Deinen strategischen und konzeptionellen Fähigkeiten zu überzeugen. Ein PDF-Dokument mit einem Beispielfall steht unter www.mercedes-benz.com/wp-content/uploads/sites/2/2016/07/Beispiel-Case_Inhouse-Consulting_Bewerbung.pdf zum Download bereit. Nach dem persönlichen Kennenlernen folgt zeitnah eine Rückmeldung unsererseits.

Mehr Insider-Informationen unter squeaker.net/MBIC

YP-Beraterinterview Mercedes-Benz Inhouse Consulting

Alexander Jasperneite
Senior Consultant,
Mercedes-Benz
Inhouse Consulting,
Strategieprojekte

Bei welcher Beratung bist du eingestiegen und was ist heute deine Aufgabe/Position? Welche Stationen hast du durchlaufen?
Ich bin im September 2015 im Mercedes-Benz Inhouse Consulting als Consultant eingestiegen. Zuvor habe ich zwei Jahre als Analyst im Investment Banking mit Schwerpunkt Mergers & Acquisitions bei Morgan Stanley in London gearbeitet. Als Teil der Global Industrial Group habe ich schwerpunktmäßig Unternehmen aus der Automobilindustrie bei strategischen Fragestellungen beraten. Heute liegt mein Fokus auf Strategieprojekten in unterschiedlichen Themengebieten. Aktuell leite ich ein spannendes Projekt für die Sub-Marke Mercedes-Maybach. Im Team arbeiten wir an der Weiterentwicklung des Unternehmens in konzeptionellen, strategischen und operativen Fragestellungen, die einen deutlichen Einfluss auf die nachhaltige Wettbewerbsfähigkeit haben.

Warum hast du dich für diese Beratung entschieden?
Ich war nach meinem Studium hin- und hergerissen zwischen Strategieberatung, Investment Banking und Industrie. Durch meinen Job im Inhouse Consulting erfahre ich nun quasi das Beste aus allen Welten: Die Methodik und Arbeitsweise einer Top-Management Beratung sowie Themen rund um die strategische Weiterentwicklung des Geschäftsmodells, verbunden mit der Schlagkraft unseres Konzerns, weltweit. Da wir keine externe, sondern interne Partner sind, vertraut man uns zum einen hoch strategische Fragestellungen an, zum anderen können wir uns schneller in Themen einarbeiten. Das Mercedes-Benz Inhouse Consulting ist als relativ junge Einheit sehr dynamisch und es reizt mich dabei zu helfen, das »Start-up« mitzugestalten.

Wie sah der Onboarding-Prozess aus?
Jeder Senior Consultant bekommt direkt nach seinem Start einen Mentor, der bereits langjährige Führungserfahrung im Konzern gesammelt hat. Der Mentor wird ein enger Begleiter bei der persönlichen Entwicklung und steht dem Berater als Ansprechpartner für alle Fragen des Geschäftslebens zur Seite. Darüber hinaus nimmt jeder neue Berater an einem einwöchigen Berater-Toolbox-Training teil, um die Methoden und Basics der Beratung zu erlernen. Auf den Projekten lernt man sehr schnell den Berateralltag kennen.

Welche Erfahrungen hatten den größten Mehrwert für dich?
Wir sind Generalisten, das heißt, wir müssen uns immer wieder in ein neues Themengebiet reindenken. Dabei freue ich mich jedes Mal auf die neue Herausforderung und die spezifische Problemstellung, die

es zu lösen gilt. Durch meine Erfahrungen im Banking gelingt es mir besonders gut, Fragestellungen aus einer Zahlen, Daten und Fakten getriebenen Perspektive zu betrachten. Zudem haben meine Kollegen alle einen unterschiedlichen beruflichen Hintergrund. Auf den Projekten kann somit jeder einen anderen Impuls geben.

Was hast du in deiner Studienzeit gelernt, das dir in den ersten Monaten als Berater besonders geholfen hat?

In meinem Studium habe ich gelernt, Aufgabenstellungen gut zu strukturieren, die richtigen Fragen zu stellen und meine Antworten auf den Punkt zu bringen. Das gilt auch für Projekte in der Beratung: Gerade am Anfang ist es wichtig, sich nicht davor zu scheuen, um einen Rat oder um Unterstützung zu bitten. Ich habe in meinen Auslandsaufenthalten in Singapur und Brasilien während meines Studiums verschiedene Kulturen kennen gelernt. In meinen bisherigen Projekten habe ich eng mit Klienten aus China, den USA, aber auch Südafrika und Brasilien zusammengearbeitet. Internationale Arbeits- oder Studienerfahrung ist ein wichtiges Asset, um in einem internationalen Automobilunternehmen und der Beratung erfolgreich zu sein.

Welche Charaktereigenschaften muss ein Berater aus deiner Sicht mitbringen?

Als Berater soll man aus meiner Sicht eine hohe Auffassungsgabe und Abstraktionsfähigkeit für komplexe Sachverhalte mitbringen und gleichzeitig lösungsorientiert denken. Teamfähigkeit, Flexibilität und Belastbarkeit sowie ein ausgeprägtes Kommunikations- und Präsentationsvermögen gegenüber Entscheidungsträgern sind ebenfalls sehr wichtig.

Welche Aspekte des Beraterlebens werden in der Öffentlichkeit oft falsch dargestellt?

Ich höre oft das Vorurteil »Schicke Folien, nichts dahinter«. Beratungen wird nachgesagt, dass sie gehen, wenn es ernst wird. Für das Inhouse Consulting gilt das nicht. Als interne Daimler Mitarbeiter haben wir dasselbe Ziel wie unsere »Klienten«: Langfristigen Unternehmenserfolg! Daneben glauben viele Leute, dass man im Beraterumfeld nur durch Ellenbogen-Taktik die Karriereleiter nach oben klettern kann. Bei uns ist dagegen ein richtiger »Start-up Spirit« zu spüren. Wir sind ein junges Team mit flachen Hierarchien, das auch außerhalb der Arbeit viel gemeinsam unternimmt – im Januar waren beispielsweise einige Kollegen gemeinsam Ski fahren.

Gibt es bei deinem Arbeitgeber das Grow or go-Prinzip? Hältst du dieses für sinnvoll?

Im Inhouse Consulting liegt der Fokus definitiv auf dem Grow. Wir verstehen uns als Talente Pool für den Konzern. Elementarer Teil unserer Strategie ist es außergewöhnliche Talente zu rekrutieren, zu fördern und weiterzuentwickeln. Wer bei uns als Strategieberater einsteigt, hat beste Aussichten auf eine Top-Position der Daimler AG. Für die optimale Vorbereitung darauf gibt es ein umfangreiches Coaching- und Mentoringprogramm und eine intensive Feedback-Kultur. Da wir an strategischen Themen mit allen möglichen Fachbereichen arbeiten, bekommen wir eine gute Übersicht über den Konzern und bauen ein starkes Netzwerk auf, was einen späteren Wechsel in die Linienfunktion des Unternehmens nochmals einfacher macht.

Wie planst du deine nächsten Karriereschritte? Welche Exit-Options kannst du dir in deiner jetzigen Position theoretisch vorstellen?

Die nächsten Karriereschritte diskutieren wir intensiv mit unserem Mentor aus dem Führungsteam. Ich persönlich finde die neue Unternehmensstrategie CASE (Connected, Autonomous, Shared & Service und Electric Drive) sehr spannend. Hier setzen wir als Konzern neue Schwerpunkte in der Weiterentwicklung unserer Wachstumsstrategie und unterstreichen unseren klaren Führungsanspruch, die Mobilität der Zukunft maßgeblich zu prägen. Ein Wechsel in diese Einheit stellt für mich daher perspektivisch eine sehr spannende Option dar. Generell finde ich aber auch den Vertrieb interessant und kann mir durch meine Projekterfahrungen auch eine spätere Tätigkeit in diesem Umfeld vorstellen.

Mein nächster Schritt im Inhouse Consulting ist die Weiterentwicklung zum Projektleiter. Ich freue mich sehr auf diese Herausforderung.

Siemens Management Consulting

SMC. Living Strategies.
Siemens Management Consulting (SMC) ist die Top-Management-Strategieberatung des Siemens Konzerns.

**Siemens AG,
Siemens Management
Consulting (SMC)**
Otto-Hahn-Ring 6
81739 München
siemens.com/smc

Wir verstehen uns als Vorausdenker und entwickeln gemeinsam mit unseren Kunden Lösungen, um die Herausforderungen des 21. Jahrhunderts zu meistern.

Die ganze Welt ist unser Arbeitsplatz.
Von unseren Standorten in München, Mumbai und Peking aus unterstützen wir das Siemens Geschäft weltweit vor Ort. Unsere Berater sind in Branchen wie Erneuerbare Energien, Industrieautomatisierung oder Medizintechnik im Einsatz. Sie bereiten die Erschließung neuer Geschäftsfelder wie der Digitalen Fabrik oder Infrastrukturlösungen für Städte vor und planen den Markteintritt in Schwellenländern. Das Spektrum unserer Beratungsleistungen reicht von Strategieentwicklung über Benchmarking bis hin zu Wachstums- und Innovationsprojekten.

Unsere Kunden sind gleichzeitig Kollegen.
Beratungsprojekte bei SMC gehen weit darüber hinaus, intelligente Lösungsansätze zu konzipieren und zu erarbeiten. Sie sind erst abgeschlossen, wenn diese Lösungen ergebniswirksam umgesetzt sind. Da wir im eigenen Unternehmen beraten, tragen wir besondere Verantwortung. Schließlich sind unsere Kunden gleichzeitig unsere Kollegen und unsere langjährige Zusammenarbeit basiert auf Vertrauen.

Wir entwickeln für Siemens die Führungskräfte von morgen.
Ziel von SMC ist es, die Wettbewerbsfähigkeit von Siemens nachhaltig zu steigern. Darüber hinaus ist es unsere Mission, die Führungskräfte von morgen für das Unternehmen auszubilden. Durch kontinuierliches Training, Feedback und Coaching unterstützen wir unsere Mitarbeiter deshalb bestmöglich in ihrer Entwicklung.

Produkte und Leistungen
Strategieberatung. SMC unterstützt den breit aufgestellten Technologiekonzern Siemens bei seiner strategischen Ausrichtung.

Alle Siemens Geschäftsfelder zählen zum SMC-Portfolio. Entsprechend abwechslungsreich sind unsere Strategieprojekte.

Karrieremöglichkeiten
Einstiegsmöglichkeiten für Young Professionals
Ein Einstieg als Consultant oder Praktikant ist ganzjährig möglich.

Als SMC-Strategieberater erwartet Sie vom ersten Tag an eine verantwortungsvolle und abwechslungsreiche Tätigkeit vor Ort bei unserem Kunden: Sie werden ein Projektmodul steuern und erarbeiten Handlungsempfehlungen. Außerdem entwickeln Sie Geschäftskonzepte und -pläne, steuern eigene Module und erstellen Präsentationen für das Top-Management.

Als Berater stellen Sie sich mit Ihren Fähigkeiten und Ihrem Know-how zunächst breit auf. Erst später, als Projektleiter oder Partner, entscheiden Sie, auf welche Branchen und Fachgebiete Sie sich spezialisieren möchten.

Bewerber-Kontakt
Bettina Glomb
Tel.: +49 (0)89 636 630844
**www.smc.siemens.de/
careers**

Entwicklungsmöglichkeiten für Young Professionals
Wir setzen auf »Training on the Job«. Das bedeutet für Sie, dass Sie parallel zu Ihrer Beratungstätigkeit persönlich und fachlich durch unser systematisches Trainingscurriculum gefördert werden. Darüber hinaus coacht Sie Ihr Projektleiter kontinuierlich und Sie erhalten ständig Feedback.

Anforderungen an Bewerber
Wir erwarten Professionalität und Leidenschaft bei internationalen Projekten. Eine exzellente Ausbildung, Einsatzbereitschaft, Persönlichkeit und den Willen zum Erfolg setzen wir voraus. Besonders gut passen Sie in unser Team, wenn Sie Ihre Zukunft als Strategieberater für Projekte im internationalen Kontext sehen. Wir suchen Persönlichkeiten mit ausgezeichneten analytischen Fähigkeiten, unternehmerischer Denkweise und Teamorientierung.

Für eine Karriere als Strategieberater (m/w) bei SMC sollten Sie folgende Qualifikationen mitbringen:

- einen hervorragenden Universitätsabschluss (Master/Diplom), vorzugsweise ergänzt durch MBA/Promotion
- erste Praxiserfahrung
- relevante Auslandserfahrung von mindestens sechs Monaten
- überzeugende Kommunikationsfähigkeiten in englischer und deutscher Sprache

Insider-Tipp
»Für ein spannendes Projekt durfte ich einige Monate in Brasilien verbringen: ein Land mit tollen Menschen und so vielen verschiedenen Facetten. Das war eine unglaubliche Erfahrung!«
*Frederik Doyé,
Project Manager,*
SMC

Leistungen für Ihre Mitarbeiter

In den ersten Jahren als Strategieberater bei SMC arbeiten Sie ohne Spezialisierung. So stellen wir sicher, dass Sie einen breiten Überblick über das gesamte Unternehmen erhalten.

In den ersten Monaten bieten wir Ihnen ein Basic Consulting Training, später Trainings zu Kommunikation, Präsentation, Moderation, Interpersonal Skills, Leadership, Fachkolloquien sowie individuelle Trainings nach Bedarf. Auch dank des laufenden Feedbacks und dank der Coachings durch Ihren Projektleiter entwickeln Sie sich kontinuierlich weiter.

Genauso vielfältig und herausfordernd wie die Beratung bei SMC sind auch unsere Karrierewege. Wir unterstützen alle Mitarbeiter darin, das Beste aus ihren Talenten zu machen, und bieten ihnen damit attraktive Perspektiven: Ein Großteil unserer Mitarbeiter übernimmt nach der Beratertätigkeit eine spannende Managementaufgabe im Siemens Konzern.

Mehr Insider-Informationen unter squeaker.net/SMC

YP-Beraterinterview Siemens Management Consulting

Dominik Knoblich
Consultant,
Siemens Management
Consulting (SMC),
Strategieberatung

Bei welcher Beratung bist du eingestiegen und was ist heute deine Aufgabe/Position? Welche Stationen hast du durchlaufen?
Ich habe 2015 ein Praktikum bei Siemens Management Consulting gemacht. Diese Erfahrung war extrem positiv. Da musste ich nicht lange überlegen, ob ich das Vertragsangebot annehme, das ich unmittelbar im Anschluss erhalten habe. Heute bin ich Strategieberater bei SMC und entwickle Konzepte und Strategien für die verschiedenen Siemens Geschäftsbereiche. Die Tätigkeit ist sowohl vielseitig als auch herausfordernd und macht mir großen Spaß.

Warum hast du dich für diese Beratung entschieden?
Mir war es wichtig, dass ich während meines ersten Jobs strategisch und konzeptionell arbeiten kann sowie nah am Geschäft bin – und das in einem schnelllebigen und flexiblen Umfeld. Mein Praktikum bei SMC hat genau diese Kriterien erfüllt. Als technologiebegeisterter Mensch, bin ich bei Siemens natürlich besonders gut aufgehoben. Außerdem lege ich großen Wert auf eine gute Arbeitsatmosphäre – die habe ich ebenfalls hier gefunden. Meine Kollegen und ich verstehen uns so gut, dass auch längere Tage kein Problem sind und wir sogar privat einiges unternehmen.

Wie sah der Onboarding-Prozess aus?
Für alle Neueinsteiger gibt es einen »First Day« sowie ein einwöchiges Basistraining. Bei dem Training konnte ich nicht nur fachlich viel lernen, sondern mich auch gleich mit meinen Kollegen vernetzen. Außerdem sind wir am ersten Tag mit Firmenausweis, Laptop und Smartphone ausgestattet worden und haben das Unternehmen, die Abläufe und unsere Coaches kennengelernt. Das übrige Onboarding hat dann über die eigentliche Projektarbeit stattgefunden.

Welche Erfahrungen hatten den größten Mehrwert für dich?
Von Anfang an habe ich volle Verantwortung übertragen bekommen. Gleich am ersten Tag nach dem Basistraining ging es mit meinem Projekt los: Ich betreute mein eigenes Modul mit einem mir zugeordneten Kunden. Das Team und mein Projektleiter haben mich dabei immer unterstützt. Sie haben mich nicht nur sehr nett aufgenommen, sondern mir auch alles eingehend erklärt und mir kontinuierlich Feedback gegeben.

Was waren die größten Stolpersteine während deines Karrierestarts?
Stolpersteine hat es bis jetzt keine gegeben – zumindest habe ich sie nicht als solche erkannt. Sicherlich war es anfangs eine große

Herausforderung, direkt nach der Uni so viel Verantwortung zu übernehmen. Aber genau das wollte ich ja.

Was hast du in deiner Studienzeit gelernt, das dir in den ersten Monaten als Berater besonders geholfen hat?

Wirtschaftsinformatik ist ein klassischer Schnittstellen-Studiengang. Dadurch habe ich bereits an der Uni gelernt, mit den unterschiedlichsten Herausforderungen in verschiedenen Fachbereichen umzugehen. Als Informatiker wurde ich zudem stark im konzeptionellen Denken gefordert. Damit war ich für die vielfältigen Tätigkeiten eines Strategieberaters bestens gerüstet. Gerade bei SMC ist man als Wirtschaftsinformatiker gut aufgehoben, denn Siemens hat als Teil der Siemens EAD-Strategie (Electrification, Automation, Digitalization) viele Digitalisierungs-Projekte. Für mich ist das ein sehr spannendes Umfeld. Die Digitalisierung steht noch am Anfang und da wird sich in verschiedenen Innovationsfeldern noch einiges tun – beispielsweise im Bereich der künstlichen Intelligenz.

Welche Charaktereigenschaften muss ein Berater aus deiner Sicht mitbringen?

Ich tue mich schwer damit, einem Berater gewisse Charaktereigenschaften zuzuschreiben. Aber es ist sicherlich hilfreich, aufgeschlossen, authentisch und integer zu sein. Das ist es, was man eigentlich von jedem Menschen erwartet. Und etwas Humor schadet sicherlich auch nicht.

Welche Aspekte des Beraterlebens werden in der Öffentlichkeit oft falsch dargestellt?

Besonders ein Aspekt wird oftmals falsch dargestellt: Man arbeitet nicht gegeneinander, sondern miteinander. Der Teamgedanke ist bei SMC stark ausgeprägt – das Verhältnis unter den Mitarbeitern sehr kollegial. Das ist besonders für die sehr intensive Projektarbeit eine wichtige Basis. Projekte dieser Art sind ohne ein Miteinander nicht zu stemmen. Außerdem macht die Arbeit im Team viel mehr Spaß!

Bist du mit deiner Work-Life-Balance zufrieden? Wieviel Zeit hast du für Privates und Hobbies?

Strategieberatung ist eine anspruchsvolle und zeitintensive Tätigkeit – ich glaube, das ist kein Geheimnis. Auch das Reisen muss man mögen. Ich mag es in meiner jetzigen Lebensphase. So komme ich viel herum, was auch meinem privaten Interesse entspricht. Ich lerne viele neue Kulturen kennen und bin auch mit Kollegen auf Projekten, zu denen ich ein sehr freundschaftliches Verhältnis habe. Aber ja, ich finde noch Zeit für meine Hobbies wie Fitness unter der Woche oder aktuell

Skifahren am Wochenende – aber sicherlich habe ich keinen Nine-to-five-Job.

Wie planst du deine nächsten Karriereschritte? Welche Exit-Options kannst du dir in deiner jetzigen Position theoretisch vorstellen?
Da wir als Strategieberater sehr generalistisch ausgebildet werden, können wir nach der Zeit bei SMC auf ganz unterschiedliche Art und Weise Karriere machen. Derzeit plane ich bei SMC zu bleiben und Projektleiter zu werden. Ich kann mir aber auch vorstellen, irgendwann zu Siemens zu wechseln – in Zeiten der Digitalisierung gibt es da eine Menge spannende Tätigkeiten.

thyssenkrupp
Management Consulting GmbH

Als interne Managementberatung haben wir das Ziel, thyssenkrupp weiter nach vorne zu bringen. Unser vielseitiges Beratungsportfolio orientiert sich an den strategischen Zielen des Konzerns. Wir fokussieren uns dabei auf die Schwerpunkte Strategie, Performance und Transformation. Somit ermöglichen wir unseren Teams die aktive Mitgestaltung der Neuausrichtung eines weltweit aufgestellten Technologiekonzerns mit rund 155.000 Mitarbeitern in knapp 80 Ländern.

Durch unsere weltweiten strategischen und operativen Projekte in allen Business Areas des Konzerns sowie auf Corporate-Ebene lernen wir thyssenkrupp »live und in Farbe« aus immer neuen Blickwinkeln kennen. So bauen sich unsere Berater eine breite Konzernkenntnis sowie ein exzellentes Netzwerk auf und legen die Basis für ihre weitere Karriere im thyssenkrupp Konzern.

thyssenkrupp befindet sich derzeit in einem grundlegenden Wandel – eine der vielleicht spannendsten Transformationen eines DAX-30-Konzerns. Unsere hohe Reputation beim Top-Management und Performance-Orientierung erlauben, diesen Wandel des Konzerns voranzutreiben, Werte zu schaffen und die Neuausrichtung zu gestalten. Dabei haben wir stets den Erfolg unserer Kunden als Maßstab unseres Erfolgs im Blick und entwickeln z.B. Geschäftsstrategien, identifizieren Wachstumspotenziale, analysieren Wettbewerbsfähigkeiten und begleiten die Umsetzung von Transformationsprogrammen zur Performancesteigerung.

Mit unserem schlagkräftigen TKMC-Team aus engagierten Top-Absolventen, Young Professionals sowie erfahrenen Beratern externer Strategieberatungen schaffen wir es die hohen Ansprüche jeden Tag aufs Neue in den Projekten umzusetzen. Neben kollegialer und vertrauensvoller Zusammenarbeit mit den Kunden bildet auch das Miteinander im TKMC-Team eine besonders wichtige Grundlage: die enge Zusammenarbeit im Team ist ein bedeutendes Erfolgselement. Bei TKMC setzen wir daher auf Offenheit, Ehrlichkeit und gegenseitige Wertschätzung für ein konstruktives Miteinander.

Jeder trägt mit Persönlichkeit, Können und Engagement nicht nur zu erfolgreichen Beratungsprojekten, sondern auch zur stetigen Weiterentwicklung und zum weiteren Ausbau von TKMC und einem ganz besonderen Team-Spirit bei.

thyssenkrupp
thyssenkrupp Allee 1
45143 Essen
Tel.: +49 (0)201 84453 4915
recruiting@
thyssenkrupp.com
**www.thyssenkrupp-
management-consulting.com**

Insider-Tipp

»Als Teil von TKMC und des gesamten thyssenkrupp Konzerns mit ca. 155.000 Kolleginnen und Kollegen nachhaltige Lösungen zu schaffen für unseren Erfolg: Das ist unsere Motivation und treibt uns an!«
Christian Vinck,
Managing Director,
thyssenkrupp

Unternehmen

Bewerber-Kontakt
Isa Mackenberg
Talent Acquisition
Tel.: +49 (0)201 84453 4915
recruiting@
thyssenkrupp.com
www.thyssenkrupp-
management-consulting.
com/de/karrierechancen/
karrierechancen.html

Karrieremöglichkeiten

Mit 2-3 Jahren einschlägiger Berufserfahrung im Consulting oder im Strategiebereich eines (Industrie-)Konzerns steigen Sie bei TKMC als Senior Consultant im Bereich Strategy & Performance Consulting (SPC) ein. Schwerpunktthemen unserer Beratungsprojekte sind Wachstumsstrategien, Wettbewerbsanalysen und organisatorische Neuaufstellung sowohl auf der Corporate-Ebene als auch in einzelnen Business Areas.

Der Einstieg im Bereich der Execution Taskforce (ETF) mit dem Fokus auf Transformation und Implementierung ist nach einschlägiger ca. 3-jähriger Erfahrung mit dem Fokus auf Projektmanagement im Bereich der Strategie oder im Consulting möglich. Professionals unterstützen thyssenkrupp bei der nachhaltigen Verankerung von Strategien, der Begleitung und Umsetzung von Transformationsprogrammen sowie Programmen zur Performance-Steigerung im gesamten Konzern.

Die verschiedenen Geschäftsfelder von thyssenkrupp ermöglichen es, Einblicke in unterschiedliche Industrien und Märkte mit den jeweiligen Herausforderungen zu bekommen. Um dies in vollem Umfang zu erfassen, ist eines unserer Ziele, unsere Berater als Generalisten auszubilden. Das bedeutet: unterschiedlichste Projektthemen – ohne sich bereits zu Beginn der Beratertätigkeit thematisch festlegen zu müssen.

Mit einem Karrierestart bei TKMC stehen Ihnen verschiedene Karrieremöglichkeiten offen – sowohl eine klassische Beraterkarriere als auch der gezielte Übertritt in den Konzern. Die Beraterkarriere bei TKMC besteht aus unterschiedlichen Stufen bis hin zur Leitung von TKMC als Managing Director. Darüber hinaus bieten sich zahlreiche Perspektiven als Führungskraft oder Experte im Konzern.

Als TKMC-Berater benötigen Sie ein hohes Maß an Gestaltungswillen, ausgeprägte analytische Fähigkeiten, eine hohe Leistungsmotivation und natürlich Interesse an den Herausforderungen sich permanent verändernder globaler Industrien. Jeder Bewerber sollte exzellente akademische Schul- und Studienleistungen mitbringen, analytisch fit sein und ein hohes Maß an Business Judgement besitzen. Wichtig ist, dass bereits relevante Praxiserfahrungen im Consulting oder Strategiebereich eines DAX-30-Unternehmens vorhanden sind. Ergänzt wird dieses Profil noch durch internationale Erfahrungen, einen kühlen Kopf und Humor auch in stressigen Situationen.

TKMC bietet ein attraktives und branchenübliches Vergütungspaket. Das Fixgehalt wird durch einen variablen, performanceabhängigen Anteil ergänzt. Um unseren hohen Qualitätsansprüchen gerecht zu werden, setzen wir auf gezielte individuelle Förderung und Weiterentwicklung. Durch maßgeschneiderte Skill-Trainings, Coachings und Weiterbildungsangebote entsprechend des Levels entwickeln sich die Berater fachlich und methodisch weiter und

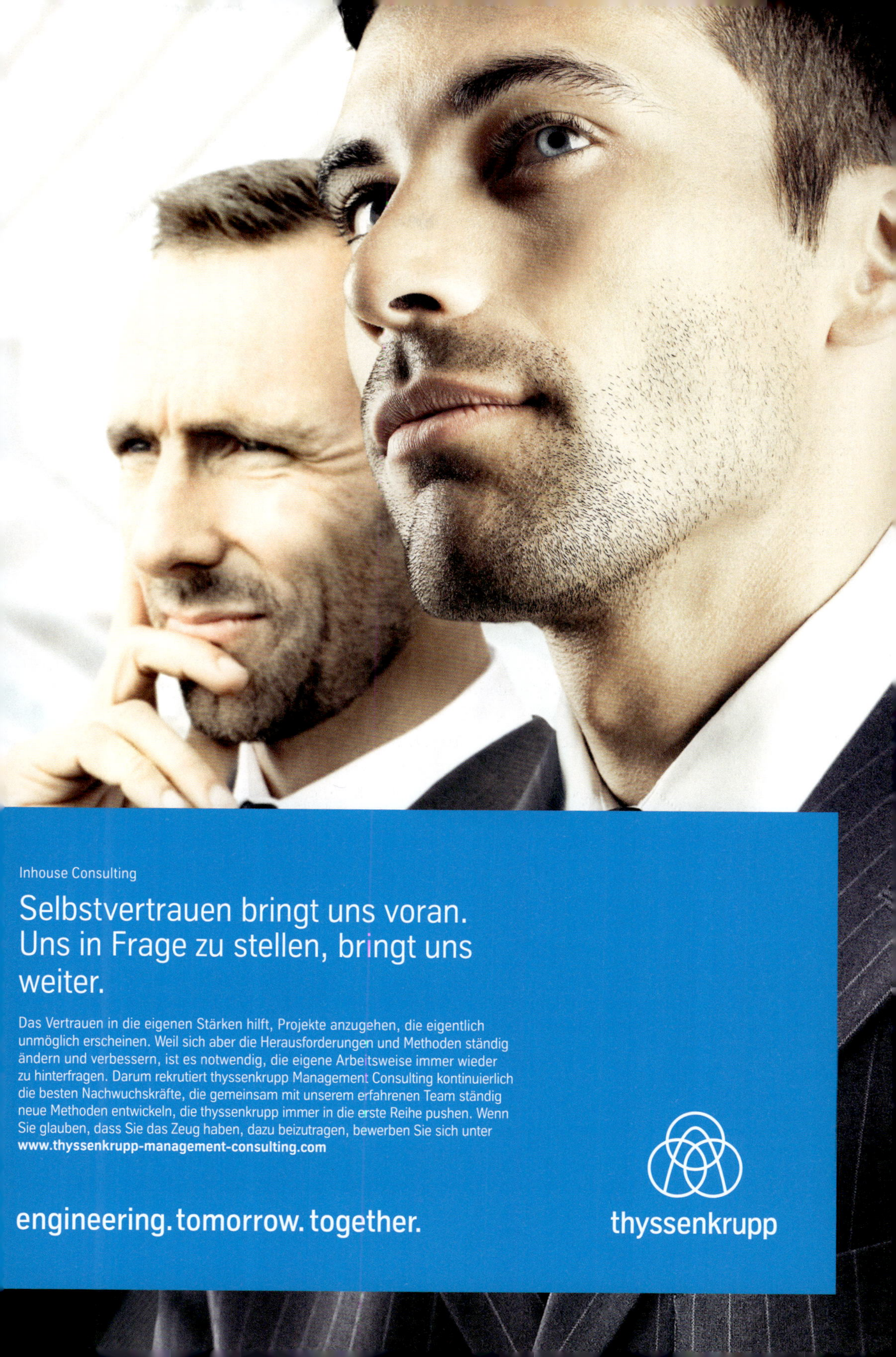
Inhouse Consulting
Selbstvertrauen bringt uns voran. Uns in Frage zu stellen, bringt uns weiter.
Das Vertrauen in die eigenen Stärken hilft, Projekte anzugehen, die eigentlich unmöglich erscheinen. Weil sich aber die Herausforderungen und Methoden ständig ändern und verbessern, ist es notwendig, die eigene Arbeitsweise immer wieder zu hinterfragen. Darum rekrutiert thyssenkrupp Management Consulting kontinuierlich die besten Nachwuchskräfte, die gemeinsam mit unserem erfahrenen Team ständig neue Methoden entwickeln, die thyssenkrupp immer in die erste Reihe pushen. Wenn Sie glauben, dass Sie das Zeug haben, dazu beizutragen, bewerben Sie sich unter
www.thyssenkrupp-management-consulting.com
engineering. tomorrow. together.
thyssenkrupp

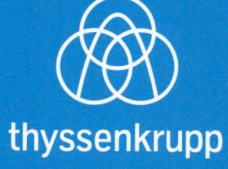

bauen Führungskompetenzen aus. Darüber hinaus wird jeder Kollege von einem erfahrenen Mentor auf dem individuellen Karriereweg begleitet und unterstützt. Auch eigene Planungen und persönliche Vorhaben neben den Projekten sind maßgeblich, so gibt es z.B. auch die Möglichkeit nach einigen Projekten einen Leave zu nehmen.

Durch den Konzern im Hintergrund kommen dem Team viele weitere Vorteile wie z.B. eine sehr gute Altersvorsorge, Mitarbeiter-vergünstigungen und Fitnessangebote zugute.

Insider-Tipp

»Ich kam nach acht Jahren externer Beratertätigkeit als Manager zur TKMC. Mich hat vor allem die Möglichkeit gereizt, den Bereich Execution Taskforce mitzugestalten und Projekte über die Konzeptphase hinaus in die Umsetzung zu begleiten.«
Alexander Bose,
Manager Execution
Taskforce,
thyssenkrupp

YP-Beraterinterview thyssenkrupp Management Consulting

Bei welcher Beratung bist du eingestiegen und was ist heute deine Aufgabe/Position? Welche Stationen hast du durchlaufen?
Nach Studium und Promotion habe ich im September 2014 bei TKMC, der internen Managementberatung von thyssenkrupp, als Consultant begonnen. Seit März 2016 bin ich Senior Consultant. Bis heute habe ich sieben Projekte mit unterschiedlichen Schwerpunkten (von Net Working Capital bis Strategieentwicklung) und in fast allen Business Areas des Konzerns erfolgreich abschließen können.

Moritz Kümmerling
Senior Consultant,
thyssenkrupp Management
Consulting,
Inhouse Beratung

Warum hast du dich für diese Beratung entschieden?
Ich habe mich trotz technischer Promotion nie zu 100% als Ingenieur gesehen. Ich wollte immer schon lieber wirtschaftlich geprägten Herausforderungen nachgehen und dabei den Bezug zur Technik nicht aufgeben. TKMC bietet mir genau das: Engineering ist im Leitsatz unseres Unternehmens verankert und wir verfolgen ein stark performance-orientiertes Projektportfolio. Darin sah ich für mich die Chance, die Neuausrichtung eines weltweit aufgestellten Technologiekonzerns aktiv mitgestalten zu können.

Im Bewerbungsprozess habe ich dann die Möglichkeit gehabt, abseits der Interviews auch einige meiner heutigen Kollegen kennenzulernen. In diesen Gesprächen habe ich, wie ich heute weiß, einen ehrlichen und offenen Einblick »hinter die Kulissen« und in die TKMC-Kultur bekommen. Diese Erfahrungen und der wertschätzende Umgang mit mir als Bewerber haben mich in meiner Entscheidung für einen Einstieg bekräftigt.

Wie sah der Onboarding-Prozess aus?
Die Onboarding-Woche fand im Essener Süden in einer tollen Location mit weiteren, neuen Kollegen statt. Wir haben mehrere Skill-Trainings erhalten, die uns die Basics hinsichtlich Client Interviews, Slide-Writing und Problem Solving nahebrachten. Die Trainings selbst wurden von erfahrenen TKMC-Beratern durchgeführt. So gab es einen sehr guten Bezug zu unserer täglichen Arbeit und die Inhalte wurden immer wieder durch Anekdoten aus dem Projektalltag aufgelockert. Bevor wir als Abschluss eine private Führung durch das Stahlwerk in Duisburg bekamen, mussten wir noch einen Übungscase lösen, der uns schon etwas ins Schwitzen gebracht hat.

Welche Erfahrungen hatten den größten Mehrwert für dich?
Punkt 1: Am Anfang erschienen viele Projektsituationen zunächst einschüchternd. Die Projekte haben mir jedoch gezeigt, dass man im Team und in einem guten Arbeitsverhältnis mit seinem Kunden, solche Herausforderungen immer gelöst bekommt.

Punkt 2: Zu den Auftraggebern von TKMC zählen häufig Führungs-kräfte einzelner Business Areas. Zu Beginn hat mich dies durchaus manchmal verunsichert. Aber schnell wurde klar, dass ein respekt-volles Miteinander und die Diskussion von Lösungsansätzen bei TKMC und bei thyssenkrupp über alle Hierarchieebenen möglich ist.

Was hast du in deiner Studienzeit gelernt, das dir in den ersten Monaten als Berater besonders geholfen hat?
Präsentieren, schnelles Einarbeiten und klares Priorisieren sind in meinem Alltag wichtige Fähigkeiten, die ich insbesondere während meines Studiums in Frankreich gelernt habe.

Welche Charaktereigenschaften muss ein Berater aus deiner Sicht mitbringen?
Ein Berater sollte eine schnelle Auffassungsgabe, Biss und Ausdauer haben. Ganz wichtig sind auch Empathie, Anpassungsfähigkeit und eine gute Portion Humor.

Welche Aspekte des Beraterlebens werden in der Öffentlichkeit oft falsch dargestellt?
Das Bild ist z.B. geprägt von der Meinung, dass Berater grundsätzlich nur an der Oberfläche kratzen und eine starke Ellenbogenmentalität brauchen, um erfolgreich zu sein.

Als Inhouse-Beratung von thyssenkrupp berät TKMC alle Geschäftsbereiche von thyssenkrupp national und international. Unsere Kunden sind auch gleichzeitig Kollegen und der Erfolg immer eine Teamleistung. Wir arbeiten also gemeinsam mit unserem Kunden daran, thyssenkrupp noch besser zu machen und nach vorne zu bringen. Hierbei setzen wir auf Offenheit, Ehrlichkeit und gegen-seitige Wertschätzung. Eine Ellenbogenmentalität wäre hier verkehrt.

Im Rahmen unserer 3-6 monatiger Projekte in den unterschied-lichsten Business Areas von thyssenkrupp, müssen wir uns immer wieder mit den unterschiedlichen Herausforderungen sich schnell wandelnder Industrien befassen. Insbesondere zu Beginn von Pro-jekten erfordert dies Zeit. Um jedoch einen nachhaltigen Wert zu schaffen und den Wandel des Konzerns aktiv mit voranzutreiben, macht es Spaß und ist unabdingbar, sich auch im Detail in immer neue Themen einzuarbeiten und nicht nur an der Oberfläche zu bleiben.

Bist du mit deiner Work-Life-Balance zufrieden? Wieviel Zeit hast du für Privates und Hobbies?
Wer eine 40h-Woche erwartet, würde wohl enttäuscht werden. Es gibt immer wieder Phasen, in denen es sehr spät wird. Doch in solchen Zeiten merke ich, dass bei TKMC die Zusammenarbeit im

Team aber auch die Leistungsbereitschaft jedes Einzelnen ein bedeutendes Erfolgselement für uns ist.

So bin ich insgesamt sehr zufrieden und nutze konsequent Phasen mit geringerem Arbeitsaufwand, um früher zu gehen.

Gibt es bei deinem Arbeitgeber das Grow or go-Prinzip? Hältst du dieses für sinnvoll?

Bei uns als interne Beratung funktioniert dies etwas anders. Wir haben, neben einem Mentor, für das eigene Career-Development, einen sehr strukturierten Beurteilungs-, Evaluierungs- und Entwicklungsprozess. Diese Feedback-Kultur hilft mir enorm bei der Planung weiterer Karriereschritte - sei es bei uns bei TKMC oder im Konzern. Auch dieser Prozess wird intensiv und professionell durch den Mentor begleitet.

Wie planst du deine nächsten Karriereschritte? Welche Exit-Options kannst du dir in deiner jetzigen Position theoretisch vorstellen?

Durch die Vielzahl an nationalen und internationalen Projekten in verschiedenen Bereichen des Unternehmens habe ich für mich erkennen können, was mir später Spaß machen könnte, und zum anderen klar abgegrenzt, wohin ich auf keinen Fall möchte. Durch unsere hohe Reputation bei den Kunden und im Top-Management ergeben sich nach einer klassischen Beraterkarriere unterschiedliche Optionen als Experte oder Führungskraft im Konzern. Ich selbst plane vorerst keinen Wechsel, könnte mir allerdings vorstellen, später operativ eine Business Area zu unterstützen bzw. Verantwortung im Ausland zu übernehmen.

Danksagung

Wir möchten uns sehr herzlich bei den Personen bedanken, die maßgeblich an diesem Buchprojekt beteiligt waren.

Gregor Rinn hat dieses Buch mit auf den Weg gebracht und an den ersten Versionen des Buches intensiv mitgearbeitet. Das war wie immer eine super Zusammenarbeit, Gregor!

Susanne Dyrchs hat die ersten Versionen des Kapitels über Frauen in der Beratung gestaltet. Herzlichen Dank dafür, liebe Susanne!

Die Umsetzung und Auswertung unserer umfangreichen Umfrage gehen auf Martin Harders unermüdlichen Einsatz zurück. Danke, Martin!

Vielen Dank auch an die vielen Interviewpartner und Umfrageteilnehmer, die mit ihren spannenden Erfahrungen das Buch zum Leben erwecken, insbesondere Barbara Bock-Valenta!

Gerne möchten wir Autoren auch unseren Lebenspartnern danken. Wir stehen alle voll im Beruf und haben dieses Buch vor allem abends und am Wochenende geschrieben. Das hat nur funktioniert, weil uns unsere Partner so klasse den Rücken freigehalten haben. Herzlichen Dank an Alice, Anne und Christoph!

Über squeaker.net

squeaker.net ist ein im Jahr 2000 gegründetes Online-Karrierenetzwerk, in dem sich Studenten und junge Berufstätige über Karrierethemen austauschen. Dabei stehen Insider-Informationen wie Erfahrungsberichte über Praktika und Bewerbungsgespräche im Vordergrund. Die Community verfügt über eine umfassende Erfahrungsberichte-Datenbank zu namhaften Unternehmen und zahlreiche Möglichkeiten, Kontakte zu anderen Mitgliedern und attraktiven Arbeitgebern zu knüpfen. Ebenfalls zur squeaker.net-Gruppe gehören die folgenden themenspezifischen Karriereseiten:

> consulting-insider.com
> finance-insider.com
> law-insider.com

squeaker.net auf Facebook! Werde Fan von squeaker.net auf Facebook. Als Fan bist du immer informiert über aktuelle Gewinnspiele, Karriere-Events und Jobs von Top-Unternehmen sowie über neue Erfahrungsberichte aus der Community. **facebook.com/squeaker**

Mit der Ratgeber-Reihe »Das Insider-Dossier« veröffentlicht squeaker.net darüber hinaus seit 2003 hochqualitative Bewerbungsliteratur für ambitionierte Nachwuchskräfte.

Presse-Stimmen zu den Insider-Dossiers

»Erfahrungsberichte nehmen das Lampenfieber vor dem Vorstellungstermin.« (Süddeutsche Zeitung)

»Niemand sollte sich bei McKinsey & Co. bewerben, bevor er dieses Buch gelesen hat.« (Handelsblatt)

Weitere Titel aus der Insider-Dossier-Reihe

Die Bewerbungs- und Karrierebücher aus der Insider-Dossier-Reihe von squeaker.net sind alle von Branchen-Insidern geschrieben, nicht von Berufsredakteuren. Dies ist Garant für inhaltliche Tiefe, Authentizität und wahre Relevanz. Sie beinhalten das geballte Insider-Wissen der squeaker.net-Community, unserer namhaften Partner-Unternehmen und der Branchen-Experten. Für dich bedeutet dies einen echten Vorsprung bei der Bewerbung bei Top-Unternehmen.

Folgende Titel sind in der Insider-Dossier-Reihe im gut sortierten sowie universitätsnahen Buchhandel und unter squeaker.net/shop erhältlich:

- Brain teasers & puzzles in Job Interviews (als E-Book)

- Das Consulting-Interview (als E-Book)

- Einstellungstests bei Top-Unternehmen

- Bewerbung in der Wirtschaftsprüfung

- Karriere in der Wirtschafts- und Großkanzlei

- Bewerbung in der Automobilindustrie

- Marketing & Vertrieb

- Der Weg zum Stipendium

- Praktikum bei Top-Unternehmen

- Das Master-Studium

Jetzt versandkostenfrei bestellen unter
squeaker.net/shop
Neu: Jetzt auch als E-Books erhältlich

Lesefutter für den Karriere-Erfolg

Mit dem Insider-Wissen von squeaker.net an die Spitze gelangen: Jetzt das Potenzial der Insider-Dossiers von squeaker.net für die Karriere nutzen!

Für die Besten der Besten arbeiten!

Besser als der Durchschnitt trainieren!

Das Interview zielorientiert anpacken!

Jedes Assessment Center meistern!

Das ganz große Geld verdienen!

Das bitte einpriorisieren.

Ist strategic!

Alle Insider-Dossiers erhältlich unter:

squeaker.net/shop

squeaker.net